수학자의 배낭여행

현대 수학과 과학의 방황

수학자의 배낭여행 3

이만근 지음

현대 수학과 과학의 방황

수학자의 배낭여행
현대 수학과 과학의 방황

지은이	이만근
펴낸이	조경희
펴낸곳	경문사
펴낸날	2019년 3월 5일 1판 1쇄
	2020년 3월 2일 1판 2쇄
등 록	1979년 11월 9일 제1979-000023호
주 소	04057, 서울특별시 마포구 와우산로 174
전 화	(02)332-2004 팩스 (02)336-5193
이메일	kyungmoon@kyungmoon.com
facebook	facebook.com/kyungmoonsa

값 20,000원

ISBN 979-11-6073-266-5

★ 경문사 홈페이지에 오시면 즐거운 일이 생깁니다.
http://www.kyungmoon.com

머리말
PREFACE

　수학의 기초를 흔드는 위기 상황이 19세기 수학의 여러 분야에서 발생하기 시작했다. 특히 1870년경에게는 비유클리드 기하의 수학적 수용문제, 실수의 기초론, 칸토어의 무한집합 및 집합론, 연속체 가설 등 수학적 논쟁거리가 줄을 이었다. 수학에서 전통적 가치로 신봉해 왔던 논리 및 공리적 방법의 역할과 직관의 역할에 대한 논쟁도 있었다. 그야말로 전통적인 모든 수학 내용과 방법론에 대한 반성과 회의가 바닥부터 천장까지 이르렀던 시기였다. 유클리드 이래로 수천 년 동안 수학자들에게 신앙과 같던 수학의 절대성은 괴델의 불완전성 정리에 의해 무너짐으로써, 수학은 그다지 완전하지도 철저하지도 않은 엉성한 학문으로 바뀌어 그 방향을 잃어버리게 되었다.

　불완전성 정리가 수학을 뒤흔들고 있을 무렵, 물리학도 새로운 관점에 흔들리기 시작했다. 수학의 불완정성 정리와 여러 면에서 비슷한 불확정원리 때문에 학계가 온통 혼돈에 빠져들었다. 괴델의 발표 4년 전, 독일 물리학자 하이젠베르크가 제안한 불확정성의 원리는 물리적인 의미를 제거하고 단순하게 생각하면 이 세상에 확실한 것은 하나도 없다는 것이다. 괴델의 경우처럼 이 원리가 발표되자 아인슈타인, 슈뢰딩거 같은 당대 최고의 물리학자들은 격렬하게 이를 비난했다. 그러나 이 원리는 이제 누구도 부정할 수 없는 현대 양자물리학의 기초가 되었다.

생명, 우주, 수학의 교차점을 찾아 떠난 여행가의 배낭 속에 현대 수학과 과학의 고민과 방황을 가득 담은 이유는 생명과 우주를 바라보는 패러다임의 변화가 수학의 방향 변화와 일치하기 때문이다.

저자 이만근

차례
CONTENTS

Part 01 독일 • 1

01 안과 밖의 구분이 없는 도형 - 뫼비우스 띠와 클라인 병 • 3
02 수학의 모차르트와 살리에르 • 15
03 죽기도 살아있기도 한 고양이 - 하이젠베르크의 불확정성 원리 • 31

Part 02 스위스 • 49

01 세상에서 가장 아름다운 방정식 - 오일러 그래프와 DNA 재결합 • 51
02 자신의 결론을 세 번 부정하다 - 아인슈타인의 부정(1) • 73
03 세 번 모두 처음이 옳았다 - 아인슈타인의 부정(2) • 93

Part 03 　**네덜란드** ● 107

01 진짜와 가짜의 구별법 – 렘브란트 작품의 위조 감정법 ● 109
02 에셔의 판화 – 프랙털, 테셀레이션, 새로운 기하학의 탄생 ● 125

Part 04 　**스칸디나비아** ● 137

01 5달러인가, 5000만 달러인가? – 수학이 논쟁에 끼어들다 ● 139
02 노르딕 국가의 수학 – 노벨상과 아벨상의 나라 ● 159
03 양자역학의 등장 – 현대의 원자모형 ● 175

Part 05 　**오스트리아** ● 193

01 음악과 수학 – 모차르트의 미뉴에트 ● 195
02 내가 말하는 모든 말은 거짓이다 – 괴델의 불완전성 정리 ● 213

Part 06 헝가리 ● 227

01 최선의 선택, 허공을 향해 쏴라 - 폰노이만의 게임이론(1) ● 229
02 노벨경제학상 수상자는 수학자 - 폰노이만의 게임이론(2) ● 243

Part 07 영국 ● 263

01 너무도 잘 알려진 수학의 영원한 수수께끼 - 4색 문제 ● 265
02 케임브리지의 자랑 - 라마누잔과 하디, 패러데이와 맥스웰의 닮음꼴 인생 ● 279
03 폰노이만의 컴퓨터에 영감을 준 튜링머신 - 힐베르트의 세 번째 물음에 답하다 ● 299
04 에니그마의 해독과 에러 방지 암호 - 앨런 튜링의 임호해독과 그래이 암호 ● 313
05 유전자와 프랙털 - 도킨스의 이기적 유전자 ● 333
06 빅뱅과 블랙홀은 무한집합 - 시간의 역사 ● 347

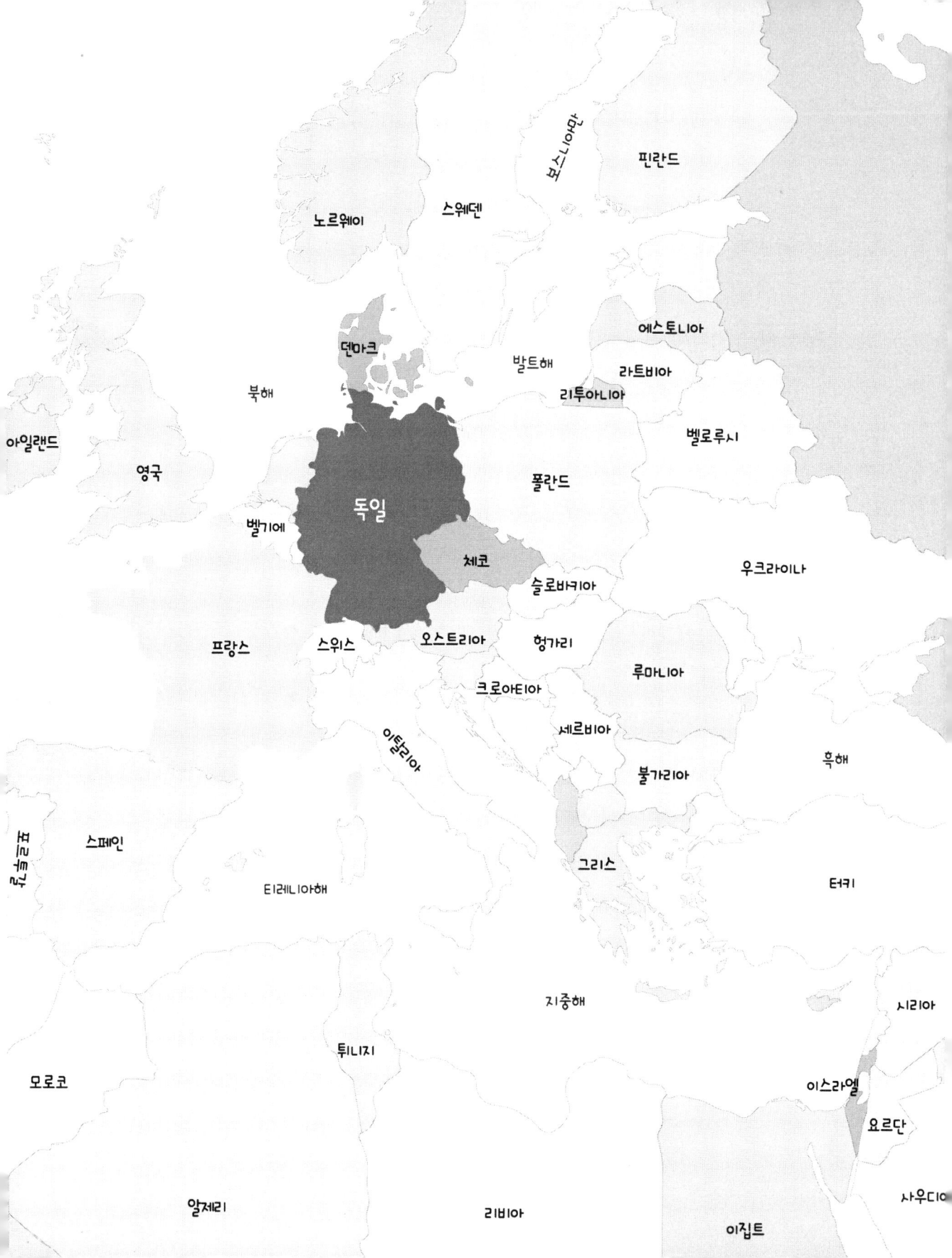

PART 01
독일

GERMANY

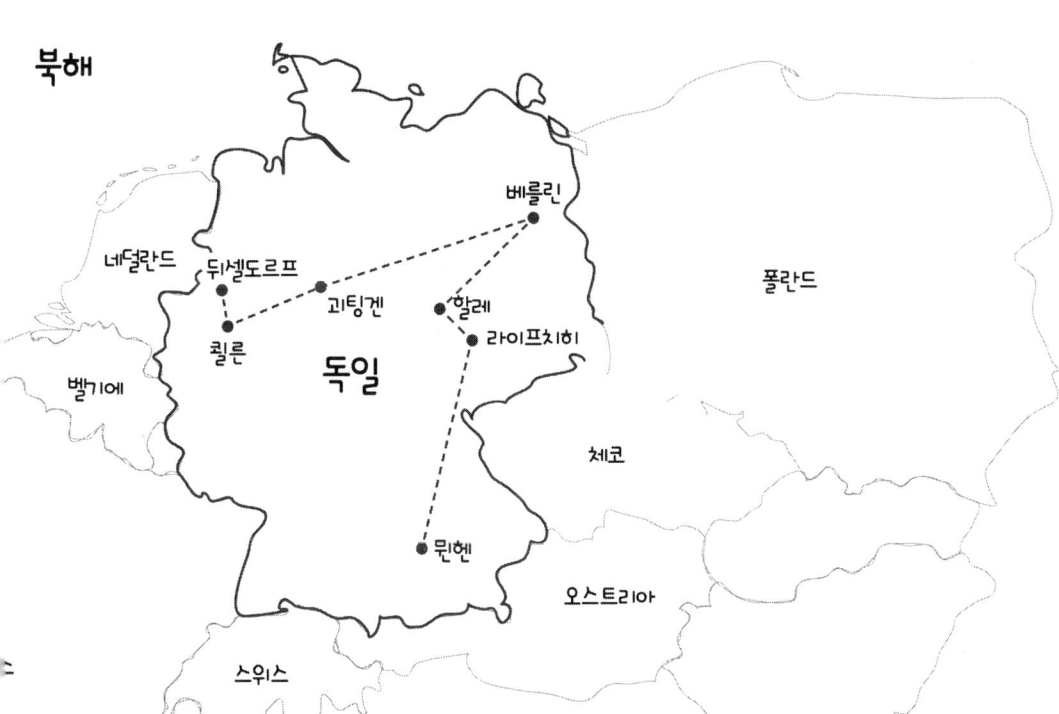

독일여행기 01

안과 밖의 구분이 없는 도형
-뫼비우스 띠와 클라인 병

난장이가 쏘아올린 작은 공

12개의 단편이 연작 형식으로 이루어진 소설책 《난장이가 쏘아 올린 작은 공》의 시작은 '뫼비우스 씨'이고 제10편은 '클라인씨와 병'이다. 수학적 모티브로 시작해 수학적 모티브로 끝을 맺는 이 소설은 뫼비우스 띠와 클라인 병에 대해 독자들이 쉽게 이해할 수 있도록 자세히 설명하고 있다. 수학 이야기만 추려보면 다음과 같다.

··· 뫼비우스 띠 ···

면에는 안과 겉이 있다. 예를 들자. 동이는 앞뒤 양면을 갖고 지구는 내부와 외부를 갖는다. 평면인 종이를 길쭉한 직사각형으로 오려서 그 양끝을 맞붙이면 역시 안

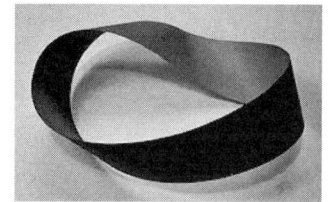

■안과 겉이 없는 뫼비우스 띠(위쪽). 재활용을 나타내는 디자인도 여기에서부터 온 것이다(아래쪽).

과 겉 양면이 있게 된다. 그런데 이것을 한 번 꼬아 양끝을 붙이면 안과 겉을 구별할 수 없는, 즉 한쪽 면만 갖는 곡면이 된다. 이것이 제군이 교과서를 통해 잘 알고 있는 뫼비우수의 띠이다 …… (중략) …… 끝으로 내부와 외부가 따로 없는 입체는 없는지 생각해 보자. 내부와 외부를 경계 지을 수 없는 입체, 즉 뫼비우스의 입체를 상상해 보라. 우주는 무한하고 끝이 없어 내부와 외부를 구분할 수 없을 것 같다. 간단한 뫼비우스의 띠에 많은 진리가 숨어 있는 것이다.

··· 클라인씨의 병 ···

그가 공장 그의 방에서 좀처럼 이해할 수 없는 병을 보여주었다. 말이 병이지, 내부가 있어 공간이 밀폐되는, 그런 보통의 병이 아니었다. 대롱 벽에 구멍을 뚫어 한쪽 끝을 그 구멍에 넣어 만든 이상한 병이었다. 과학자는 그것을 '클라인씨의 병'이라고 한다.

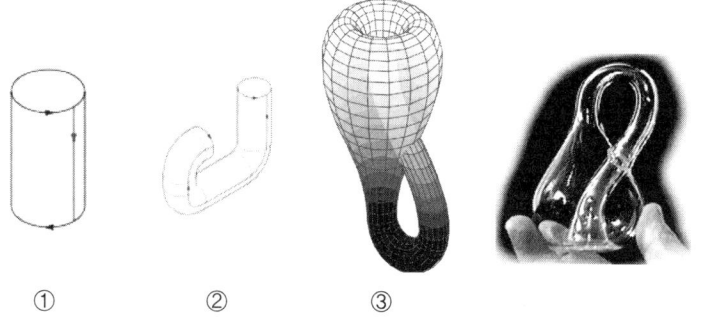

① ② ③

그림 ③이 바로 그 것이다. 과학자는 그림 ①과 같은 유리 대롱으로 그 병을 만들었다. 그림 ②처럼 원기둥의 한쪽을 넓게 하고 그 반대쪽을 좁게 변형시킨 다음 벽에 구멍을 뚫어 그림 ③을 완성한 것이다. 종이는 안과 밖 두면을 갖는데, 학자들은 '안팎이 없는 한 면의 종이' '안팎이 없고 닫혀 있는 공간' 등, 상식적으로는 생각할 수 없는 이상야릇한 것들도 연구하게 된다고 했다. 과학자가 내개 보여준 이상한 병도 독일의 수학자 펠릭스 클라인이 순전히 논리의 결과인 추상적인 측면에서 연구해 발표한 것이라고 했다 …… (중략) …… 나는 아주 오랫동안 그것을 들여다보았다.

"정말 내부가 없군요."

내가 말했다.

"안팎을 구분할 수 없어요. 그리고, 닫혀 있는 공간이란 말도 알겠어요,"
-조세희의 《난장이가 쏘아올린 작은 공》-

클라인 병이면 몰라도 뫼비우스 띠는 이해하기 어렵지 않은 도형이다. 이 도형이 수학적으로 그렇게 중요한 이유는 무엇일까? 뫼비우스와 클라인의 고향을 찾아가는 내내 이 단순한 도형의 과학적 의미를 처음 접한 소설가의 감동의 크기를 추측해봤다.

수학의 도시 독일 뒤셀도르프, 라이프치히

유럽 여름은 한국의 늦가을 같은 분위기여서 하늘에 구름이라도 조금 끼어 날씨가 흐리면 금방 추위를 느낄 정도였다. 변덕스럽기로 유명한 유럽 여름 날씨이기는 하지만 이번 여름 날씨는 현지인조차 당황하게 하는 듯했다.

■ 파리에서 야간 버스로 출발하니 아침 6시에 독일의 쾰른 대성당(왼쪽)의 모습이 보였다. 클라인의 고향 뒤셀도르프의 중심가에 있는 삼각형 조형물(오른쪽)은 매우 인상적이다.

"빌어먹을 날씨"

나에게 길을 가르쳐 주던 독일 아가씨는 겨울 파카를 입고도 연신 날씨 욕을 하고 있었다. 거센 바람과 함께 섭씨 15도 전후를 오르내리는 날씨가 1주 이상 지속되고 계속해 비가 내리고 있었다.

클라인의 고향 뒤셀도르프와 음악의 도시 쾰른은 라인 강변에 자리 잡은 비슷한 규모와 낯익은 풍경의 도시였다. 쾰른 대성당의 웅장함과 섬세함에 놀라워하다가도 한편으로는 그 섬세함이 프랑스 장식에 비해 조금은 조잡하다는 느낌도 들고, 라인 강을 가로지르는 철교 옆으로 사랑의 맹세 자물쇠가 빼곡히 들어차 있는 모습도 파리 어딘가에서 많이 본 풍경이라는 느낌도 들었다. 삼각형 조형물이 인상적인 뒤셀도르프의 라인 강변과 쾰른 대성당을 스치듯 둘러보고 향한 곳은 뫼비우스가 거의 전 생애를 보낸 라이프치히다.

중고등학교 시절에 어설프게 배웠던 지리의 아련한 기억만으로 나는 라

■라이프치히 대학교(왼쪽)의 입구 중앙에는 라이프니츠 동상(오른쪽)이 자리하고 있었다.

이프치히를 공업도시로 단정하고 있었다. 그러나 이런 선입견은 이곳에 도착 후 오래지 않아 완전히 달라졌다. 라이프치히는 걸을 때마다 발에 보물이 걸리는 느낌이 들 정도로 많은 예술가, 과학자의 자취가 남아있는 명소가 잘 보존되어 있었다. 라이프치히 대학교의 입구 중앙에도 수학자 라이프니츠 동상이 자리하고 있었다. 수많은 위인들을 배출한 이 오랜 역사의 학교에서 맨 처음 만나게 된 사람이 수학자라는 사실이 나를 흡족하게 만들었다.

뜻하지 않게 얻은 명예

이 대학에서 나는 또 다른 수학자 두 명을 만난다. 뫼비우스(August Ferdinand Möbius 1790–1868)는 천문학과 교수로, 클라인(Felix Klein 1849–1925)은 수학과 교수로 라이프치히 대학교에서 연구하고 학생들을 가르쳤다. 23세라는 젊은 나이에 독일 최고의 기하학자라는 명성을 얻으면서 교수로 임용

■ 괴팅겐대학교 천문대 앞뜰에 있는 뫼비우스 띠(왼쪽). 뫼비우스는 이 학교에서 가우스를 스승으로 두고 공부했다. 괴팅겐의 펠릭스-클라인 길(아래)에서 가까운 곳에 허름한 수학과 옛 건물(오른쪽)이 있다.

된 클라인과 뫼비우스와의 직접적 만남은 60년의 나이 차를 고려한다면 상상하기 어렵다. 같은 대학교 교수로 근무한 공통점 외에도 두 사람을 기억하게 만드는 기하도형의 유사함이 이들을 스승과 제자 관계처럼 연결 짓게 만드는 역할을 한다. 뫼비우스 띠를 3차원으로 확장한 것이 클라인 병이기 때문이다.

뫼비우스는 독일의 라이프치히, 괴팅겐, 할레 대학교 등에서 그야말로 당대 최고의 스승을 찾아다니며 공부를 했기 때문에 가우스(Karl Gauss)에게 서도 수학을 배울 기회가 있었다. 가우스가 천문학과 교수로 평생을 보냈듯이, 뫼비우스도 라이프치히 대학교 천문학과 교수로 머물면서 핼리혜성이나 천문학의 기본 원리 등에 관한 많은 논문을 남겼다. 그러나 엉뚱하게도 평생 동안 시간과 노력을 투자한 천문학적 연구 업적보다도 은퇴를 생각하던 68세에 우연히 만들어낸 신기한 기하도형 뫼비우스 띠를 만든 수학자로 그는 기억되고 있다. 게다가 그는 이 도형을 세상에 제일 먼저 소개한 사람도 아니다. 뫼비우스보다 4년이나 앞서, 독일 수학자 리스팅(Johann Benedict Listing)은 가우스와 교류하면서 얻은 아이디어로 이 모델을 만들고 1861년에 논문으로 발표까지 했다. 그래도 세상 사람들은 이 띠를 '리스팅의 띠'라고 부르지 않으니 뫼비우스 본인도 기대하지 않았던 행운이 그에게 큰 명예를 가져다준 것이다. 그의 아이디어에서 수학적 영감을 얻어 더 높은 차원의 도형을 만들고 수학적 의미를 부여해낸 클라인이라는 훌륭한 후계자가 있었기 때문이라고 추측해본다. 독일 본 대학교에서 박사과정을 밟는 동안까지만 해도 수학과 물리학을 동시에 공부하며 물리학자를 꿈꾸던 클라인은 괴팅겐 대학교 수학과 교수로 지명받은 후 괴팅겐과 라이프치히 대학교를 오가며 본격적으로 기하적 상상력을 맘껏 발휘할 수 있는 기회를 얻게 된다. 이 시절 뫼비우스 띠를 확장해 만든 이 새로운 기하 도형을 그는 '작은 평면(Kleinsche Fläche)'이라고 이름 붙였지만, 독일어의 '작다'는 말은 발견자의 이름으로 바뀌어 클라인 병으로 굳어지게 되었다.

뫼비우스 띠와 클라인 병의 수학적 의미

현대 수학자들의 주된 작업 중의 하나는 분류다. 단순히 말하면 같은 것과 다른 것을 가르는 일이지만, 어떤 것이 같은 것인지를 판단하기가 쉽지 않다는 것이 문제이다. 다음 문제를 생각해 보자.

"일반 원통 띠와 뫼비우스 띠는 같은 것인가?"

선뜻 대답하기가 쉽지 않다. 같다는 것이 무엇을 의미하는지 다시 생각해야 답을 낼 수 있다. 이를테면 '전개하여 같은 모양이 되면' 또는 '부분을 잘라서 비교하면 항상 같은 모양'이 되는 것을 같다고 한다면 이 두 도형은 같은 것이다.

그러나 이 두 도형은 서로 다른 분명한 특징이 있다. 원통 띠는 안과 밖의 구분이 명백하기 때문에 두 개의 면과 두 개의 모서리를 갖는다. 그런데 뫼비우스 띠는 안과 밖의 구분이 불가능해 한 개의 면과 한 개의 모서리만을 갖는다. 이는 색연필 같은 것을 이용해 쉽게 확인할 수 있다. 색연필을 종이에서 떼지 않고 원통 띠의 한쪽 면이나 한쪽 모서리를 따라가면서 색칠을 하면, 다른 면이나 다른 모서리는 색칠할 수 없다. 그러나 뫼비우스 띠는 단 한 번에 양쪽 면과 모서리를 색칠할 수 있다. 또 다른 특징은 방향의 보존이다. 두 띠 위에 방향이 일정한 원을 그리고 이를 면을 따라 한쪽 방향으로 이동시켜 다시 제자리로 돌아왔을 때 원래의 방향이

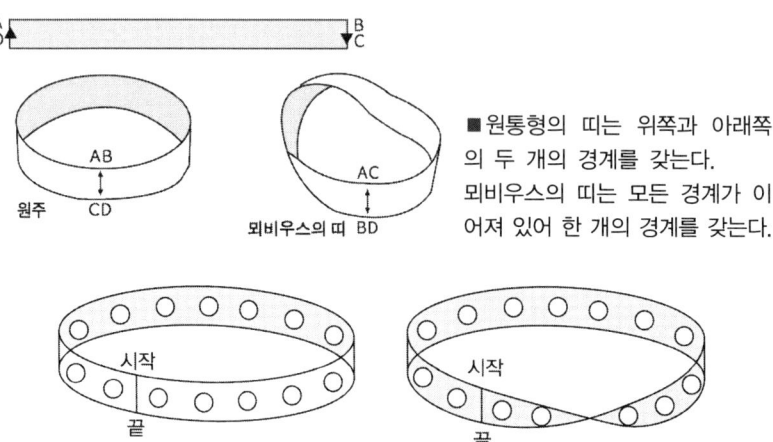

■원통형의 띠는 위쪽과 아래쪽의 두 개의 경계를 갖는다. 뫼비우스의 띠는 모든 경계가 이어져 있어 한 개의 경계를 갖는다.

■시작과 끝에서 원통형의 띠는 원의 화살표 방향이 보존되지만 뫼비우스의 띠는 화살표 방향이 바뀐다.

보존되었는지를 살펴보는 것이다. 원통 띠는 원의 화살표 방향이 그대로 보존되지만 뫼비우스 띠는 화살표의 방향이 반대로 바뀜을 알 수 있다. 이런 성질을 수학적 전문 표현을 빌어서 나타내면, 뫼비우스 띠는 경계가 하나밖에 없는 비가향적(non-orientable) 위상적 특성(불변의 성질)을 갖는 매우 확실한 모델이다.

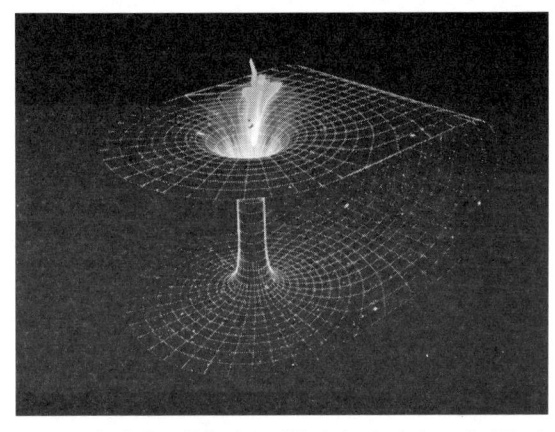

■우주에 실제로 웜홀이 존재한다면 이 띠의 구멍처럼 같은 우주의 서로 다른 지점을 연결하는 통로가 될 것이다.

뫼비우스 띠는 우주의 형태에 대한 새로운 아이디어를 과학자들에게 제공해 주면서 특히 웜홀(wormhole)을 통한 우주여행 가능성에 대한 모델이 되기도 한다. 구체적 이해를 돕기 위해 뫼비우스 띠의 한 곳에 작은 구멍을 만들어 보자. 이 구멍은 띠의 안과 바깥쪽을 연결하는 것처럼 보이지만, 안과 밖 없이 한 면으로 이루어져 있는 띠의 특성 때문에 실상은 같은 면을 연결하는 구멍이 된다. 우주 웜홀의 존재에 대해 아직 우리는 확실한 증거를 갖고 있진 못하지만, 이 이론적 가능성이 현실화되면 뫼비우스 띠는 우주의 서로 다른 지점을 연결하는 통로가 될 것이다. 현재의 과학기술로는 수만 광년이 떨어져 있는 우주의 서로 다른 두 지역을 우주선으로 여행하는 것은 불가능하지만, 이 원리가 우주에 적용된다면 뫼비우스 웜홀의 한 구멍으로 들어가 같은 면의 다른 구멍으로 나오는 순간 이동이 가능할 수도 있다.

뫼비우스 띠와는 달리 클라인 병을 3차원에서 완전하게 그려 낼 수는 없다. 단순히 연결 관계를 보여주는 앞의 그림과는 달리, 4차원에서는 이 병의 일부분이 자신의 몸체를 뚫고 들어가는 일은 발생하지 않기 때문이다. 이 또한 안과 바깥의 구별이 없기 때문에 병의 표면을 따라가다 보면 안과 밖이 연결됨을 쉽게 확인할 수 있다. 머릿속 상상만으로는 쉽게 받아들이기 힘들지만 두 개의 뫼비우스 띠를 테두리를 따라 서로 붙여주면 클라인 병이 생기고, 반대로 클라인 병을 잘 자르면 두 개의 뫼비우스의 띠가 나온다. 클라인 병은 뫼비우스 띠보다 차원이 높고 이해하기는 어려워도, 단순히 뫼비우스 띠를 면에서 공간으로 확장한 것에 불과하므로 수학적 기여도를 논한다면 수학자들은 뫼비우스에게 좀 더 후한 점수를 주게 된다.

뫼비우스 띠는 수학자를 넘어 과학자, 공학자에게도 많은 아이디어를 제공해 준다. 각종 기계장치에 사용되는 여러 벨트의 수명연장에 공학자들은 뫼비우스 띠를 도입했다. 디스크와 디스크를 벨트로 연결할 때 끈을 그냥 연결하면 안쪽 면만 마모에 시달리지만 뫼비우스 띠 모양으로 연결하면 안과 밖이 없어 벨트 전체가 고르게 마모되는 실용성이 있기 때문이다. 이 신기한 도형을 이용해 과학자들은 그동안 지구상에 존재하지 않았던 새로운 물질을 만들어 내기도 한다. 1981년 미국 콜로라도 대학교 왈바(David M. Walba)교수는 산소와 탄소원자를 이 도형 형태로 결합해 자연 상태에서는 존재하지 않는 새로운 분자를 만들었으며, 2002년 일본 홋카이도 대학의 한 연구실에서도 이 도형의 결정구조를 갖는 새로운 형태의 크리스털을 만들어 냈다. 과학자 외에도 소설가 조세희를 비롯한 많은 예술가들이 이 도형에서 영감을 얻었다. 특히 네덜란드 판화가 에셔(Maurits Cornelis Escher, 1898-1972)의 작품에서 이에 관련된 영감의 흔적을 쉽게 발견할 수 있다.

■ 라이프치히 시청(왼쪽)의 뒤쪽에 괴테의 동상(오른쪽)이 있다.

괴테를 만나다

라이프치히 대학교를 벗어나 시내 중심가를 향하는 길 중간에서 괴테를 만났다. 고등학교 시절 괴테는 나의 문학적 동경이자 도전의 대상이었다. 《젊은 베르테르의 슬픔》에 흠뻑 빠져들었던 청소년기, 몇 차례의 도전에도 불구하고 끝까지 읽어내지 못한 《파우스트》는 《카라마조프가의 형제들》과 함께 언젠가는 다시 읽어내야 할 정신적 부담으로 내 마음 깊은 곳에 자리 잡고 있었다. 서른 즈음이 되어서야 겨우 《카라마조프가의 형제들》은 다시 읽을 기회가 있었지만 《파우스트》는 아직도 도전에 성공해내지 못하고 숙제처럼 남아 있다.

괴테의 동상 앞에서 이곳저곳 살펴보다가 발견한 것이 '파우스트'라고 쓰인 간판이었다. 동상에서 멀지 않은 곳에 있는 식당 '아헤바흐 켈러'는 괴테가 라이프치히 대학교를 다닐 무렵부터 오랫동안 단골로 드나들던 곳이다. 그는 이곳에서 문학적 동지들을 만났고, 파우스트의 작품을 구상했

■ 괴테와 마틴 루터가 작품을 구상하고 토론을 즐겼던 지하식당 '아헤바흐 켈러'의 외부와 내부

으며 완결했다. 이 식당의 입구에서 파우스트와 영혼 매매 계약을 맺는 악마 메피스토펠레스의 모습을 볼 수 있다. 문을 열고 들어선 식당 안은 지하에 있음에도 매우 넓고 쾌적했으며, 늦은 오후 시간임에도 식사를 즐기는 사람들로 가득했다. 수백년 된 괴테의 명성이 현대 여행객들을 이곳으로 불러들이고 있었다. 괴테 외에 식당의 창업자와 종교개혁의 선봉에 섰던 마르틴 루터(Martin Luther)와의 교류를 보여 주는 여러 물건들도 전시되어 있었다. 마르틴 루터는 그의 종교적, 정신적 동지들을 만나기 위해 라이프치히를 자주 방문했고, 이곳에 오면 반드시 이 식당에 들러 여러 사람들과 의견을 나누는 일을 즐겼다고 한다.

■ 식당의 입구에서 파우스트와 악마 메피스토펠레스의 모습을 볼 수 있다.

독일여행기 02

수학의 모차르트와 살리에르

무한이란 무엇인가?

집합은 한때 초등학교에서도 가르칠 정도로 그 개념은 아주 단순한 것이다. 그러나 이 집합의 원소의 개수를 세는 것은 그리 단순한 일이 아니다. 예를 들어 두 집합

$$A = \{1, 2, 3\}, \quad B = \{1, 2, 3, \cdots\}$$

의 경우에 A의 원소의 개수는 3개임이 분명하지만 B의 경우에는 그 원소의 개수가 얼마인지 말하기가 어려운데, 이런 경우를 우리는 무한집합이라 부른다. 이 무한집합이 수학자들을 한동안 고통스럽게 만들었던 원인이다. 독일 수학자 힐베르트(David Hilbert)는 무한에 대한 수학자들의 동경을 다음과 같이 표현했다.

■힐베르트의 모교 괴팅겐 대학 수학과에서 그의 얼굴을 만날 수 있다.

무한대!
이보다 더 사람의 마음을 끄는 문제는 없다.
인간의 지성을 이보다 더 자극하는 개념도 없다.
이보다 더 모호한 채로 남아 있는 개념도 없다.

우리는 일상적으로 '무한' 하다는 말을 많이 사용한다. 그럼에도 수학에서 '무한'을 일상적인 표현처럼 쉽게 사용할 수가 없는 이유는 인간의 감각적 지각능력의 한계에서 비롯된 것이라는 생각이 든다. 우리 주위를 둘러보면 무한한 크기의 물건을 찾을 수가 없다. 어떤 이는 바닷가에 모래알의 개수나 하늘에 떠있는 별의 개수를 상상할지도 모르겠다. 그러나 이들은 양이 아주 많아서 일일이 세기가 어려운 것일 뿐 무한히 많은 것은 아니다. 아무리 둘러보아도 우리 주위에는 문학적 표현이나 수학적 대상(예를 들어 자연수의 집합)을 제외하고는 무한한 것이 없다. 무한이란 우리의 정신세계에 존재하는 지극히 추상적인 개념일 뿐 인간이 감지하고 느낄 수 있는 대상이 아니기 때문이다. 독일 수학자 칸토어(Georg Cantor 1845-1918)가 집합을 만들 당시의 수학자들도 보통의 사람들이 겪는 혼동을 경험했다. 게다가 그는

"자연수의 개수는 유리수의 개수와는 같지만 실수의 개수보다는 적다"

는 정리를 증명했다. 복싱에서 체급을 정하듯, 무한에서도 크기를 비교해 순서를 정하는 과정을 당시의 수학자들은 이해할 수 없었다. 무한이라는

■잠시 비 갠 틈을 타서 베를린 공과대학교(왼쪽) 수학과 건물 옆에서는 벼룩시장(오른쪽)이 열리고 있었다.

개념이 도입된 새로운 수학, 집합론의 창시자 칸토어를 찾아 베를린 대학교를 향하는 내내 비가 내렸다.

베를린 대학은 존재하지 않는다

베를린에는 베를린 대학교가 없었다. 지하철에서, 관광안내소에서, 호텔에서 물어보아도 베를린 대학교를 아는 사람은 한 명도 만날 수 없었다. 이게 어찌된 일인가? 1800년대 세계 수학계의 거장 크로네커, 바이어슈트라스, 쿰머, 칸토어가 공부하고 학생을 가르치던 곳이 유령대학이라는 말인가? 많은 사람들이 내가 찾는 대학이 훔볼트 대학교일 가능성이 높다고 말했다. 이 학교를 향해 가는 버스 차창 밖으로는 계속해 비가 내리고 있었다. 동쪽과 서쪽을 가로지르던 베를린 장벽의 흔적은 곳곳에 남아있었고, 포츠담 광장에서는 붕괴 당시의 낙서가 있는 장벽의 일부를 떼어내어 관광객을 위한 전시도 하고 있었다. 훔볼트 대학교는 이 베를린 장벽의 상징이었던 브란덴부르크 문에서 한 정거장 떨어진 지점에 있었다.

유럽의 유명대학에 비해서는 상대적으로 늦은 1803년 베를린 대학교로 개교했으나 150여 년이 지난 1949년, 정치권력으로부터 자유로운 학문적

■ 베를린의 동서를 가로지르던 베를린 장벽(왼쪽)이 비 내리는 차창 밖으로 보인다. 이 장벽의 중심에 있던 브란덴부르크 문(오른쪽)은 관광객으로 넘치고 있었다.

■ 훔볼트 대학교(왼쪽은 본부 건물, 오른쪽은 법과대학)가 베를린 대학교인지 확신할 수 없었던 나는 이 곳 저 곳에 흩어져 있는 대학교 건물을 살피면서 확실한 증거를 찾으려고 애썼다. 우산을 받쳐 들긴 했지만 바지와 신발은 비에 흥건히 젖은 채 학교 건물 사이를 걷고 또 걸었다.

전통을 세우기 위해 설립자 훔볼트(Karl Wilhelm von Humboldt)의 이름을 따서 훔볼트 대학교로 이름을 바꾸었다고 했다. 당시 동과 서로 나뉘어 공산주의와 자본주의가 첨예하게 대립하고 있던 베를린의 비극적 역사의 산물일 수도 있겠다고 추측해본다. 60여 년이 지난 지금은 아무도 옛 이름을 기억하고 있지 못하는 이 훔볼트 대학교가 내가 찾는 베를린 대학교인지 확신할 수 없었지만 나는 이곳저곳에 흩어져 있는 대학교 건물을 살피면서 확실한 증거를 찾으려고 애썼다. 우산을 받쳐 들긴 했지만 바지와 신발은 세차게 내리는 비에 흥건히 젖어들어 이 학교에서 무한집합의 영감을 얻

■ 칸토어

■ 모차르트

어낸 시대의 천재 칸토어의 비극적인 삶이 우울한 내 모습과 겹쳐지면서 주변 풍경이 새삼스럽게 다가왔다.

모차르트와 살리에르; 칸토어와 크로네커

학교를 걷다보니 엉뚱하게 두 음악가 모차르트와 살리에르의 이야기가 떠올랐다. 잘 알려져 있듯, 천재적인 재능을 지녔으면서도 경박했던 모차르트와 때로는 그를 존경하고 때로는 미워했던 살리에르의 대조는 영화 '아마데우스'의 소재로 사용되며 극적인 효과를 거두었다. 음악 외에는 아무것도 없었던 모차르트는 극심한 가난과 우울증과 싸웠고, 당대 최고의 부와 명예를 누리던 궁정 음악가 살리에르는 질투심과 열등감에 괴로워했다. 아무리 성실하게 노력해도 모차르트의 천재성을 따라 잡을 수 없기에 생기는 열등감과 좌절감을 심리학에서는 '살리에르 증후군'이라고 부르기도 한다. 두 사람의 관계처럼 100여 년 후에 수학계에서도 이와 유사한

■오스트리아 빈의 초콜릿 가게(왼쪽 위), 잘츠부르크의 음악 홀(왼쪽 아래), 잘츠부르크의 모차르트 생가(오른쪽). 유럽의 많은 도시는 모차르트를 기억하고 있었으나 살리에르의 흔적은 없었다.

사건이 있었다. 이번 무대의 중심은 독일의 베를린과 할레였고, 두 주인공은 칸토어와 크로네커였다.

칸토어와 모차르트는 공통점이 많다. 어릴 적 칸토어는 수학적 재능보다는 바이올린의 연주에서 더 천재성을 보였던 음악신동이었고, 모차르트 또한 뛰어난 수학적 재능을 보였다는 기록이 남아있다. 칸토어가 음악의 모차르트에 비할 수 있는 천재라면, 크로네커는 적극적으로 그의 앞을 막아 선 살리에르에 비할 만하다. 살리에르의 질시에도 불구하고 모차르트의 음악은 더욱 성숙해 갔듯이, 크로네커의 비난에도 칸토어의 무한에 대한 연구는 더욱 깊어져 갔다. 그는 '무한의 무한'이라는 개념도 만들어 냈다.

무한집합 개념을 이해하지 못해 수학자들이 쩔쩔매고 있을 때, 맨 앞줄에 서서 가장 큰 목소리로 칸토어의 수학을 비난한 사람이 그의 스승이었던 크로네커(Leopold Kronecker)였다. 학위 논문의 지도교수는 아니었지만 칸토어가 베를린 대학교에서 공부를 할 때 이 대학 교수로 재직하고 있었기 때문에 누구보다도 칸토어를 잘 알고 있었던 크로네커는 공개적으로 그의 이론을 반대하며 '과학적인 협잡꾼', '이교도로 변한 변절자', '젊은이를 타락시키는 자'와 같은 극단적인 용어를 사용하면서 칸토어를 공격했다. 심지어 칸토어 논문이 투고된 학술지 편집장에게는 만일 이 거짓말쟁이의 논문이 출판되면 이 학술지에 다른 수학자들은 논문을 제출하지 않도록 하겠다는 협박을 함으로써 논문의 출판을 막기도 했다. 자신의 모교인 베를린 대학교에서 교수로서의 삶을 시작하길 원했지만 뜻을 이루지 못한 칸토어는 할레 대학교에 자리를 잡았다. 이 학교에서 34세의 나이에 정교수가 되는 영예를 누리지만 그는 계속적으로 좀 더 명망 있는 베를린 대학교에서 교수가 되기를 원했으나 이런 시도는 크로네커의 강력한 반대로 번번이 좌절되었다.

그의 무한 이론이 일반인에게 널리 알려지자 이제는 수학자 외의 다른 사람들도 나서 칸토어 비난을 시작했다. 많은 신학자들은 칸토어의 작업을 신의 절대 무한성과 유일성에 대한 도전으로 간주해 교회에 대한 도전, 또는 이단의 교리로 생각했다. 그러나 무한을 인간의 사고 영역으로 끌어내려 단순화한 칸토어를 신성모독으로 비난했던 신학자들의 우려와는 반대로 사실 그는 지독한 유신론자였다. 그는 자신의 모든 수학적인 연구 결과가 하느님의 영감에 의해 이루어졌다고 말하면서 '무한의 무한'의 끝

■ 칸토어가 살았던 할레의 중심 광장(위쪽)은 한때 성당 건물의 일부로 사용되던 탑을 중심으로 이루어져 있다. 할레 중심가에서 할레 대학교로 가는 이정표(아래쪽)가 보인다.

■ 할레 대학교는 본관(왼쪽)을 중심으로 언덕에 자리 잡은 크지 않은 학교이다. 대학교 예비 신입생(오른쪽)쯤으로 보이는 어린 학생들이 학교 곳곳을 안내 받고 있다.

에 존재하는 '절대 무한'이 하느님이라고 주장했다. 1884년 친구에게 보낸 편지에는 다음과 같은 구절이 있다.

"나는 이 새로운 작품의 창조자가 아니라 전달자(reporter)일 뿐이오, 하느님이 영감을 주시고 논문의 형식과 조직만이 나의 의도로 만들어진 것이오."

그에 대한 여러 기록을 살펴보면 이 구절이 단순히 칸토어가 자신의 업적을 겸손하게 내세우기 위해 사용했던 표현이 아님은 확실해 보인다. 그는 종종 '하느님이 분명이 나에게 그렇게 말했다'는 식의 표현을 사용했는데, 이는 스스로 하느님과 직접 접촉하고 있다고 믿었던 증거라고 생각된다.

결국 이 천재는 자신에게 집중되는 많은 공격을 이겨내지 못하고 1884년부터 정신병에 시달리며 병원과 학교 사이를 오가며 지내야 했다. 그의 사후, 힐베르트는 칸토어의 업적을 비난하던 사람들을 비난하는 다음과 같은 말을 남겼다.

"칸토어가 만든 낙원에서 우리를 쫓아 낼 사람은 아무도 없다."

부분은 전체보다 크다?

무한에서는 우리가 상식이라고 믿고 있는 많은 사실들이 성립하지 않는다. 칸토어의 무한집합을 이해하기 위해서 간단한 예부터 생각해 보기로 하자. 수학의 기본 공리 중 하나인 '전체는 부분보다 크다'는 명제가 성립하지 않는 예가 다음 그림이다. 크기가 다른 두 선분을 나란히 놓고 그림처럼 붉은 색 직선을 그어 두 선분과 만나도록 하면 큰 선분과 작은 선분 위의 점은 서로 일대일 대응이 되므로 두 선분의 점의 개수가 같다는 사실을 증명할 수 있다. 곧, 부분이 전체와 같아지는 것이다. 여기에 약간의 테크닉만 더하면 부분이 전체와 일대일 대응하고도 조금 더 남게 만들 수도 있다.

이것을 이해한다면 자연수의 집합 {1, 2, 3, 4, …}과 이것의 부분인 짝수의 집합 {2, 4, 6, 8, …}의 원소의 개수가 같다는 주장도 무한이기 때문에 가능하다고 인정할 수 있을 것이다. 뿐만 아니라 유리수 $\frac{a}{b}$의 개수도 자연수의 개수와 같게 된다. 이에 대한 수학적 증명은 생략하겠지만 아래 그림을 직관적으로 이해할 수 있는 사람은 충분히 그 증명을 이해한 것으로 무한과 유한의 차이를 구분하고 있다고 생각할 수 있다.

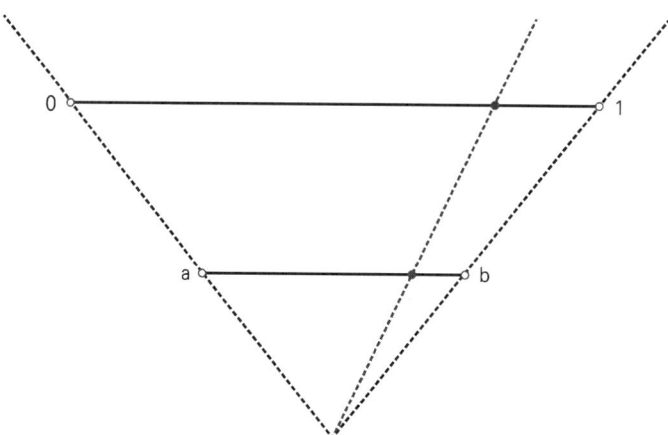

■크기가 다른 두 선분을 나란히 놓고 그림처럼 붉은 색 직선을 그어 두 선분과 만나도록하면 큰 선분과 작은 선분 위의 점의 개수가 같다는 사실을 증명할 수 있다.

$$
\begin{array}{cccccccccc}
1/1 & 1/2 \to & 1/3 & 1/4 \to & 1/5 & 1/6 \to & 1/7 & 1/8 \to & \cdots \\
\downarrow & \nearrow & \swarrow & \nearrow & \swarrow & \nearrow & \swarrow & \nearrow & \\
2/1 & 2/2 & 2/3 & 2/4 & 2/5 & 2/6 & 2/7 & 2/8 & \cdots \\
& \swarrow & \nearrow & \swarrow & \nearrow & \swarrow & \nearrow & & \\
3/1 & 3/2 & 3/3 & 3/4 & 3/5 & 3/6 & 3/7 & 3/8 & \cdots \\
\downarrow & \nearrow & \swarrow & \nearrow & \swarrow & \nearrow & & & \\
4/1 & 4/2 & 4/3 & 4/4 & 4/5 & 4/6 & 4/7 & 4/8 & \cdots \\
& \swarrow & \nearrow & \swarrow & \nearrow & & & & \\
5/1 & 5/2 & 5/3 & 5/4 & 5/5 & 5/6 & 5/7 & 5/8 & \cdots \\
\downarrow & \nearrow & \swarrow & \nearrow & & & & & \\
6/1 & 6/2 & 6/3 & 6/4 & 6/5 & 6/6 & 6/7 & & \cdots \\
& \swarrow & \nearrow & & & & & & \\
7/1 & 7/2 & 7/3 & 7/4 & 7/5 & 7/6 & 7/7 & 7/8 & \cdots \\
\downarrow & \nearrow & & & & & & & \\
8/1 & 8/2 & 8/3 & 8/4 & 8/5 & 8/6 & 8/7 & 8/8 & \cdots \\
\vdots & \vdots & \vdots & \vdots & \vdots & \vdots & \vdots & \vdots & \ddots
\end{array}
$$

1878년 칸토어는 무한의 첫 번째 단계는 '자연수의 개수'이고, 두 번째는 '실수의 개수'일 것이라고 예상을 했다. 다시 말하면 두 무한 사이에 다른 무한은 없다는 것이다. 매우 당연하고 쉬워 보이지만 '연속체 가설'이라는 이름으로 이후 100여 년 동안 수학자들을 괴롭힌 문제다. 이를 조금 더 진전시킨 것이 '일반 연속체 가설'이다. 칸토어는 특별한 방법으로 실수의 개수보다 더 큰 무한을 만들면서 이를 일반화하여 무한의 등급을 1, 2, 3, … 으로 정했다. 앞서 말한 것처럼 물론 1등급은 자연수의 개수이고, 2등급은 실수의 개수인 셈인데 일반 연속체 가설은 이 등급들 사이에 다른 등급의 무한은 없다는 것이다. 그가 무한의 등급을 정한 방법을 수학자들은 '무한의 사다리'라고 부른다. 1900년, 20세기를 기념하면서 파리에서 개최된 국제수학자회의(ICM)에서 힐베르트가 기조강연을 통해 제시한 '20세기 수학의 발전에 가장 중요한 미해결 문제' 23개 중 그 첫 번째가 바로 이 '일반 연속체 가설'이었다.

그런데 문제처럼 그 풀이도 이상한 결론으로 매듭되었다. 1939년 오스

■수학자 괴델은 수학 문제 중에는 '참인지 거짓인지 알 수 없는 명제'가 있다는 불완정성 정리를 발표했다.

트리아의 수학자 괴델(Krut Goedel)은 수학 문제 중에는 '참인지 거짓인지 알 수 없는 명제'가 있다는 불완정성 정리를 발표했고, 이를 이용해 1963년 코헨(Paul Cohen)은 연속체 가설이 그런 문제라고 증명함으로써 수학적 논란은 일단 매듭 지워졌다. 나는 항상 이 결론이 미심쩍다. 참인지 거짓인지 알 수 없다는 것이 풀이라는 것도 이상하지만, 이런 증명에도 불구하고 많은 수학자들은 이 명제가 참일 거라고 믿고 있다는 사실이 더욱 이상하다.

칸토어의 낙원, 할레

괴팅겐, 할레, 라이프치히는 서로 가까운 곳에 위치한 도시다. 이중에서도 할레와 라이프치히는 기차로 1시간이면 닿을 만한 거리에 있기 때문에 괴팅겐의 많은 수학자들의 자취는 라이프치히와 할레에도 고스란히 남아 있다.

칸토어의 낙원 할레 중심 광장에 사람들로 긴 줄이 만들어져 있어 다가가 보니 소시지와 감자튀김을 파는 작은 노점 식당이었다. 독일 사람들이 긴 줄을 만들 만한 이유가 분명해 보였기 때문에 망설일 필요 없이 줄의 맨 뒤에 서서 차례가 오기를 기다렸다. 선 채로 음식을 먹고 있는 옆 사람을 지목하면 그만일 뿐, 음식의 이름도 알 필요도 없었다. 종이 그릇 위에 구운 소시지와 튀긴 감자가 푸짐하게 올려졌다.

칸토어가 재직했던 할레 대학교는 시내 중심가를 통과해 언덕길을 조금만 오르면 되는 곳에 위치하고 있다. 인터넷으로 이 학교를 검색해 보았을 때 나타나던 건물이 언덕 아래에서부터 눈에 보였다. 주변이 황량하여 이 건물만 도드라져 보이는 사진과는 달리 실제 주변 모습은 대리석 도서관 빌딩과 멋진 강의실로 가득했다. 학교가 경사진 곳에 있다 보니 정면에서 사진을 찍으면 다른 건물이 보이지 않았던 모양이다. 마침 다음 학기 입학을 앞둔 예비 신입생들이 학교에 대한 안내를 받는 모습이 보였다. 얼마나 설레는 마음으로 찾아 온 것이겠는가. 문득 대학 합격 소식을 듣고 찾아간 학교 기숙사 근처 눈길에서 길을 잃고 헤매던 대학 입학시절이 떠올라 내 입가에 미소가 번졌다.

이 작고 아름다운 도시 할레가 많은 수학자들에게는 귀양의 도시, 형벌의 도시로 기억되는 이유는 순전히 칸토어의 슬픈 인생 때문이다. 모차르트의 생애를 그린 영화 아마데우스에서의 살리에르의 독백을 이 도시에서

■ 할레는 음악가 헨델의 고향이기도 하다. 할레 광장에는 그의 동상(왼쪽)이 있고 가까운 곳에는 그의 박물관(오른쪽)도 있었다. 할레는 작지만 깨끗하고 아름답게 가꾸어진 도시(아래쪽)였다.

는 크로네커의 독백으로 바꾸어 보고 싶었다.

"하느님, 왜 크로네커를 낳고 칸토어까지 낳으셨습니까?
하느님, 왜 재능 많고 젊은 칸토어에게는 천재성을 주시고, 늙은 저에게는 이 천재성을 알아 볼 수 있는 재능만 주셨습니까?"

죽기도 살아있기도 한 고양이
−하이젠베르크의 불확정성 원리

슈뢰딩거 고양이

   실험의 내용은 다음과 같다. 고양이 한마리가 외부 세계와 완전히 차단된 상자 속에 들어있고, 이 상자는 독가스 통과 연결되어 있다. 독가스는 밸브에 가로막혀 상자 속으로 들어갈 수 없으며, 독가스가 든 통 역시 외부 세계와 차단되어 밸브가 열리는지 볼 수 없다. 이 밸브는 방사능을 검출하는 기계 장치와 연결되어 있는데, 시간당 50%의 확률로 붕괴(반감기 1시간)하는 라듐원자의 알파입자가 검출되면 열린다. 밸브가 열리면 고양이는 독가스를 마셔 죽게 된다면 1시간이 흐른 후에 고양이는 어떻게 되어있을까?

   독자의 이해를 돕기 위해 상황을 수학적으로 요약하면 다음과 같다.

"1시간 안에 절반의 확률로 상자 안의 고양이가 죽는다. 당신은 그 진행 상황을 전혀 볼 수 없다. 1시간 후 상자 속의 고양이는 어떻게 되었을까?"

상식적으로 생각해 보자. 1시간 후 상자를 열었을 때, 관측자는 살아있는 고양이를 보든지, 죽은 고양이를 보든지 두 가지 중 한 상황만 보게 될 것이다. 문제는 상자를 열기 전이다. 이 경우 수학적 표현으로 50%만 살아 있는 고양이가 상자 안에 들어 있으므로 상자 안에는 '죽기도 하고 살기 있기도 한 고양이'가 존재하고 있다는 뜻이 된다.

이렇듯 '반감기가 한 시간인 라듐 원자 하나는 붕괴 확률이 50%이므로 고양이는 죽을 확률이 50%이다'는 식의 설명만 가능한 것이 하이젠베르크(Werner Karl Heisenberg, 1901-1976)의 양자역학이다. 이를 받아들일 수 없었던 아인슈타인이나 슈뢰딩거(Erwin Schrödinger, 1887-1961)는 '한 시간 후에 고양이는 죽었든지, 살아있든지 할 뿐이지 그 외의 선택은 없다'라는 설명만이 물리에서 유용하다고 주장하고 양자역학을 배척했다. 삶과 죽음 사이의 어

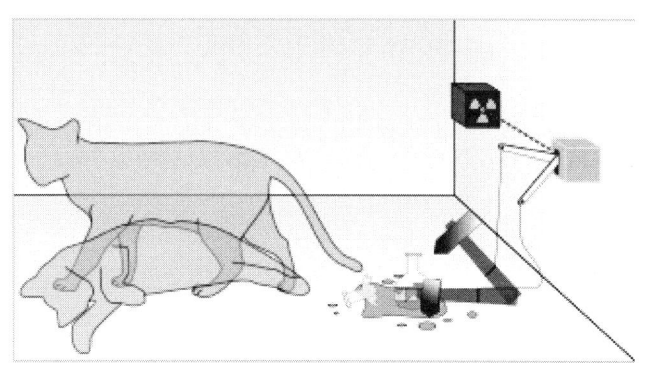

■산 고양이와 죽은 고양이가 상자 안에 공존하고 있다?

디쯤 고양이가 존재한다는 '50%만 살아 있는 고양이'의 존재를 주장하는 양자역학은 불완전하며 현실적이지 않다고 생각했다.

양자역학이 얼마나 터무니없는 것인가를 보여주기 위해 슈뢰딩거에 의해 만들어진 이 예는 이제는 오히려 양자역학의 특징을 설명하는 대표적인 예시로 흔히 사용된다. 양자역학에 의하면, 미시적인 세계에서 일어나는 사건은 그 사건이 관측되기 전까지는 확률적으로밖에 계산할 수가 없으며 가능한 서로 다른 상태가 공존하고 있다고 말한다. 이렇게 터무니없던 양자역학을 아인슈타인의 상대성원리와 같은 반열에 올려놓도록 만든 하이젠베르크를 찾아 뮌헨에 왔음에도 기차에서 내리자마자 나는 맥주집을 제일 먼저 찾았다.

하이젠베르크의 고향 뮌헨

뮌헨 대학교 인근의 중심가에는 10월의 축제인 옥토버 페스트로 유명한 마르엔 광장이 있다. 그러나 나처럼 때를 맞추어 이곳을 찾을 수 없는 여행객도 뮌헨 맥주 맛을 보고 싶은 법이다. 마르엔 광장에서 멀지 않은 곳, 이곳의 여행 안내서에 나와 있는 맥주집 '호프브로이'의 강당 같이 넓은 실내 홀 한가운데에서 브라스 밴드가 연주하고 있었다. 야외에서 들어도 충분한 음량을 갖춘 사물놀이 패의 연주처럼, 브라스 밴드의 실내 연주 소리는 주변 모든 소음을 제압하고도 넘쳤다. 가득 들어 찬 사람들의 이야기 소리와 밴드 소리가 뒤섞이며 바로 옆 사람과의 대화도 불가능할 정도로 시끌벅적한 독일 술집의 묘한 분위기를 만들어 내고 있었다. 악대는 가끔 자리에서 일어나 행진곡 풍의 음악을 연주했고 그러면 이를 기다렸

■시장 바닥이 아니다. 뮌헨의 유명 맥주집(왼쪽)의 중심부에는 브라스밴드(오른쪽)가 권주가를 연주하고 있었다.

다는 듯 실내의 모든 사람들이 대화를 중단하고 연주에 맞춰 합창을 한다. '황태자의 첫사랑'이라는 영화의 한 장면이 이것을 소재로 한 것인지 아니면 영화를 재현하기 위해 맥주집에서 이런 이벤트를 하는 것인지 알 수 없지만, 일면식도 없는 손님들이 목소리 높이 합창하면서 서로에게 웃음을

■이곳 여행안내서는 옥토버 페스트의 분위기를 맛볼 수 있는 곳으로 맥주집 호프브로이를 추천한다(왼쪽). 이곳에서 멀지 않은 곳에 마르엔 광장(오른쪽)이 있다.

보내며 동질감을 느끼고 있었다. 종업원에게 무슨 뜻의 노래인가를 물어보니 한참을 생각한 후에 그저 건강과 행복을 비는 권주가라고 했다. 행진곡풍의 느낌이 권주가 치고는 너무 거창하다는 생각이 들었다.

무엇을 먹을까 망설일 필요도 없이, 사람들이 가장 많이 즐기는 '슈바인스학세(학센이라고도 불린다)'를 메뉴판에서 찾아내 손가락으로 가리키며 주문했다. 한국식 돼지 족발과 비슷해 보이는 이 음식은 오븐에서 오랜 시간 구워낸 후에 기름으로 튀겨낸 듯, 겉은 바삭거리면서도 살코기 부분은 부드러운 두 가지 맛을 가지고 있었다. 가격도 상대적으로 저렴한 편으로 여기에 빵 한 조각을 얹으니 저녁식사와 함께 맥주 안주로 먹어도 좋을 만큼 충분한 양이었다.

의사소통이 어려운 외국에서 뜻을 알기도 어려운 메뉴판을 보고 대충 음식을 주문하면 엉뚱한 메뉴가 나와서 입맛만 버리는 경우가 많이 있다. 샐러드를 주문했다가 양배추 반통을 먹어 본 적도 있고 피자 한 쪽을 주문했다가 한 판이 나와서 몇 끼를 피자로만 때웠던 적도 있다. 우리 옆자리 사람들도 그랬다. 다국적 기업 연구소에서 일하는 연구원들로 뮌헨 출장 중이라고 자신을 소개한 그들은 소시지를 한 접시를 먹고 난 후 나를 쳐다보며 음식 이름을 묻더니 이 요리를 하나 더 주문했다. 처음 음식은 잘못 시킨 것이라고 했다.

양자역학에서 불확정성 원리와 소립자

뮌헨 대학교는 독일에서 가장 오랜 역사를 가지고 있으며 규모 면에서도 두 번째로 큰 대학으로 유럽 대륙 전체에서도 손꼽히는 명문대학으로 평가를 받는다. 독일 초대 총리를 비롯한 네 명의 독일 대통령이 이 학교 출신이며 하이젠베르크를 포함하여 노벨 물리학상 12명, 노벨 화학상 14명, 노벨 생리학상 7명, 노벨 문학상 1명 등 총 34명의 노벨상 수상자를 배출한 곳이다. 대학가 중앙건물 반대쪽으로는 누드정원으로 유명한 영국정원도 있어 호기심 반 여유 반의 여행자에게는 자연과 어우러진 도시 뮌헨을 확인하며 산책을 즐길 수 있는 곳이기도 하다. 뮌헨 대학교에 입학하긴 했지만 독일 대학의 자유로운 교육 특성으로, 하이젠베르크는 당대 최고의 수학자와 물리학자들을 찾아다니며 공부할 수 있었다. 뮌헨에서는 좀머펠트와 빌헬름 빈에게 지도받았고, 괴팅겐에서는 보른과 프랑크에게서 물리학을, 힐베르트에게서 수학 교육을 받았다. 1923년에 뮌헨 대학교에서 박사학위를 취득하고 다음해에 괴팅겐에서 하빌리타치온(박사학위 후에 따는 교수 자격증)을 받은 하이젠베르크는 불확정성의 원리의 발견자로 기억된다.

아인슈타인의 광양자 이론 발표로 인해 빛은 이미 파동이자 입자인 것으로 입증되었다. 빛이 입자라면 그 최소 구성단위의 불연속적인 값들을 설명할 수 있는 이론이 필요하여 개발된 이론이 바로 양자역학이다. 양자의 사전적 정의는 "어떤 물리량이 연속 값을 취하지 않고 어떤 단위량의 정수배로 나타나는 비연속 값을 취할 경우, 그 단위량을 가리키는 용어"로 되어 있다. 학자들은 실재로는 모든 물리량이 불연속적인 값을 가지며 이 불연속적인, 즉 양자화된 것들의 움직임을 설명해 주는 것이 바로 양자역학이라고 설명한다. 이는 디지털 세상에서 우리가 연속적인 움직임으로 느끼는 모든 영상과 소리들의 최소 구성단위가 0과 1로 이루어진 기본단위에서 시작된 것이라는 예로 비교 설명할 수 있다.

1922년 평소 원자 모형에 지대한 관심을 보이는 제자 하이젠베르크를 스승 좀머펠트가 괴팅겐으로 데려가 보어(Niels Bohr, 1885-1962) 강의에 참여시킨 일을 계기로, 그는 양자역학에 빠져들기 시작했다. 1926년부터는 아예 코펜하겐 대학교로 거처를 옮겨 보어의 조수이자 대학 강사 일을 시작하는 데, 이듬해 그는 불확정성 원리를 착안했고 이 공로로 5년 후에는 "양자역학을 창시한" 공로로 노벨 물리학상을 수상했다.

보통의 세상에서 사람들이 어떠한 물체를 '본다'는 행위는 그 물체에 대해 아무런 영향도 미치지 못한다. 하지만 만약 물체가 빛의 입자만큼 작아지게 된다면, 이러한 관측 행위는 관찰 대상에 영향을 미치게 된다는 것이 양자역학 관점이다. 불확정성의 원리라 불리는 이 주장은 양자만큼 작은 입자들을 볼 때 '관측'이라는 행동을 하게 되면 그 입자들은 관찰 행위 자체에 영향을 받게 되어 '관측'한 물리량에 착오를 가져오게 되므로 그 위치와 속도를 동시에 알아낼 수 없다는 것이다. 위치가 정확하게 측정될수록 운동량의 퍼짐이 발생하여 속도는 점점 더 부정확해지고 반대로 운동량이 정확하게 측정될수록 위치의 정확도는 감소하게 된다. 이 원리를 수학적으로 표현하면 다음과 같은 부등식으로 나타낼 수 있다.

$$\sigma_x \sigma_p \geq \frac{\hbar}{2}$$

이때 위치의 평균에 대한 제곱평균제곱근편차 σ_x(X의 표준편차)와 운동량의 평균에 대한 제곱평균제곱근 편차 σ_p(P의 표준편차)는 각각 다음과 같다.

$$\sigma_x = \sqrt{\langle (X-\langle X \rangle)^2 \rangle} \quad \sigma_P = \sqrt{\langle (P-\langle P \rangle)^2 \rangle}$$

이 식에서 h는 상수이므로 운동량의 편차가 감소하면 위치의 편차가 증가하고, 위치의 편차가 감소하면 운동량의 편차가 증가하여 두 값이 동시에 줄어들 수 없다는 사실을 알 수 있다. 이 현상은 양자처럼 작은 물체, 미시적 세계에 대한 설명이므로 아주 빨리 달리는 자동차의 순간 모습을 찍는다고 가정할 때 그 찍힌 사진이 자동차의 속도가 빠를수록 덜 정확해지는 현상과는 다른 의미이다.

양자역학이 본격적으로 연구되면서부터 원자가 더 이상 물질 구성의 최소 단위가 아니라는 사실도 알려져 더 작은 알갱이를 찾으려는 노력이 시작되었다. 원자에서 조금 더 나가보자. 각 원자는 양성자와 중성자, 전자로 이루어져 있다. 한동안 많은 사람들은 이것이 물질의 마지막 단계라고 생각했다. 그러나 1960년 겔만(Gell-Mann)은 양성자, 중성자를 쪼개면 쿼크라는 소립자가 각각 3개씩 존재하며 이들은 강한 핵력(강력)에 의해 묶여있다고 주장했고, 이 제안으로 그는 1969년 노벨물리학상을 수상했다. 빛의 본질이 무엇인가에서부터 시작된 양자역학은 이 부분에서 작은 소립자의 움직임 연구와 결합된다. 관찰하기 어렵기 때문에 실험결과를 얻어내는 것은 거의 불가능하거나 매우 오랜 시간이 걸리는 분야이다. 내가 만난 필즈메달 수상자 UC버클리의 보처즈 교수는 이렇게 이 분야를 이야기했다.

"입자의 행동을 표현하고 예측하기 위해서는 뭔가 이를 계산할 수 있는 방법이 있을 것이다. 아주 환상적인 이론이 이 분야에 있다. 이를테면 파인만 다이어그램은 실험결과와 완벽하게 일치할 정도로 정확하게 입자의 행동을 표현해 내고 있다. 그러나 물리학자들은 모든 종류의 파인만 다이어그램을 이용하는 대신에 몇 개만 취사선택해 결과를 만들어 내고 있다. 무한개의 파인만 다이어그램을 모두 이용한다면 무한개의 답을 얻게 되므로 이를 피하기 위해 물리학자들은 유한개만을 의도적으로 이용하고 있는데 이는 수학자의 입장에서 보면 매우 괴상한 행동으로밖에는 이해할 수 없다. 일종의 속임수가 있는 것이다."

너무나 작아서 실험이나 관찰로는 그 규칙성을 찾아내기가 어렵기 때문에 연구자들은 순수하게 수학적으로 모델을 생각하고 방정식을 만들어서 양자의 움직임을 설명하려고 시도하고 있다. 양자 이론은 현재 10자리 유효 숫자까지의 정확성을 실험 결과로 갖고 있을 정도로 매우 성공적으로 발전되고 있지만, 자세히 들여다보면 수학적으로는 아주 비상식적인 일들이 많이 일어나고 있다. 이 분야에서 발견되는 무한대의 항으로 이루어진 수들을 적절하게 취급할 수 있는 방법을, 아직은 아무도 만들어 내지 못하고 있기 때문이다. 물리학자들은 이런 현상을 완화시키는 여러 수단을 동원해 답을 찾아내곤 한다. 많은 학자들이 수학적 정의를 시도했고 새로운 공리적 시스템을 만들어 냈다. 그러나 문제점은 해결되지 않고 있다. 아주 큰 퍼즐이 풀리지 않고 있는 셈이다.

양자이론의 정의에 따라 충실히 계산을 해도 연구자들은 저마다의 다른 결과를 얻는 경우가 많다. 3명의 장님이 코끼리의 모양을 이해하기 위해 노력한 끝에 결국 서로 다른 모양으로 코끼리를 만들어 냈다는 이야기가 현재 수학자들이 양자이론을 이해하는 정도의 수준과 어울릴 것 같다. 3명의 완전한 장님 수학자가 코끼리를 만지면서 완전히 다른 3개의 수학적

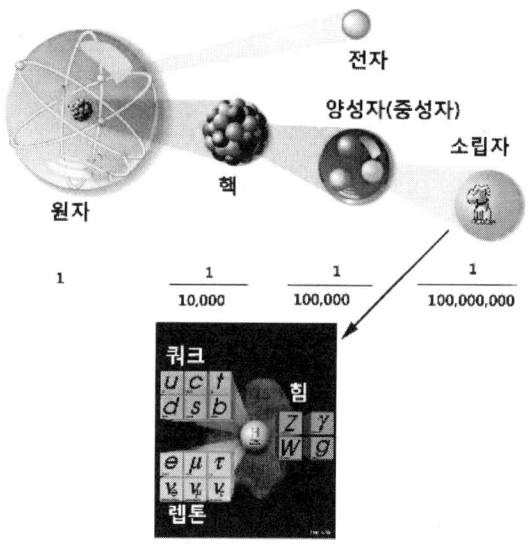

물질의 구성과 표준모형

정의를 만들어 냈지만 그 누구도 정확한 모습을 그려낸 것은 아니다. 이해할 수도 없고, 예측 가능하지도 않은 현상들이 일어나는 곳이 소립자들의 움직임이다. 수학의 활용이 절대적이지만 아직은 미지의 세계로 남아있는 영역들이 많은 부분이다.

우리는 아직 자연계에 실재 존재하는 소립자가 어떤 종류인지 분명하게 알지 못한다. 만약 자연계에 어떠한 종류의 소립자가 존재하며 어떻게 이들이 상호 작용하는가를 안다면 소립자에 관련된 물리량을 수학 계산으로 구해 실험과 비교하는 것이 원칙적으로 가능해진다. 문제는 더 이상 쪼갤 수 없는 궁극의 단위라는 뜻으로 수학적 기본 단위를 생각할 순 있지만, 이런 기본이 되는 단위가 존재하는지는 확실하지 않다는 것이다. 분자, 원

자, 원자핵 등이 각각 기본 입자라고 생각됐던 때도 있었지만, 새로운 발견을 통해 이들이 더 작은 입자 조합으로 설명될 수 있는 구조를 가지고 있다는 사실이 밝혀졌기 때문에 과학의 진전에 따라 언제나 새로운 기본 입자가 제시되어 왔다. 현재, 실험에 의해 확인된 가장 작은 단위로 생각되는 기본 입자는 표준모형의 쿼크와 렙톤 및 게이지 보손(힘)이다. 그러나 이들 역시 구조를 가지고 있다고 보는 이론들이 있으므로 마지막 물질은 아닐 수 있다.

수학자와 과학자를 연결해주는 오락 수학 문제

하이젠베르크 정도로 영향력을 갖고 있진 않지만, 뮌헨은 빛의 반사에 관한 오락 수학문제로 유명한 슈트라우스(Ernest Straus 1922-1983) 고향이기도 하다. 젊은 시절 프린스턴 고등과학원에서 아인슈타인의 조수로 3년 동안 근무하다가 UCLA교수로 평생을 보낸 그는 1950년대에 다음과 같은 빛의 반사에 관한 2개의 질문을 수학자들에게 내놓았다.

> 완전하게 빛을 반사할 수 있는 거울로 벽이 이루어져 있는 방이 있다.
> 1. 임의의 점에 촛불을 놓아도 방 안의 모든 곳을 밝힐 수 있으려면 이 방은 어떤 모양이어야 하는가?
> 2. 특정한 점에 촛불을 놓아서 방 안의 모든 곳을 밝힐 수 있으려면 이 방은 어떤 모양이어야 하는가?

이런 문제는 수학의 전통적 관점에서 보면 연구의 주류(main stream)라고 할 수는 없다. 수학 전문가가 아니어도 누구나 문제를 쉽게 이해할 수 있고, 그 풀이에 특별한 수학적 지식이 필요치 않은 문제이기 때문이다. 바둑이나 수도쿠처럼 그저 여가 시간에 오락으로 가볍게 즐길 수도 있다. 너무도 세분화되어 있어 자신의 분야 외에는 전문가조차도 이해하기 어려운 현대 수학을 일반인에게 보다 가깝게 느끼게 만들 수 있는 좋은 문제이기도 하다. 이 문제에 대한 의미 있는 최초의 답을 한 사람이 양자역학 물리학자라는 사실만 보아도 이 문제가 가지고 있는 대중적 흡인력을 짐작할 수 있다.

영국 옥스퍼드 대학교 교수 펜로즈(Sir Roger Penrose, 1931-)는 우주 생성 및 전개에 관한 탁월한 연구 업적으로 인해 스티븐 호킹에 필적할 만한 위대한 현대 물리학자로 알려져 있다. 호킹이 자신의 저서 《시간의 역사》에서 펜로즈와의 공동 연구에 대해 반복적으로 언급하고 있을 정도로 높이 평가되는 그는 이미 대칭에 대한 많은 연구로 수학적 명성도 얻고 있었다. 이 문제의 풀이로 펜로즈가 1958년에 내놓은 그림은 다음과 같다.

각 그림은 직사각형에 한 개의 타원을 반으로 잘라 위, 아래에 나누어 붙인 다음에, 버섯모양으로 양쪽 끝 부분을 제외한 도형이다. 이 그림에서

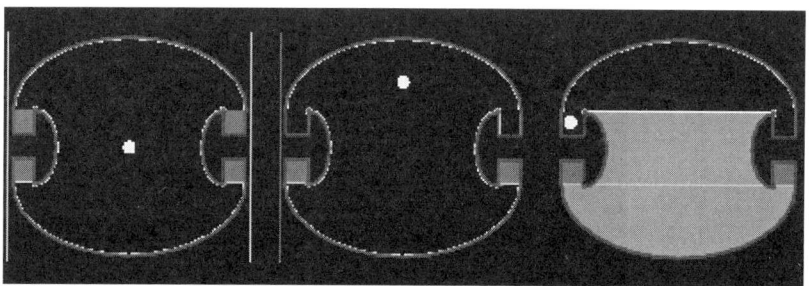

■각각의 도형에서 노란 점 위에 촛불을 놓으면 회색 부분은 빛이 도달하지 않는다.

붉게 표시된 4개의 점은 타원의 중심이면서 작은 버섯의 몸통 부분에 있는 작은 4개의 정사각형의 한 꼭지점이 된다. 또한 작은 버섯의 머리 부분을 이루는 타원의 중심도 앞의 정사각형의 또 다른 꼭짓점이 되도록 한 것이다. 이제 이 도형의 모든 벽은 거울로 되어 있어 빛을 완전하게 반사할 수 있다고 상상해 보자.

펜로즈는 이러한 모양의 방에서는 앞의 그림과 같은 3가지 경우만을 생각하면 모든 경우를 다 생각한 것이라고 주장했다. 각 경우, 노란색 점 위에 촛불을 놓으면 회색으로 표시된 영역에는 빛이 도달하지 않는다는 것이다. 방 안 임의의 점에 촛불을 놓을 때, 이 3가지 경우를 제외한 경우는 없기 때문에 한 촛불로는 밝힐 수 없는 영역이 있다는 사실이 증명된 셈이다. 다시 말하면, 이러한 모양의 방은 어떤 특정한 점에 촛불을 놓아도 방 안 전체를 밝힐 수는 없다.

슈트라우스 오락 문제에서 한발 더 나아간 사람이 캐나다 앨버타 대학교 수학자 토카스키(George W. Tokarsky, 1946-)다. 펜로즈와는 달리, 그는 곡선이 전혀 없는 직선으로만 이루러진 방을 만들어 냈다. 다각형 중에서 슈트라우스의 문제 조건을 만족하는 도형의 변의 최소 개수를 찾아내는 것이 그의 주요 관심사였다. 1995년, 토카스키는 자신이 만들어낸 26각형의 도형(아래 첫 번째 도형)에서는 방 안의 어떤 점에 촛불을 놓아도 빛이 도달할 수 없는 곳이 반드시 존재한다고 주장했다. 토카스키 다각형이 특히 흥미로운 이유는 펜로즈의 타원형 도형과는 달리 촛불로 밝힐 수 없는 부분을 영역으로 나타낼 수 없는 경우도 있기 때문이다. 몇 개의 유한개 점만이 촛불로 밝힐 수 없는 지점이 되기도 한다. 이를테면 다음 그림의 점(o표시)에 촛불을 놓으면 x 표시된 지점에는 그 빛이 절대로 도달하지 않는다.

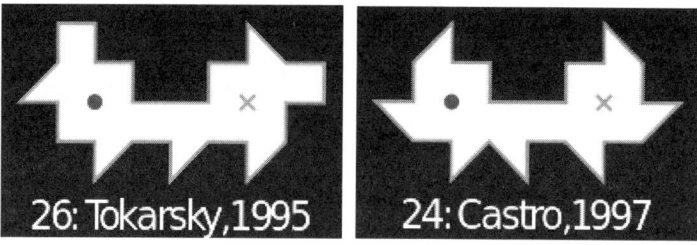

■토카스키의 26각형이나 카스트로의 24각형은 모두 점(o 표시)에 촛불을 놓으면 x 표시된 지점에는 그 빛이 절대로 도달하지 않는다.

토카스키 다각형은 1997년 카스트로(D. Castro)에 의해 24각형으로 축소되었다. 그 후로 특별한 진전이 없으니 현재까지의 수학적 결론은 'n각형 모양의 방 안에 있는 임의의 점에 촛불을 놓을 때, 방 전체를 밝힐 수 있는 최대값'은 23인 셈이다. 다시 말하면 24각형 이상의 다각형은 촛불 하나로 방 전체를 밝힐 수 없는 경우가 있다. 토카스키의 26각형처럼 카스트로 다각형의 경우에서도 촛불을 붉은 점에 가져다 놓으면 x 표시 지점에는 빛이 도달하지 않는다.

이처럼 수학은 누군가에는 오락이 되고, 이 오락이 다른 사람에게는 연구 주제가 되며, 이 연구가 이어져 수학적 결과를 낳는다. 이렇게 얻은 결론이 살아남을지는 오직 생물학적 자연선택에 달려있다. 누구도 이 수학을 사용하지 않으면 도태될 것이며, 유용하면 언제가는 오일러 그래프처럼 새로운 학문의 기초가 될 것이다. 본질적으로 모든 학문은 누군가에는 즐거운 오락으로 시작된 것일지도 모른다.

퓌센의 백조의 성

뮌헨에 들른 김에 퓌센의 백조의 성을 찾아보기로 했다. 퓌센은 뮌헨에서 2시간 가량 떨어진 곳으로 알프스 가장자리 로맨틱 로드의 남쪽 끝이 되는 지점이다. 이곳의 랜드마크가 호헤스쉬로스라 불리는 고딕양식의 성 복합체인데 이중에서도 백미는 노이슈반슈타인 성과 호헨쉬방가우 성이다.

하루 종일 비가 내렸다. 우산을 준비하긴 했어도 바지와 신발은 물론 배낭도 비에 금방 젖는 사나운 날씨 때문에 가방 안의 전자 제품 위치를 바꾸어야 했다. 물이 들어가지 않도록 배낭 조정을 마칠 즈음 퓌센 역에 기차가 도착했다. 기차에서 내린 많은 사람이 역 앞에서 기다리고 있는 시내버스로 한꺼번에 몰려갔지만 다행히도 버스는 4, 5대 정도가 되어 여행객을 한 번에 다 실을 수 있을 정도로 여유가 있었다. 움직이는 버스 차장 밖으로 '백조의 성'이라는 별명이 아깝지 않을 아름다운 성이 희미하

■호헨쉬방가우 성에서 내려다본 인근 마을 모습

게 시야로 들어왔다. 구름인지 안개인지 구분할 수 없는 흐릿함 사이로 비가 계속해 내리고 있었다.

그토록 일찍 서둘렀음에도 성 입구 매표소에는 시작점이 보이지 않을 정도로 끝없는 긴 줄이 이어지고 있었다. 줄의 끝에 붙어 30분 정도 기다렸으나 그 길이가 줄어들지 않으니, 이러다가는 오늘 이 성안에 들어가 보지도 못하고 줄만 서있다 돌아갈 것 같은 초조감이 들었다. 어떻게 해야 할지 망설이다 인근 기념품가게 주인에게 해결방법을 물어보니 이 줄은 두 성의 입장권을 사기 위한 것이라고 했다. 입장권을 사면 다시 성으로 오르는 버스나 마차를 타기 위해 또 줄을 서야 하므로 오후 늦게나 성 안에 들어갈 것 같다고 했다. 이런 복잡한 과정을 피하려면 미리 인터넷 예매를 해야 했지만 이토록 많은 사람이 모여들 줄은 상상도 하지 못했다. 일단 입장권 사는 것을 포기하기로 했다. 이러면 성안에는 들어갈 수 없지만 지금 곧바로 성으로 가는 버스를 탈 수 있는 줄에 가서 설 수 있기 때문이다. 버스가 승객을 백조의 성이 내려다보이는 절벽 다리 인근에 내려놓자, 주위 사람들 입에서는 탄성이 흘러나왔다. 감동의 크기가 모두 같을 것 같은 동질감이 관광객들 사이에 형성된 이유는 이곳에서 내려다본 성이 그야말로 환상적이었기 때문이다. 마침 그치기는 했지만 방금까지 내린 빗방울로 인해 만들어진 안개 구름 위에 떠 있는 듯한 성의 모습은 디즈니랜드 영상에서 보던 동화의 성과 정확히 일치하는 듯했다. 지역 방어를 위해 축성된 다른 성과는 달리 그저 황제가 보기에 아름답고 환상적인 성을 지으려는 목적으로 시작된 것이라는 설명문이 보였다. 실용성이 배재되었기 때문에 이런 외지고 높은 곳에 저토록 화려하고 우아한 형태의 성을

■빗방울로 인해 만들어진 안개 구름위에 떠 있는 성의 모습은 디즈니랜드 영상에서 볼 수 있었던 동화의 성과 정확히 일치하는 듯했다.

건립할 수 있었겠다. 시작은 왕 개인 취향에서 비롯되었지만 이제는 전 세계에서 밀려드는 여행객들로 인해 그 어느 성보다 유명해진 백조의 성, 이런 무모한 투자도 장기적으로는 남는 장사라는 생각이 드는 것은 너무 세속적일까.

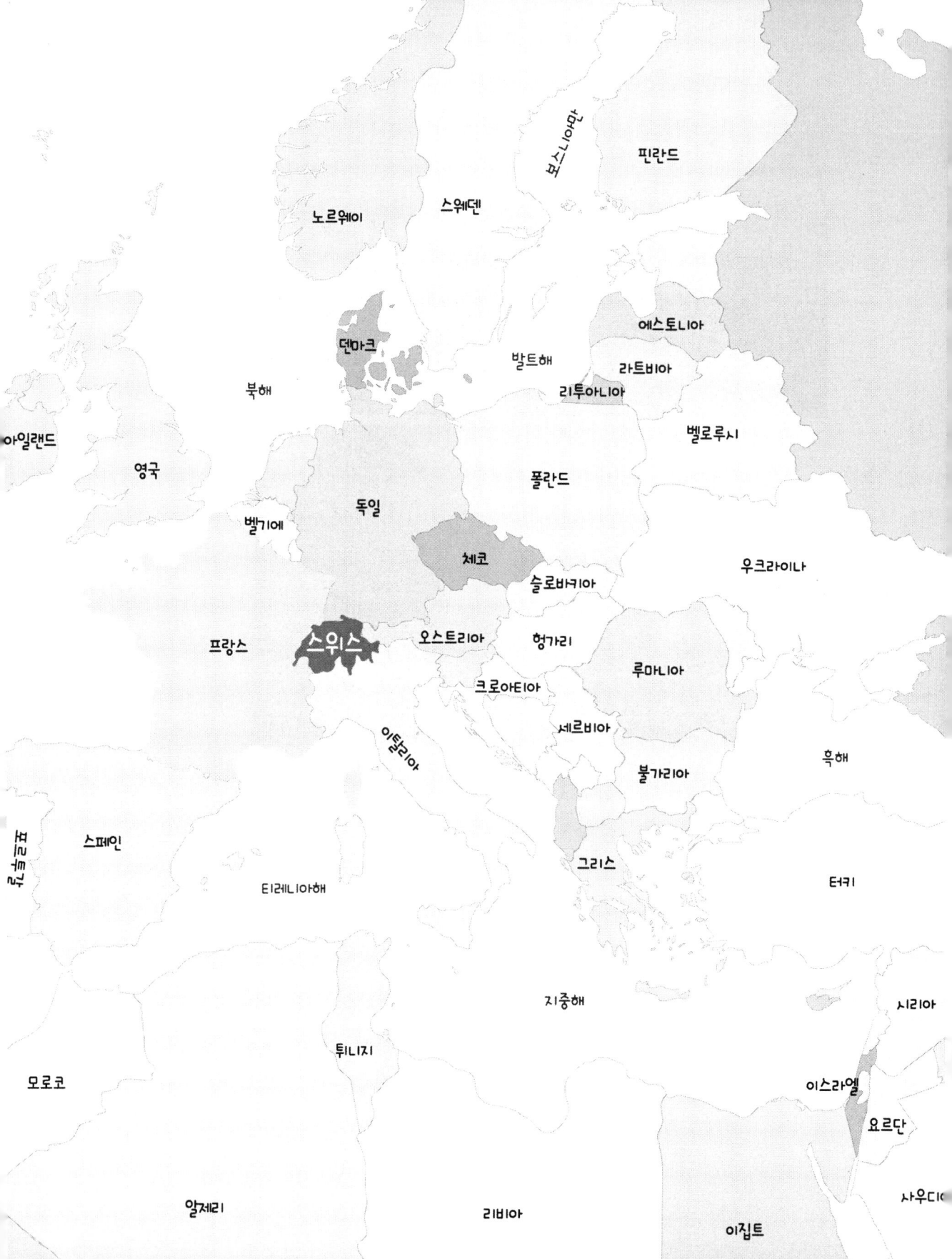

PART 02
스위스

S W I T Z E R L A N D

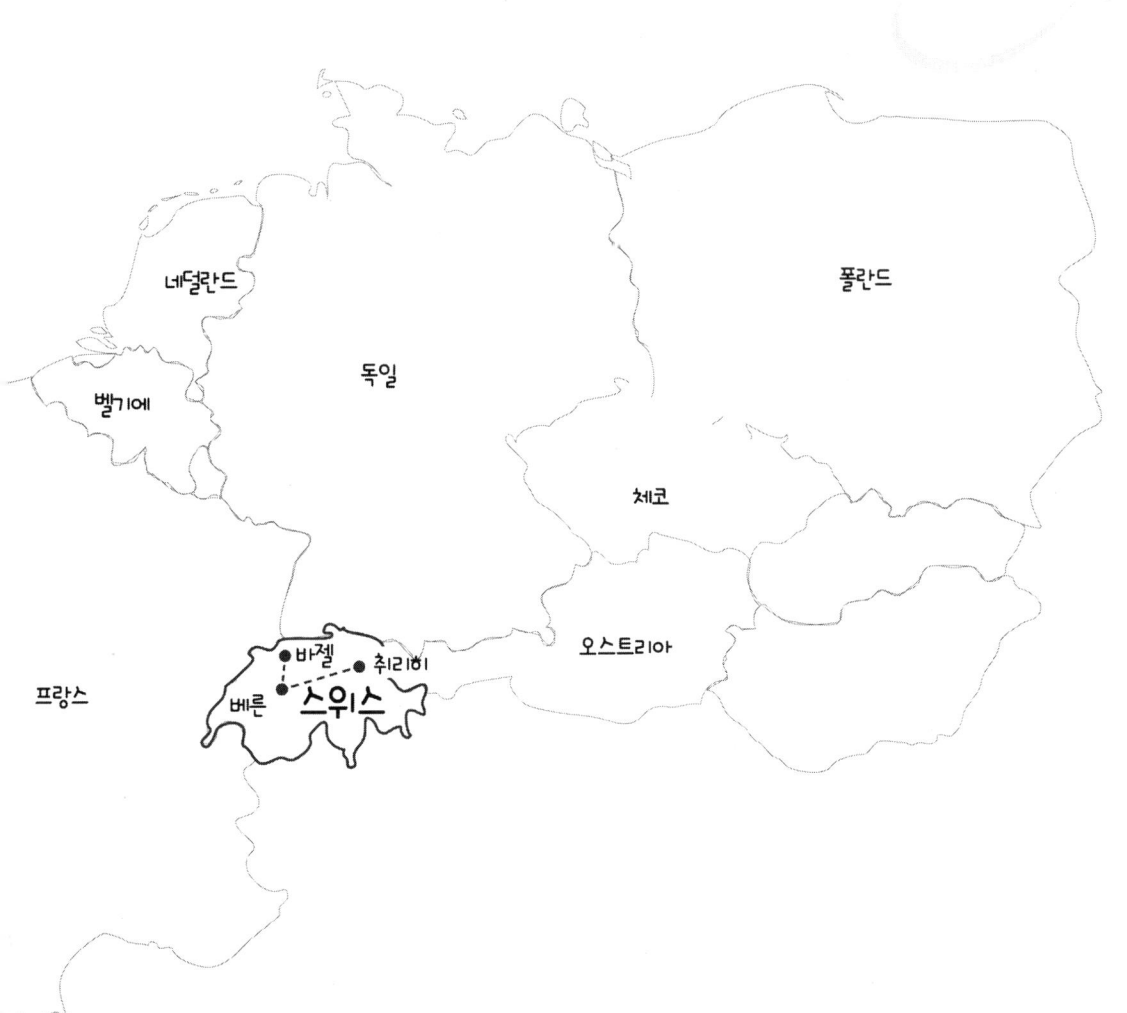

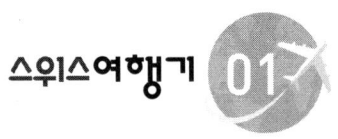

세상에서 가장 아름다운 방정식
-오일러 그래프와 DNA 재결합

수학이 아름답다고?

수학이 아름다운 것이라는 주장에 손사래를 치는 독자들이 있을지 모를 일이지만 '세상에서 가장 아름다운 수학 방정식'이 있다. 적어도 수학자들 사이에는 그렇게 인정되는 식이 실제로 존재한다. 아름다움이라는 것이 객관적 기준이 있는 것이 아닐뿐더러 학자들은 자신의 전공에 따라 독특한 관점을 갖고 있는 경우가 많기 때문에 일치하는 의견을 내는 것은 쉬운 일은 아님에도, 몇몇 학술지에서 수학자들에게 수학에서 가장 멋진 식이 무엇인가를 조사한 결과 공통적으로 다음 식을 선정했다.

$$e^{i\pi}+1=0$$

오일러(Leonhard Euler, 1707-1783)에 의해 처음 만들어진 이 식이 수학에서 가장 아름다운 식으로 받아들여지는 이유는 수학에서 가장 중요한 숫자 5개가 모두 나올뿐더러, 이 숫자들이 수식의 기본 연산에 해당하는 덧셈, 등호, 지수, 곱셈으로 연결되기 있기 때문이라고 추측해볼 수 있다. 좀 더 구체적으로 5개 숫자의 의미를 살펴보자.

- 1 ; 모든 수의 기본이 되는 수이며 다른 수와 곱해도 그 수의 모양을 바꾸지 않는 수
- 0 ; 양과 음의 경계가 되는 수이며 다른 수와 더해도 그 수의 모양을 바꾸지 않는 수
- e ; 지수와 로그의 기본이 되는 수이며 미분과 적분의 단순성을 유지시켜주는 수
- i ; 허수의 기본이 되는 수이며 모든 방정식의 근의 개수를 차수와 일치시켜주는 수
- π ; 원의 넓이와 둘레의 기본이 되는 수이며 삼각함수의 미분과 적분의 단순성을 유지시켜주는 수

더욱이 오일러의 계산에 의하면

$$e^{i\pi} = \cos\pi + i\sin\pi$$

라는 관계가 성립되므로, 이 식은 삼각함수와도 연관이 있다. 다시 말하면, 이 하나의 식이 수학에서 가장 중요한 초월함수인 지수함수와 삼각함수를 서로 연결시키는 다리의 역할을 하고 있다. 단순하고 우아한 모양을 갖고

있으면서, 수학의 모든 분야를 함축시켜 놓은 이 식의 의미를 곱씹어 보지 않을 수 없는 이유이다. 하버드 대학의 페어스 교수(Benjamin Peirce)는 이 식을 다음과 같이 표현하기도 했다.

"아주 역설적이지만, 증명했으므로 참이라는 것은 확실하지만, 그 의미를 우리는 이해하지 못한다."

숫자 π, i, e의 발견은 오일러에 의한 것은 아니었지만 이름은 모두 오일러가 만들어 붙여준 것이거나 다름없다. 이를테면 π는 1706년 존스(William Jones)가 최초로 기호를 도입한 기록은 있으나 별 관심을 받지 못하고 있었는데 1736년 오일러가 이 기호를 사용하자 곧바로 수학자들은 자신들의 수학 표현에 이를 채택했다. 오일러의 영향력을 짐작할 수 있는 부분이다. 숫자 i 또한 데카르트에 의해 수식표현으로 도입되긴 했지만 가우스가 복소평면을 도입하므로 일반화되었고 e는 오일러가 직접 명명한 것이다.

```
        1 x 1 = 1
       11 x 11 = 121
      111 x 111 = 12321
     1111 x 1111 = 1234321
    11111 x 11111 = 123454321
   111111 x 111111 = 12345654321
  1111111 x 1111111 = 1234567654321
 11111111 x 11111111 = 123456787654321
111111111 x 111111111 = 12345678987654321
```

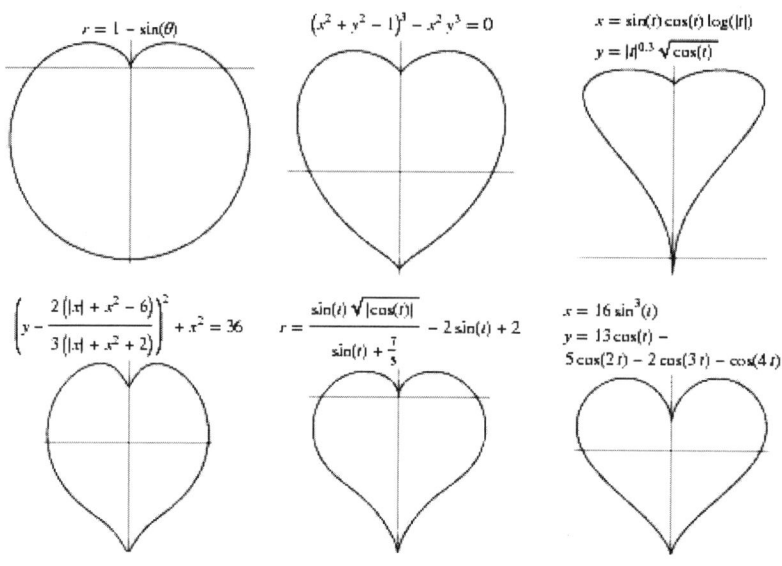

아무리 그 중요성과 우아함을 강조해도 오일러 식의 아름다움을 이해하기 위해서는 어느 정도의 수학적 지식이 필요하다. 공감하기 어려운 수학 비전공자들에게는 아마도 대칭성이 눈에 쉽게 드러나고 기하적 우아함이 있는 다음과 같은 식이 더 아름다운 수학일 수도 있다는 생각이 든다.

스위스 바젤 대학교

오일러가 평생 머물렀던 바젤 대학교는 언덕 위에 있기 때문에 라인 강변에서 제법 긴 언덕길을 올라야 도서관과 학교 메인 빌딩에 이를 수 있다. 한 여름 햇살 아래 땀을 비 오듯 흘리며 숨이 턱에 차도록 걸어 올라가 도착한 그곳에 정작 수학과 건물은 보이지 않았다. 나중에 안 일이지만 좀 더 빨리 오르는 지름길이 있긴 했다. 학교 이곳저곳을 살피면서 만나는

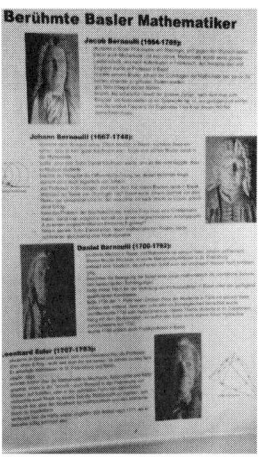

■ 바젤대학교 본관에서 수학과 건물(가운데)로 이동하는 지름길(왼쪽)은 가파른 언덕길이었다. 입구에는 4명의 수학자 얼굴(오른쪽)이 보이는 포스터가 붙어 있다.

■ 바젤대학교 수학과 입구에 놓여있는 여러 다면체(왼쪽)는 오일러 공식의 연구에 중요한 역할을 한다. 수학과 강의실에서 라인강의 모습이 창 밖(오른쪽)으로 보인다.

사람에게 수학과의 위치를 물어 보면 대답하는 사람마다 답이 달랐다. 전통이 오래된 유럽 대학은 학교가 팽창하면서 주변 마을과 뒤섞이게 되어, 재학생일지라도 본인들과 직접적인 관련이 있는 학과가 아니면 그 위치를 잘 알지 못하는 경우가 많았다. 한두 번 겪는 일은 아니었지만, 이렇게 더운 날씨에 그저 그들이 짐작으로 가리키는 곳에 직접 가서 확인을 하는

■바젤 대학교 수학과 입구는 오일러의 초상화가 전시되어 있어 이들이 얼마나 오일러를 자랑스럽게 여기는지를 알 수 있었다.

과정이 힘들어지기 시작했다. 언덕길을 오르내리는 몇 번의 시행착오 끝에 드디어 확실한 위치를 알고 있는 학생을 만났다. 그가 가리킨 계단의 급경사를 따라 도착한 바젤 대성당 인근에는 그림엽서처럼 멋진 라인 강을 배경으로 수학과 건물이 자리하고 있었다. 프라하에서 케플러 박물관을 찾을 때와 같은 허망함이 밀려왔다. 이곳은 4시간 전에 내가 서있던 자리가 아닌가?

수학과 건물에 들어서니 가장 먼저 눈에 띄는 것은 한쪽 눈이 거의 감겨 있는 오일러의 초상화였다. 정면을 바라보고 있는 모습을 그리는 보통의 초상화와는 달리 오일러의 초상화는 거의 옆모습이라고 해도 좋을 정도로 한쪽 얼굴만을 그려 놓았다. 화가 고흐가 잘린 한쪽 귀를 감추기 위해 그랬던 것처럼 오일러도 시력을 잃은 한쪽 눈을 감추기 위해 이런 모습으로 그린 것이다. 어릴 때부터 시력이 좋지 않았던 그는 1735년 거의 죽을 정도의 열병에 시달린 이후에는 한쪽 시력을 완전히 상실했다.

'한쪽 눈으로만 보니 오히려 세상이 덜 혼란스럽다.'

이렇게 말하며 그는 자신의 장애를 핑계로 삼지 않고 오히려 이 시기에 더욱 정력적으로 활동했다. 13명의 아이를 낳아 돌보고(실제로 성인까지 자란 아이는 5명), 베를린 아카데미의 수학과 책임자로 활동하며 정부의 각종 업무에 조언을 했으며 380편의 논문을 썼다. 이후 30년이 지나 1766년에는 남은 시력마저 백내장으로 잃어버려 완전한 장님이 되었다.

그는 시력을 잃어가는 동안 준비를 했다. 머릿속에서 책의 내용을 사진처럼 기억하기 위해 한 문학작품 내용을 통째로 외우는 것은 물론, 각 페이지의 첫줄과 마지막 줄의 내용까지도 사진처럼 담아두는 연습을 했다. 이런 연습 덕분에 시력을 상실한 기간 동안에도 수학적 계산을 할 수 있었으며, 그의 곁에서 그가 말하는 내용을 받아 적고 다시 확인하는 과정을 도와준 조교 덕분에 연구를 계속할 수 있었다. 두 눈을 완전히 잃은 17년 동안 자신의 업적의 반을 이루어 낸 오일러가 나에게 음악가 베토벤, 현대 물리학자 스티브 호킹과 중첩되어 다가오는 이유이다. 천부적인 기억력과 강인한 정신력 없이는 불가능한 연구 작업이었을 것이다. 특히 시력 상실을 절망으로 받아들이지 않고 세상이 덜 혼란스럽게 보인다는 위트로 표현된 그의 여유는, 48세부터 기억 상실 증상을 보인 19세기 최고 전기물리학자 패러데이(Michael Faraday)의 위트

■1753년 한드만(Emanuel Handmann)이 그린 초상화는 이후 스위스의 10프랑 지폐의 도안에 이용되었다. 그의 한쪽 눈이 거의 감겨있는 것을 알 수 있다.

'내 기억이 사라진다면 그 때문에 즐거움뿐만 아니라 고통도 잊을 것입니다. 결국은 행복하고 만족할 것입니다.'

와 정신병으로 고통 받던 수학자 내쉬(John Nash)가 자신의 병을 '수학자들이 보통 앓는 병'이라고 대수롭지 않게 대했던 일화를 떠올리게 한다. 이런 대범함이 인류 역사에 위대한 업적을 이룬 사람의 공통점일지도 모르겠다는 생각이 든다.

한붓그리기와 오일러 공식

'세상에서 제일 아름다운 식' 외에도 수학에는 오일러 이름이 붙어 있는 공식과 이론이 많지만 그 중 가장 잘 알려진 두 가지만 소개하기로 하자. 수학자 골드바흐의 고향 쾨니히스베르크(Koenigsberg; 현재는 러시아의 칼리닌그라드)의 프레골랴 강은 이 도시를 4개의 구역으로 나누고 있고 각 구역은 7개의

■오일러 당시 7개의 다리 중 3개만 보존(2개의 다리 추가 건설)되어 있는 칼리닌그라드의 현재 모습. 이 도시는 복잡한 유럽 영토문제를 대표하는 곳이다. 폴란드의 영토였던 프로이센(프러시아) 공국이 그 지배에서 벗어나 독일 통일을 주도하면서 수도는 쾨니히스베르크에서 베를린으로 옮겨갔지만 사람들은 이곳을 독일의 중심이라고 생각했다. 그러나 독일의 1차 세계대전 패배로 서프로이센(그단스크 지역)은 폴란드 영토로 편입되었고 2차 세계대전의 패배로 동프로이센(칼리닌그라드 지역) 마저 러시아 땅으로 편입되었다. 영토반환을 요구했던 독일과 폴란드와의 충돌이 2차 대전의 발발 원인이 되기도 했다. 1990년 재통일 조건으로 독일은 영토 회복을 영구히 포기함으로써 이 지역 독일인의 수는 급격히 감소했다.

다리로 이어져 있다. 1736년 오일러는

'한 다리를 두 번 이상 건너지 않으면서 7개의 다리를 한 번의 산책길에 모두 건널 수 있을까?'

라는 문제를 접하고, 곧바로 해결이 불가능하다는 결론에 도달했다. 마을 길을 단순화하여 만든 그래프에서 꼭짓점을 각 점에 연결된 선분의 개수에 따라 짝수점, 홀수점으로 나누면 홀수점이 0개이거나 2개인 경우만 한 붓그리기가 가능한데, 이 그래프는 홀수점이 4개가 되어 한 번에 그릴 수 없기 때문이다. 해결 불가능했지만 이 문제는 거리의 개념이 없어진 위상수학과 현대 인터넷 네트워킹 문제의 출발점이 되었으며 전기와 컴퓨터 회로 설계의 기본이 되었다.

또 다른 오일러의 공적은 입체도형에 있다. 볼록한 입체도형의 꼭지점 v, 모서리 e, 면의 개수 f를 세어보면

$$v - e + f = 2$$

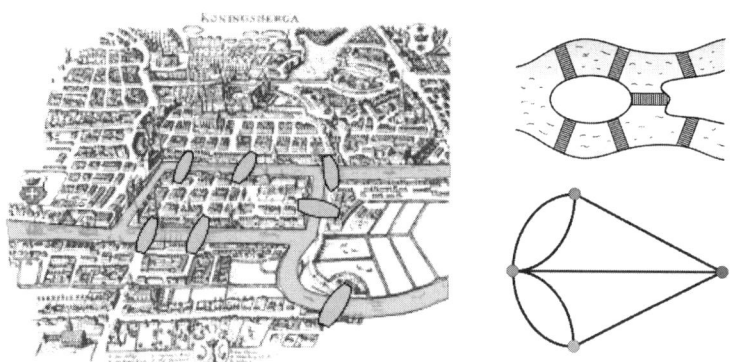

■이 다리 문제를 수학자들은 '한붓그리기'라고 부른다(왼쪽). 한붓그리기는 각 꼭짓점에 연결된 선분의 개수에 따라 짝수점, 홀수점으로 나뉘는데 이 그래프는 홀수점이 4개가 되어 한 번에 그릴 수 없다.

도형	모양	꼭지점	모서리	면	v-e+f (표수)
Tetrahedron		4	6	4	2
Hexahedron or cube		8	12	6	2
Octahedron		6	12	8	2
Dodecahedron		20	30	12	2
Icosahedron		12	30	20	2

인 관계가 성립한다는 사실을 그가 최초로 발견했다. 예를 들어 이집트 피라미드는 5개의 꼭지점, 8개의 모서리. 5개의 면을 가지므로

$$v - e + f = 5 - 8 + 5 = 2$$

가 성립한다.

이런 단순한 공식을 수천 년 동안 어떤 수학자도 알아채지 못했다는 사실에 오일러 자신도 놀랐다. 오일러가 위대한 또 하나의 이유를 여기서 알 수 있다. 새롭고 어려운 수학이 아닌 아주 오래되고 쉬운 수학에서도 새로운 규칙을 발견해 내서 이를 확장하는 것이다. 특히, 도형의 차원을 확대하거나 다른 성질을 추가했을 때 오일러의 공식은 매우 중요한 역할을 한다. 볼록다면체에서 공통적으로 등장하는 숫자 2를 오일러 표수라고 부르는데, 이 숫자는 도형의 차원과 형태에 따라 변하기도 한다. 이를 바탕으로 추상대수학의 군론처럼 우리 눈으로 직접 볼 수 없는 4차원 도형을 다룰 때에도 오일러 공식에 의해 면이나 모서리의 개수를 계산해 내거나 그 형태를 추측해 낼 수 있다. 수학에 관심이 있는 독자들을 위해서 참고로 볼록 다면체가 아닌 경우의 오일러 표수를 제시해 둔다.

DNA조각의 결합에 이용되는 오일러 그래프

유전자는 DNA의 일정 구간을 이루는 염기서열로, 수학적으로는 단순히 A, T, C, G 4문자의 순열로 이해될 수 있다. 유전자의 구조는 전사(아미노산을 만들기 전단계로 mRNA를 만드는 과정)의 시작과 끝을 알리는 인트론과 실제 단백질의 구성정보를 담아서 전사가 진행되는 엑손 구간으로 이루어져 있다.

도형	모양	오일러 표수
Circle		0
Disk		1
Sphere		2
Torus (Product of two circles)		0
Double torus		-2
Triple torus		-4
Real projective plane		1
Mobius strip		0
Klein bottle		0

전사는 이중 나선이 풀리면서 쓸모없는 인트론은 잘려버리고 엑손끼리만 이어붙이는 과정부터 시작된다. 유전자에 있는 유전 정보는 전령 RNA(mRNA)에 의해 전사되어 GUA, CAU와 같이 3개가 한 쌍이 되어 정보를 형성하는 데 이 단위를 코돈이라 부른다. 이제 전령 RNA는 자유롭게 존재하는 운반 RNA와 결합해 아미노산 서열을 이루며 리보솜으로 운반되어 아미노산 사슬을 만들어 단백질이 된다. 염기서열을 복제해 전령 RNA를 만들 때 아데닌A는 우라실U와 짝을 이룬다는 것이 일반 DNA복제와 유일한 차이점이다.

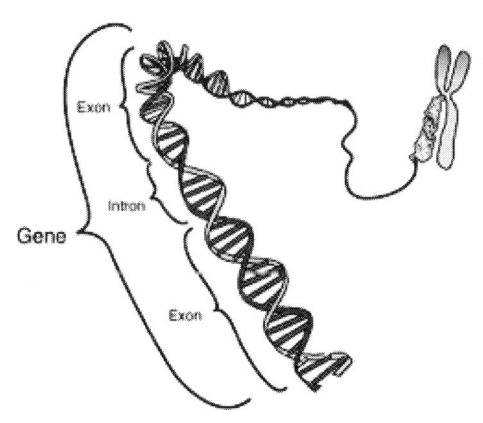

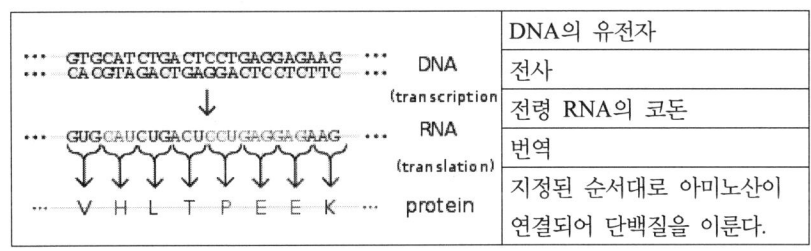

	DNA의 유전자
	전사
	전령 RNA의 코돈
	번역
	지정된 순서대로 아미노산이 연결되어 단백질을 이룬다.

유전자의 단백질 생성

　인간의 세포 핵에는 총 23쌍(46개)의 염색체가 들어있는 데, 이 중에 성을 결정하는 데 사용되는(성염색체) 1쌍을 제외하고 나머지 22쌍의 각 쌍은 거의 동일한 구조를 가지고 있다. 하나의 세포에는 30억 개의 염기쌍 유전정보가 들어있으므로 뼈, 뇌, 피부처럼 신체의 서로 다른 부위 세포들도 모두 다 똑같은 30억 쌍 DNA정보 목록을 핵 안에 저장하지만, 세포 종류별로 주로 쓰는 유전자들은 서로 다르다. 각 세포마다 주로 쓰는 유전자 정보는 쉽게 풀어 쓸 수 있게, 쓰지 않는 유전자 정보는 팽팽하게 감아 접근하기 어렵게 저장해둔다.

　2001년 2월 두 개의 단체가 각각 독립적으로 수행한 인간게놈 프로젝트 연구를 통해 인간 유전정보(모든 염색체 안의 염기서열)를 밝혔다고 발표했다. 이들 30억 쌍의 염기가 어떤 순서로 배열되어 있는지 정확하게 알아냄으로써 이제 각 유전자의 역할이 무엇인가를 찾아내는 숙제를 남긴 셈이다. 밝혀진 사람의 유전자 수는 2만 5천 개 정도이며 모든 인간의 염기서열은 99.9퍼센트 이상 똑같고 심지어 침팬지와도 98.4퍼센트 일치한다. 결국 인간 개인차는 0.01퍼센트 정도의 유전자 차이에서 비롯된 것이다. 생명의 정보를 읽어 낼 수 있다면 이것을 재작성하여 인간의 의지가 담긴 새로운 생명체를 만들어 낼 수도 있다. 유전자 조작의 시대가 시작된 것이다. 인간의 유전자 지도가 완성된 것은 사실이지만 유전자 속에 숨겨진 정보(각 유전자의 역할과 발현되는 단백질 종류)는 아직 연구 과정에 있다. 더 나아가 생각하는 능력, 창의력, 감성, 연상 작용처럼 기계적 메카니즘만으로 설명할 수 없는 정신적 기능도 이해해야 하는 과제가 남아 있다.

이제 게놈 프로젝트로 잘려진 DNA염기들을 이어붙이는 방법에 대해 생각해 보자. 앞으로 걷기보다 거꾸로 걷기가 어려운 것처럼 어떤 작업이든 역방향의 진행은 어려워, 잘라낸 DNA에서 유전정보를 획득한 후에 다시 원상태로 되돌리는 문제는 오랫동안 미해결로 남아 있었다. 이 문제에 오일러의 그래프를 제안한 사람이 미국 UC샌디애고 교수 페브즈너(Pavel A. Pevzner)다. 2001년 그는 자신의 한 논문(An Eulerian path approach to DNA fragment assembly)에서 DNA조각들을 이어붙여 원상회복하는 다음 방법을 제안했다.

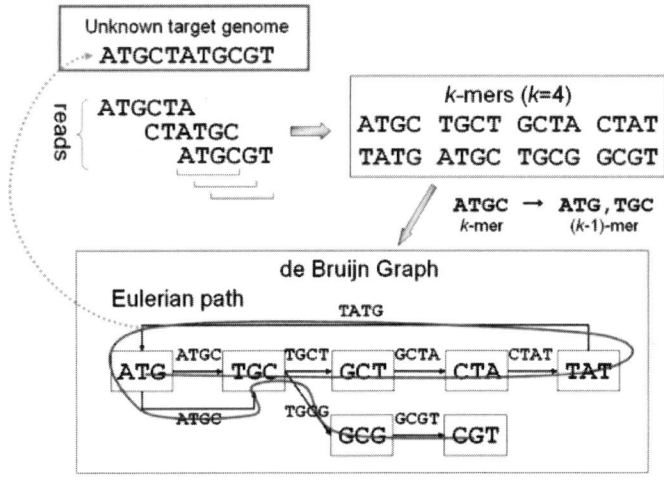

원상태의 게놈(ATGCTATGCGT)을 알진 못하지만 그 잘린 조각들의 정보는 ATGCTA, CTATGC, ATGCGT, … 와 같이 알고 있다고 하자. 이제 알고 있는 각 정보들을 문자 4개로 나누고, 이어 다시 문자 3개로 나눈다. 예를 들어 ATGCTA는 문자 4개 정보 ATGC, TGCT, GCTA로 나눠지고 이어서 ATGC는 문자 3개 정보 ATG, TGC로 나눠진다. 이제 이들을 한 꼭지점으로 나열한 후 오일러의 한붓그리기가 가능한 방법을 찾으면 된다. 위 그림에서 문자 3개의 정보 중 마지막 2개와 처음 2개가 일치하는 순서로 그래프를 연결하면 붉은색 그래프가 완성이 된다. 따라서 그 순서는

ATG → TGC → GCT → CTA → TAT → ATG → TGC → GCG → CGT

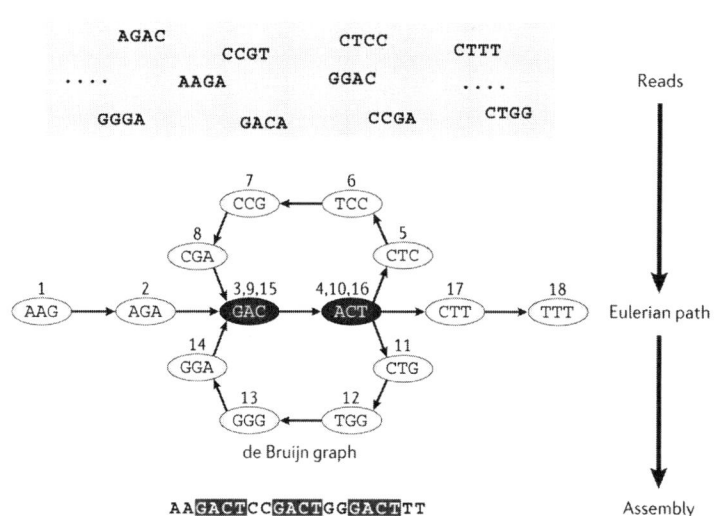

가 되므로 원상태의 게놈은 ATGCTATGCGT라고 결론 내릴 수 있다.

다음 그림은 독자들의 연습문제로 제시하는 것이다. 주어진 데이터(박스 안)를 이용해 제일 마지막 답을 찾아낼 수 있기를 바란다.

Nature Reviews | Genetics

■ 왓슨과 크릭의 단 한쪽의 논문이 현대 분자 생물학의 시작이 되었다. 이 논문에는 DNA의 이중나선 구조뿐 아니라 A, T, G, C의 염기서열이 쌍으로 존재하면서 유전을 관장하고 있을 것이라는 추측도 쓰여 있다.

베르누이와 오일러의 만남

캘빈교 목사의 아들로 태어난 오일러는 바젤 대학교에 입학할 당시(13세) 만 해도 목사가 되기 위해 신학을 공부했으며, 16세에는 데카르트와 뉴턴의 철학을 비교하는 논문으로 석사학위도 받았다. 이즈음 아버지의 대학 동기이자 바젤 대학교 수학과 교수인 요한 베르누이와의 만남이 그의 진로와 운명을 완전히 바꾸는 계기가 되었다. 매주 토요일 자신의 집에서 아들 다니엘과 그의 친구 오일러에게 새로운 수학적 아이디어를 제공해주며 토론을 즐기던 요한 베르누이는 '위대한 수학자가 될 사람이 신학을 하는 것은 재능의 낭비'라며 그의 아버지를 설득했다. 베르누이 가문에 존경심을 가지고 있던 그의 아버지는 마침내 아들의 수학적 재능을 믿게 되었다.

바젤은 온통 오일러였다. 이곳에서 오일러는 동화의 주인공도 되고, 길의 이름도 되고, 호텔이름도 되어있었다. 우리나라에서도 학원 간판으로 여기저기서 많이 볼 수 있기는 하지만 … 바젤 여행은 '오일러 호텔'에

■바젤은 오일러의 이름으로 가득했다. 레온하르트 배수로(왼쪽, 레온하르트는 오일러 이름), 오일러의 거리(오른쪽)

■바젤 역 앞에 있는 오일러 호텔(왼쪽)에는 오일러 룸(오른쪽)이 있다. 오일러는 독일어로 올빼미라는 사실을 여기서 알았다.

머무는 것으로부터 시작하기로 했다. 작년에 이곳을 찾았을 때부터도 오일러를 기억해주는 호텔이 고마웠다. 호텔에 들어가면서 '오일러'로 이름을 정한 이유를 물어보았더니 호텔 주인이 오일러를 너무나 사랑한다고 대답했다. 그 대답에 내가 환하게 웃으니 그는 내친 김에 나를 '오일러 룸'으로 데리고 갔다. 단정한 옷차림의 신사, 숙녀들이 조용하게 식사를 즐기는 오일러 룸에는, 정작 기대했던 오일러의 초상화는 보이지 않았다. 어리둥절해 있는 나를 바라보면서도 주인은 여전히 자랑스러운 웃음을 잃지 않은 채 벽에 있는 올빼미 박제와 올빼미 사진을 가리켰다. 오일러는 독일어로 올빼미를 가리키는 말 같았다. 정확한 기록을 위해 독일어 사전을 찾아보니 eule가 옳은 말이다. 스위스 국민 70% 정도가 사용하는 독일어이지만 정작 독일인들 언어와는 어휘나 발음이 다른 경우가 많다고 하는데 이 단어도 그런 종류 중 하나가 아닐까 추측해본다. 스위스어 사전은 따로 존재하지 않으니 내 추측의 진위는 확인할 수 없었다.

바젤 중심부에서 전차로 20분 정도의 거리에 있는 리헨에는 오일러의 아버지가 목사로 근무했던 당시의 캘빈교회가 고스란히 보존되어 현재도 이용되고 있었고 목사 사택도 주인만 바뀐 채 사용되고 있었다. 목사관 앞마당에 놓여 있는 어린이 장난감 자동차를 보면서 오일러의 유년 시절도 지금과 별다르지 않았을 거라는 생각이 들 정도로 그의 옛집은 조용하고 소박한 전형적인 스위스 마을이었다. 수백년의 역사가 그대로 멈춰 있는 곳이다.

목사 임명과 교회 관리에 국가가 직접 관여하는 스위스에서 목사 지위는 국가직 공무원쯤에 해당된다고 생각할 수 있다. 이런 안정된 직장의 성격에 더불어 주위로부터 존경도 받을 수 있어, 예로부터 스위스 부모들은 자식에게 목사 되기를 권유했기 때문에 매우 성적이 우수한 학생들이 신학을 공부하고 목사가 되는 전통이 있다고 함께 한 가이드가 설명해 주었다. 리헨 교회 건물에 붙어있는 동판에는 오일러의 얼굴과 함께 다음 글귀가 새겨져 있었다.

■ 오일러의 아버지가 목사로 있었던 캘빈교회(왼쪽) 벽에는 오일러에 대한 설명문(오른쪽)이 있다.

 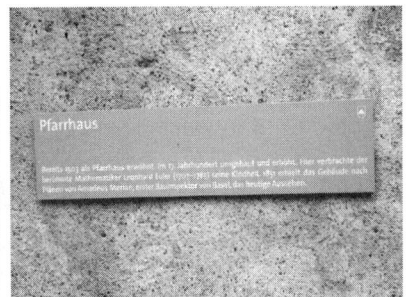

■교회 목사관(왼쪽) 입구에 있는 설명문(오른쪽)에는 오일러가 어린 시절을 이곳에서 보냈다고 쓰여 있다.

오일러
수학자, 물리학자, 공학자, 천문학자, 철학자
그는 어린 시절을 리헨에서 보냈다.
그는 석학이면서 가슴이 따뜻한 사람이었다.

그의 원고 중에서는 아직도 출판이 되지 않은 것도 있다고 할 정도로 오일러는 다작으로 유명하다. 마치 수필을 쓰듯이 하루에도 몇 편의 논문을 썼고 결혼해 아기를 키울 때에는 한손으로 우는 아이를 달래면서 다른 손으로는 새로운 개념의 논문을 썼다고 전해질 정도로 단 한순간도 시간을 낭비하는 법이 없는 수학자였다. 이런 그의 수학적 재능이나 태도는 후세에 수학을 공부하는 모든 사람들에게 표상이 되었다. 헝가리 출신 미국 수학자 폴리아(George Polya)는 그의 저서 《수학적 발견》에서 다음과 같이 오일러를 평가하고 있다.

"수학을 하는 모든 수학자들 중에서 오일러는 나에게 가장 중요한 탐구 대상이다. 귀납적 탐구의 대가인 그는 관찰과 대담한 추측과 빈틈없는 증명을 통한 귀납적 방법의 사용으로 수학에 있어서 중요한 발견들을 많이 했다. 그러나 이 부분에 있어서는 오일러는 유일한 존재는 아니다 …… (중략) …… 일반적인 저자들은 자신의 독자들에게 깊은 인상을 심어주기 위해 노력하지만, 정말로 훌륭한 저자인 경우에는 독자들에게 저자 스스로가 진정으로 감동을 받은 그러한 것들에 대해서만 깊은 인상을 주려고 노력한다. 그는 솔직하게 그러한 여러 기록들을 공개했다. 그가 공개한 내용들은 그를 그러한 발견들로 이끈 생각들에 대한 꾸밈 없는 설명이었고, 특유의 매력을 지니고 있는 것들이었다."

또, 프랑스 수학자 라플라스(Pierre-Simon Laplace)는 오일러를 이렇게 기록하고 있다.

"오일러를 읽고 또 읽어라. 그는 우리 모두의 스승이다."

수학자들은 역사적으로 가장 영향력 있는 4명의 수학자를 선정할 때면 오일러를 빠뜨리지 않는다.

자신의 결론을 세 번 부정하다
-아인슈타인의 부정(1)

너무나 커서 수학이 필요하다

　호킹(Stephen William Hawking, 1942.1.8-)의 빅뱅이론이 우주 탄생 이론의 정설로 받아들여짐으로써 우주는 시작과 끝이 있는 유한한 것이라는 데에는 모든 과학자들이 동의하는 시대가 왔다. 아리스토텔레스 이후 수천 년 동안 인류의 과학적 상상력을 지배해오던 무한한 우주와 영원한 시간을 주장하는 사람을 이제는 만나기 어렵게 되었다. 그러나 이 유한한 우주조차도 인간이 상상하기에는 너무 커서, 어느 곳이 우주의 중심이 되는지, 그 중심에는 무엇이 있는지, 우주는 어떤 모양을 하고 있는지를 우리는 아직 알지 못한다.

　관련된 몇 가지 수치를 생각해 보면 우주가 얼마나 큰지 짐작해 볼 수

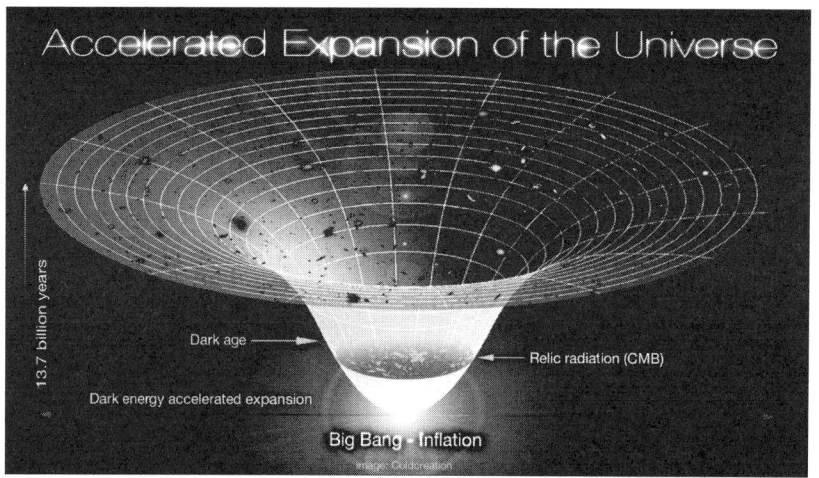
■우주의 생성부터 현재까지의 변화를 크기와 시간의 그래프로 나타내 보면 그 변화율을 짐작할 수 있다.

있을 것이다. 우주는 지금부터 138억 년 전에 대폭발을 시작함으로 생겨났고 지금도 팽창하고 있다. 우주에는 약 1천억 개의 은하가 있고 각 은하에는 약 1천억 개의 별이 있다고 하니 우주에는 태양계와 같은 행성집단이 1천억×1천억 개쯤 있는 셈이다. 또, 우주는 너무 넓어서 태양에서 가장 가까운 별까지 빛의 속도로 여행을 해도 4년의 시간이 걸리는 거리다. 1974년 푸에르토리코에 있는 아레시보 전파천문대에서 우리 은하계 내의 M13이라고 알려진 별들을 향해 메시지를 보냈지만 아직 우리는 그 회신을 받지 못하고 있다. 그곳에 외계인이 존재해 우리가 보낸 메시지를 수신 해독했다고 하더라고 전파가 왕복하는데만도 5만 년이 걸리는 먼 거리이기 때문이다. 우리 은하계의 직경은 10만 광년이고, 가장 가까운 다른 은하계인 안드로메다은하까지는 200만 광년의 거리다. 청명한 날 밤하늘에서 우리가 맨눈으로 관측할 수 있는 유일한 이 외계은하의 깃털 같은 빛은 200만 년 전 과거의 빛인 셈이다.

이렇듯 구체적인 수치로 우주의 크기를 설명할 수 있는 근거 중의 하나는 실제적인 관측 결과이다. 대기권 밖으로 올려 진 허블망원경 덕분에 우리는 우주 최초의 빛, 우주의 지평선이라고 불리는 138억 년 전의 과거 영상을 볼 수 있기 때문이다. 이토록 넓고 큰 우주일지라도 무한하지만 않다면 수학적으로 다루는 것은 크게 어려운 일이 아니다.

우주의 크기에 대한 이런 구체적 이해에 비하면 우주의 모양에 대한 이해는 아직도 초보적인 단계에 머물고 있다. 아인슈타인이 기존의 수학이나 기하적 모형으로는 설명하기 어려운 기이한 현상이 시공간(시간과 공간이 결합된 4차원) 우주에서 일어나고 있다고 말하기 전까지는 비유클리드 기하학이 우주의 모양을 설명하는 데 그렇게 유용할 것이라고는 어느 수학자도 생각하지 못했다.* 우주 이해를 위해 수학적 도구 사용에 망설임이 없었던 아인슈타인을 찾아 취리히를 향하는 기차 안에서 나는 다시 한 번 스티븐 호킹의 《시간의 역사》를 꺼내 들었다.

스위스 취리히

수도가 아님에도 스위스 도시 중 가장 널리 알려져 있는 제1도시 취리히 입구에서는 교육자 페스탈로치 동상을 가장 먼저 만날 수 있다. 일상적인 유럽의 대도시 모습과 크게 다르지 않은 이 동상 주변을 벗어나자

---

* 여기에는 수학자 힐베르트가 이미 파악하고 있던 우주의 비유클리드 기하적 속성을 아인슈타인이 먼저 발표한 것에 지나지 않는다는 반대 주장도 있다.

■아인슈타인과 폰노이만의 모교 취리히 공과대학(ETH, 왼쪽)과 취리히 대학교(오른쪽)는 서로 이웃하고 있다.

서서히 도시의 풍경이 바뀌어 갔다. 어느 곳 하나 아름답지 않은 곳이 없을 것 같은 스위스에서도 인공적 구조물과 자연적 경관이 이토록 잘 어울려 있는 모습을 다시 보기는 어려울 것 같다는 탄성이 저절로 우러나는 도시다.

자꾸만 풍경에 빠져들게 만드는 유혹을 억누르며 아인슈타인이 공부했고, 또 가르치기도 했던 흔적을 찾기 위해 취리히의 가장 유명한 두 대학교 취리히 공과대학(ETH)과 취리히 대학교를 찾아보기고 했다. 이 중에서 특히 ETH는 19명의 노벨상 수상자를 배출했는데 대부분 기초과학과 관련이 있다. 언덕 위에 나란히 자리한 두 대학은 시내 어느 곳에서도 올려다 보일 정도로 알아보기 쉬운 위치에 있었다. 조금은 숨이 차오를 정도로 걸어올라 도착한 ETH본부 건물 앞 넓은 캠퍼스와 학생회관 라운지에 학생들이 앉아서 식사와 맥주를 즐기고 있었다. 대학교 캠퍼스에서도 가벼운 음주는 허용되는 분위기인가 보다. 식당에서 때로는 물 값보다 맥주 값이 더 싼 나라이니 물을 마시는 것보다 맥주를 마시는 것이 가성비가 좋다는

■ 취리히 대학교에서 내려다본 시내(위쪽). 취리히의 바다 같은 호숫가에는 많은 사람들이 일광욕을 즐기고 있었다(아래쪽). 알프스의 얼음물에서 막 흘러나온 듯한 호수는 거울처럼 하늘을 반사시키고 있었다.

생각에 나도 가끔은 식사하면서 맥주를 마셨다.

  대학본부 안내실을 찾아가 아인슈타인과 폰노이만의 자취를 찾을 수 있게 도와달라고 요청하니, 도서관에 전시된 몇 권의 책을 제외하고는 이들을 위해 특별히 기념해 놓은 것이 없다는 답이 돌아왔다. 아인슈타인은 30세가 되는 해에 취리히 대학교 부교수가 되었고, 3년 후에는 모교 ETH의 정교수로 자리를 옮겼으며 얼마 있지 않아 독일 베를린 대학교로 옮겨갔기에 그의 흔적이 거의 없다는 것이다. 그래도 그가 상대성이론을 발표할 당시 살던 도시 베른이 아직 남아 있으니 실망할 필요는 없었다.

나선 김에 시내를 한번 돌아보기로 했다. 안내소에서 받은 지도에는 취리히를 걸으면서 관광할 수 있는 길이 표시되어 있었다. 취리히 대학교에서 호수까지 우리네 인사동 뒷길이나 옛 종로 피맛골 골목쯤 되는 길들이 길게 이어져 있어, 산책하듯 길을 걸으며 작은 쇼윈도와 옛집을 보는 것만으로도 눈은 즐거웠다. 그저 길을 따라 걷다보니 어느새 발은 호숫가에 다다른다. 취리히는 산의 도시가 아니라 강과 호수의 도시였다. 알프스의 깊은 산속에 이같이 많은 물이 고여 있으리라고 생각하지 못했다. 알프스 만년설에서 막 흘러나온 듯한 호수는 거울처럼 하늘을 반사시키고 있었고, 해변 같은 호숫가에는 많은 사람들이 일광욕을 즐기고 있었다. 맑은 하늘빛과 어우러진 강과 호수의 물은 유리처럼 투명했고, 높지 않은 인근 빌딩에서 한 낮 소풍을 나온 사람들은 물가에 앉아서 다정하게 한담을 나누고 있었다.

저 친구 아인슈타인, 항상 제 멋대로야

아인슈타인은 잘못된 자신의 이론을 인정하고 수정하는데 주저함이 없었던 인물로 알려져 있다. 가끔은 스스로 자신을 조롱하기도 했다.

"저 친구 아인슈타인, 항상 제 멋대로야. 예전에 발표되었던 논문을 매년 취소하거든."

일반적 물리 실험실과는 달리 아인슈타인의 연구실에는 연구노트와 연필 외의 실험도구는 거의 필요치 않았다. 그의 모든 업적은 실험, 관측의 결과라기보다는 그의 머릿속에서 이루어진 것으로 수학적 이론과 방정식

■ 취리히 골목길에는 작은 카페, 레스토랑, 캘빈교회들이 가득해 스위스만의 독특한 풍경을 담아내고 있었다.

의 발견 및 풀이과정에 있다. 그야말로 대표적인 이론물리학자인 셈이다. 그런데 간혹 그가 발표한 수학적 이론이 실험 결과나 참으로 알려진 다른 이론과 모순되게 나타나 그를 당혹스럽게 만들기도 했다. 이 때문에 그는 자신의 연구 결과를 가장 많이 취소한 과학자 중 한 명이 되었다. 이럴 때마다 아인슈타인은 용감했고 망설임이 없었다. 가우스가 스스로 '멍청이들의 시비와 도전이 두려워' 자신의 많은 연구 결과를 과학 일기에만 적어 두고 발표하지 못했다는 기록과는 대조적이다.

사실 자신 논문의 결함을 인정한다는 것은 학자에게는 쉽지 않은 일이다. 위대한 학자라고 칭송 받을수록 지적 정직성을 갖기가 더욱 어려운 법, 수학자 폴리아(George Polya)는 이에 필요한 '비상한 자질'을 다음과 같이 적어 두었다.

"(수학자)에게는 다음의 세 가지가 중요하다.

첫째, 어떠한 믿음도 수정할 준비가 되어 있어야 한다.

둘째, 믿음을 바꾸어야 할 합당한 이유가 생겼을 때는, 그렇게 해야 한다.

셋째, 합당한 이유가 없는 한, 함부로 믿음을 바꾸어서는 안 된다."

이러한 표현들이 단순하게 들릴지는 모르나, 실제로 실천하려면 보통 사람과는 다른 비상한 자질이 필요하다.

첫째로 '지적인 용기'가 필요하다. 당신의 믿음을 수정하려면 용기가 있어야 한다. 아리스토텔레스의 권위와 그와 동시대 사람들의 편견에 도전한 갈릴레오의 행동은 지적인 용기의 대표적인 예이다.

둘째로는 '지적인 정직성'이 필요하다. 경험과 명백히 모순되는 추측을 내가 만들었다는 이유만으로 증명을 하기 위해 집착한다면, 이는 정직하지 못한 일이 될 것이다.

세 번째는 '현명한 인내'가 필요하다. 사람들이 유행 따라 옷을 골라 입는 것처럼 신중한 조사 없이 믿음을 바꾸는 것은 어리석다.

의심할 가치가 있는 것 외에는 아무것도 믿지 말라. 지적인 용기, 지적인 정직성, 현명한 인내는 과학자들이 갖추어야 할 정신적 자질이다.

(수학과 개연추론, 이만근 외 역)

그래도 아인슈타인은 자신의 결과에 자신이 있었다.

"수학적으로 사소한 실수가 있어도 걱정하지마라, 그래도 내 결론은 위대한 것임이 확실하다."

■스위스 취리히의 첫인상은 유럽의 여느 도시처럼 중앙역(위쪽) 주변에 나부끼는 여러 깃발과 전차용 전기선, 자동차의 행렬이 뒤엉킨 복잡한 곳(아래쪽)이었다.

아이슈타인의 첫 번째 부정-양자 역학의 부정

그가 맨 처음 수정한 이론이 광양자설이다.

빛의 정체가 무엇인가? 물리학에서 가장 오랫동안 연구되면서도 결론을 내리지 못했던 문제 중의 하나가 빛의 정체를 밝히는 작업이었다. 이에

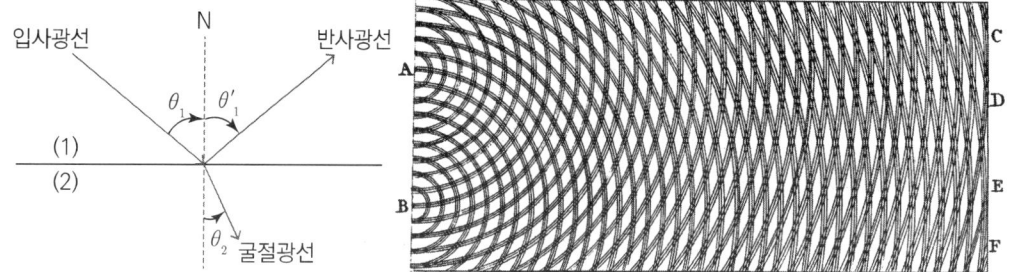

■ 빛의 반사와 굴절(왼쪽), 이중 슬릿을 통한 빛의 간섭현상은 빛의 파동설을 뒷받침한다.

대한 과학적인 연구 결과를 처음으로 발표한 사람은 뉴턴이다. 17세기 후반 뉴턴은 빛은 밝은 물질(예를 들어 태양)에서부터 생겨나는 작은 알갱이(particle)로 구성된 것이라고 주장했으나 동시대의 네덜란드 물리학자 호이겐스(Huygens)는 빛의 반사와 굴절현상을 빛의 파동설로도 설명할 수 있음을 이미 보여 주었다. 더욱이 1801년 영국의 한 물리학자는 '빛의 간섭현상'을 발견했다. 간섭현상이라는 것은 파동에서만 일어나는 매우 독특한 성질의 에너지 전달 방식으로 두 파동이 중첩되어 움직임이 없어지는 현상을 말하는 것이다. 이제 빛의 파동설이 승리하는 듯 보였다. 그러나 이것도 오래가지 못했다. 빛이 파동이라면 파장의 길이가 짧아질수록 그 에너지의 강도가 강해져야 한다는 이론이 관측결과와 일치하지 않은 것이다. 소위 '플랑크의 복사법칙'이라고 불리는 현상을 체계적으로 설명한 사람이 아인슈타인이다.

금속 등의 물질(입자)이 빛에 쪼이면 전자를 내놓는 현상을 광전효과라 한다. 금속 내의 전자는 원자핵의 (+)전하와 전기력에 의해 구속된다. 여기에 일정 진동수 이상의 빛을 비추었을 때 광자가 전자와 충돌하게 되는

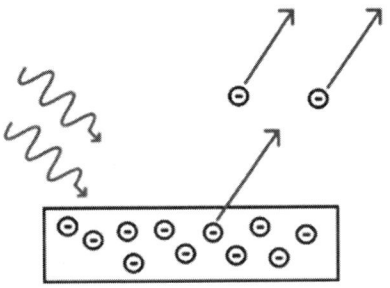

■금속 등의 물질(입자)이 빛에 쪼이면 전자를 내놓는 현상이 생긴다.

데 이때 광자와 충돌한 전자가 금속으로부터 튀어나오는 현상이 생긴다. 빛이 파동이라는 주장으로는 설명할 수 없었던 현상을 그는 빛이란 하나하나가 진동수에 비례한 에너지를 지닌 입자의 집합이라 보고 광전효과 실험을 완벽하게 설명했다. 26세에 내린 그의 결론은 단순하다.

"빛은 전자기파(파동)로 행동하지만 원자 차원의 에너지를 주고받을 때에는 광자(photon입자)라는 알갱이로 행동한다."

빛의 양면성은 이렇게 태어났고 아인슈타인은 이 연구 결과로 노벨상을 받았다. 직관적으로 받아들이기는 어렵지만 빛의 양면성은 양자역학의 기본 토대가 되었다. 양자역학에 따르면 모든 물질-빛, 전자, 양성자, 옷, 책상 등은 파동과 입자의 양면성을 가지고 있다. 빛은 이를 관측하는 사람이 입자로 생각하면 입자의 성질을 보여주고, 파동으로 생각하면 파동의 성질을 보여준다는 이 이론은 당대 철학사조의 흐름조차도 바꿀 정도로 사회적·문화적 충격을 주었지만 어쩌면 이미 발표된 특수상대성이론이 이런 원리를 담고 있다고 할 수도 있다. 잘 알려진 다음 공식을 살펴보자.

$$E = mc^2$$

이 식은 파동(에너지 E)이 곧 입자(질량 m)이고, 입자(질량)가 곧 파동(에너지)이다는 뜻으로 양자역학에서는 파동(에너지)과 입자(질량)의 경계가 없다는 의미로 해석할 수 있다.

그런데 그의 이론의 끝이 이상했다. 고전역학에서는 절대온도 0K(섭씨 –273.16도)는 가진 에너지가 전혀 없는 상태를 뜻하기 때문에 0K에서는 어떤 운동도 있을 수 없다. 그러나 아인슈타인의 이론을 그대로 반영하면 어떤 물체라도 그 파동적 성질로 말미암아 절대온도가 영인 상태에서도 진동하므로 이에 따른 에너지를 갖는다. 곧 양자역학의 관점에서는 위치에너지가 0이라고 할지라도 불확정성 원리에 따라 운동에너지를 0에 맞출 수 없으므로 0K 상태에서도 에너지가 존재해야 하는데, 이런 바닥상태의 에너지를 주장하는 학자들은 이를 영점에너지(zero point energy)라고 부른다.

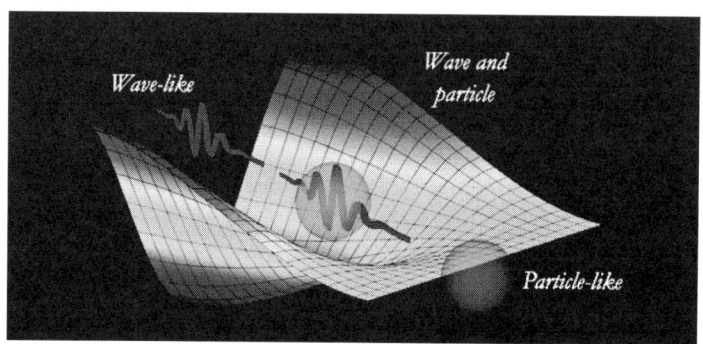

■빛은 전자기파(파동)로 행동하지만 원자 차원의 에너지를 주고받을 때에는 광자(photon입자)라는 알갱이로 행동한다는 자신의 주장으로 탄생한 양자역학을 아인슈타인 스스로 부정했다.

아인슈타인은 이 기괴한 에너지의 존재를 부인하기 위해, 자신이 탄생에 가장 큰 기여를 한 양자역학을 부정했다, '양자역학은 근본적인 물리이론이 될 수 없다'며 이 주장을 하는 사람을 강하게 공격하기도 했다.

아인슈타인의 두 번째 부정; 상대성이론-블랙홀의 부정

아인슈타인의 특수상대성이론은 다음 두 가지 가설을 전제로 시작된 것이다.

1. **같은 현상을 지켜보는 두 사람에게 물리적 법칙은 동일하다**(모든 관성계는 동등하다). 예를 들어 달리는 기차에 탄 사람과 정지 상태에 있는 사람이 동일한 사건을 지켜본다면 속도 등의 구체적 과정은 다르게 보이지만, 발생사건의 결과는 같다.
2. **빛의 속도는 관찰자의 움직임에 관계없이 항상 일정하다.**
   기차에 탄 사람이나 정지 상태에 있는 사람에게나 빛의 속도는 같다.

이 두 가설을 결합해 그가 내린 결론은 시간의 상대성이다. 이후 실험에 의해 빠르게 움직이는 입자가 상대적으로 느린 입자보다 오래 살아남는 것이 관측됨으로써 이 주장은 사실로 입증되었다. 빛의 속도에 가깝게 움직이면 시간의 흐름도 거의 없게 된다는 것이 특수상대성이론의 핵심이다.

특수상대성이론을 일반화한 듯한 어감이 느껴지는 일반상대성이론은 실제로는 시간보다는 중력에 관한 설명이다. 뉴턴은 중력을 두 물체 사이에 작용하는 힘으로 생각했지만, 아인슈타인은 아예 그런 힘 같은 것은 존재하지도 않는 것이며, 4차원 시공간(시간+공간)의 휘어진 정도일 뿐이라고 생각했다. 이 혁명적 아이디어는 현재까지는 중력을 다루는 이론 가운데 가장 정확하게 실험적으로 검증된 것이다.

1915년 아인슈타인이 발표한 일반상대성이론의 중력장 방정식을 보고, 1차 세계대전에 참전 중인 한 군인이 자신의 풀이를 아인슈타인에게 보내왔다. 중력장 방정식에서 깊은 영감을 받은 슈바르츠실트(Karl Schwarzschild, 1873-1916)는 처절한 전쟁터에서도 시간을 내어 구형 물체 주변에서 시공간이 얼마나 휘어지는지를 정확하게 계산해 낸 것이다. "누구도 이렇게 쉽게 완전한 해를 구할 수 있을 거라고 생각하지 못했다"는 아인슈타인의 답장을 받은 지 얼마 되지 않아 그는 전쟁터에서 병사했다. 아인슈타인을 놀라게 한 이 식은 구형 물체 주변에서 공간의 휘어진 양(ds)을 나타내는 것으로 여기에 블랙홀의 비밀이 숨겨져 있다.

$$ds^2 = \left(1 - \frac{r_s}{r}\right)^{-1} dr^2 + r^2(d\theta^2 + \sin^2\theta d\phi^2) - c^2\left(1 - \frac{r_s}{r}\right)dt^2$$

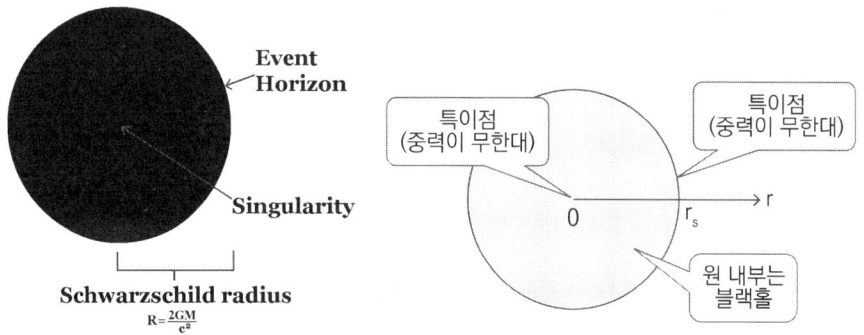

■ 회전하지 않는 블랙홀(슈바르츠실트 블랙홀)의 간단한 도해

■ 블랙홀과 사건의 지평선 상상도

이 식이 아인슈타인을 아주 난처하게 만든 이유는 풀이에서 나오는 특이점 때문으로 식을 잘 살펴보면 $r=0$이거나 $r=r_s$인 경우 ds가 무한대가 된다는 사실을 알 수 있다. 그런데 $r=0$이 되려면, 질량을 가진 두 개의 물체가 한 지점에서 겹쳐서 존재해야 하는데, 현실 세계에서는 이런 일이 일어날 수 없으므로 곡률이 무한대가 되는 곳은 $r=r_s$인 지점, 곧 반지름의 길이가 r_s인 원 둘레가 된다. 다시 말해, 이 원 둘레에서는 공간의 휘는 양이 무한대가 되어 빛을 포함한 모든 것을 빨아들이게 되는데, 학자들은 이곳을 사건의 지평선(event horizon)이라 부른다. 사건의 지평선에서는 중력이 무한대가 되고 시간은 정지하게 된다.

당시에는 아인슈타인을 포함한 누구도 블랙홀이란 개념을 상상하지 못했기 때문에, 사람들은 이런 원의 존재에 매우 당황해했다. 과학자들은 질량의 중심에서 이 지점까지의 거리를 슈바르츠실트의 반지름이라고 불렀고, 그 안의 공간(블랙홀)에서 어떤 일이 일어나는지 아주 궁금해했다. 아인슈타인은 한동안 침묵을 지키다가 1922년, 프랑스의 수학자 아다마르(Jacques Hadamard, 1865-1963)의 질문에 이렇게 답했다.

"그(블랙홀)게 사실이라면 내 이론에는 대재앙이 닥치는 거지요."

아인슈타인은 일반상대성이론으로 블랙홀의 존재를 예견했음에도 불구하고, 아름다운 우주를 파괴하는 이 기괴한 구멍의 존재를 부인했을 뿐만 아니라, 이런 주장을 하는 사람을 강력하게 공격하기도 했다.

아인슈타인의 세 번째 부정; 상대성이론-우주 상수 부정

일반상식선에서 생각해도 만약 우주의 별들 사이에 서로 끌어당기는 중력만 있다면 우주는 오래 전에 한 점으로 모였을 것이다. 따라서 이런 드넓은 우주가 존재하는 않은 이유는 별들 사이의 중력을 상쇄할 만한 팽창

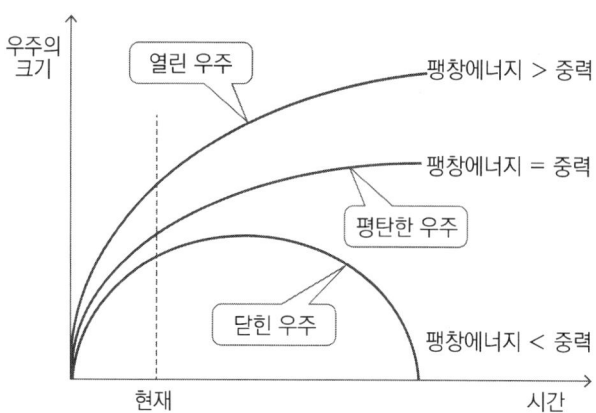

■우주의 크기는 0에서 시작해 현재는 팽창하고 있으나, 우주의 질량에 의한 중력보다 팽창 에너지가 크면 우주는 계속 팽창하는 열린 우주가 되고, 균형을 이루면 평탄한 우주가 되며, 팽창 에너지가 적으면 닫힌 우주가 된다고 주장하는 프리드만의 우주 모형

에너지가 있다는 증거이다. 그 에너지가 중력보다 조금만 크면 우주는 계속 팽창하고, 중력보다 적으면 우주는 수축을 할 것이다.

아인슈타인은 일반상대성이론을 우주 전체에 적용하는 과정에서 우주가 팽창하거나 수축할 수 있다는 사실을 알았다. 그의 상대성이론을 그대로 반영한 또 다른 수학 방정식의 결론이 다시 이상했기 때문이다. 중력장 방정식에 의하면 우주는 끊임없이 팽창하거나 수축해야만 하는데, 이것은 아인슈타인의 믿음과는 전혀 다른 것이었다. 아리스토텔레스, 코페르니쿠스, 뉴턴 등 유사 이래 모든 과학자들은 우주는 변하지 않는 것으로 매우 안정된 존재라는 믿음을 가지고 있었다. 아인슈타인도 이와 다르지 않았다. 자신이 존경하는 과학자들의 이론을 부정하고 자신의 믿음도 파괴하는 이 기괴한 움직임을 부인하기 위해 그는 인위적인 상수를 원래의 식에 첨가하고 이 상수를 '우주 상수'라 불렀다. 이렇게 해도 우주가 안정되지는 않았지만 적어도 수축하거나 팽창하지는 않도록 만든 것이다. 실제로 아인슈타인의 중력장 방정식에 등장하는 우주 상수 람다 Λ의 값은 대략 6.2201×10^{-40} 정도의 아주 작은 값이다.

$$R_{\mu\nu} - \frac{1}{2} R g_{\mu\nu} = \frac{8\pi G}{c^4} T_{\mu\nu} + \Lambda g_{\mu\nu}$$

■ 우주상수(Λ)가 추가된 아인슈타인의 중력장 방정식

이런 아인슈타인의 노력에도 불구하고 1927년, 벨기에 천문학자이자 가톨릭 신부였던 르메트르는 아인슈타인의 일반상대성원리를 연구하다보면 우주가 팽창한다는 것을 알게 된다고 주장했지만 정작 아인슈타인은 그

주장에 냉담했다. 그러나 얼마 되지 않아, 미국의 천문학자 허블이 당시 세계에서 가장 큰 망원경을 이용해 우주를 관찰하면서, 우주에 있는 모든 별이 지구에서 멀어지고 있다는 사실을 증명하게 된다. 이 발견은 지구에서 멀리 떨어져 있는 별일수록 지구에서 멀어지는 속도가 비례하여 증가한다는 이론으로 요약된다. 이로서 아인슈타인은 '우주상수를 만들어낸 것이 자신 인생의 최고 실수였다'고 말할 수밖에 없게 되었다.

상대성 원리의 도시 베른

여러 사람들이 스위스 수도 베른에 가면 아인슈타인의 흔적을 만날 수 있을 거라고 말해 주었다. 독일 울름에서 태어난 그는 아버지 사업의 필요에 따라 이사를 하면서 독일 뮌헨, 이탈이아 밀라노 등에서 청소년기를 보낸 후, 스위스로 이주하여 ETH 물리학과에 입학했다. 대학 졸업 후 원하는 직업을 얻지 못하고 방황하던 시절, 자신의 전공과는 전혀 관계없는 베른 특허국의 직원이 되어 취리히에서 이곳으로 옮겨왔다.

구시가지 '크람거' 석조 아케이드는 입구부터 중세도시 베른의 느낌을 그대로 보여주고 있었다. 일직선 도로에만 익숙한 내 고정 관념이 터무니없다는 듯 거칠 것 없이 휘돌아 나가는 도시의 건물 배치가 매우 독특하다. 안동 하회마을을 감싸며 흐르는 낙동강처럼 이 도시를 휘돌아 나가는 강물의 곡선 모양을 닮은 길 같기도 하고, 곡률을 계산해야만 하는 아인슈타인의 휘어진 우주 같아 보이기도 했다.

도로를 따라 걸으니 천문 시계탑 앞에 관광객들이 모여 타종을 기다리고 있는 모습이 보인다. 매우 복잡한 숫자와 표시들로 가득했던 프라하

천문시계와 유사해 보이는 것을 보면 특별하게 읽는 방법을 배워야 할 듯했다. 15세기에 만들어진 시계가 아직도 작동할 뿐 아니라, 매시 57분마다 인형들이 나와 춤을 추며 멀리서 온 여행자들에게 볼거리를 제공하고 있으니 참으로 기특하게 오랜 시간 자신의 역할을 훌륭하게 수행하고 있다고 격려해줘야 할 것 같은 생각이 든다.

■베른의 독특한 중앙로(위쪽)를 따라 걷다보면 아인슈타인의 생가(아래 왼쪽)와 시계탑(아래 오른쪽)이 나온다.

이곳에서 멀지 않은 곳에 아인슈타인의 집이 있었다. 특허청 직원으로 근무하던 시절, 5년 동안 이 집에서 살면서 그는 상대성원리 원고를 탈고했고 첫째 아들도 얻었다. 2005년부터 그의 집은 일반 관광객들이 구경할 수 있는 박물관으로 바뀌었다. 2층에는 아인슈타인이 기거 당시 사용했을 물품과 가구들뿐 아니라 그가 즐기던 담배 파이프까지 전시되어 있었다. 특별할 것 하나 없는 이 평범한 일반 가정집에서 여행객의 호기심을 조금이라도 불러일으킬 수 있는 것은 벽에 걸려 있는 그의 가족사진과 책들, 그리고 그가 만들어낸 수학 공식들 그것이 전부였다.

세 번 모두 처음이 옳았다
-아인슈타인의 부정(2)

상대성원리의 중력값도 수정하다

일반상대성이론은 뉴턴의 만유인력 법칙을 대체하는 새로운 수식을 제시하면서 우주의 구조를 이해하기 위해서는 새로운 형태의 수학이 필요함을 보여줬다. 다시 말하면 뉴턴은 중력이란 두 물질이 서로 잡아당기는 힘, 곧 물질의 분포라고 믿었으나 아인슈타인은 중력은 시공간의 곡률로 표현할 수 있다고 생각했다. 그의 관점에서 중력 현상을 설명하기 위해서는 미분 기하학과 텐서라는 수학적 개념이 필요하다.

아인슈타인의 4차원 시공간을 평면으로 나타내어 풍선과 같은 아주 얇은 고무 막으로 시각화하면 다음 그림처럼 표현할 수 있다. 이때 질량이

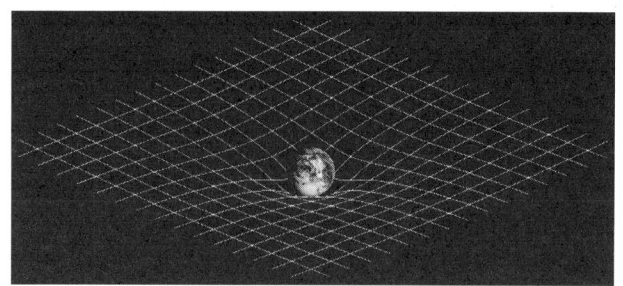
■일반상대성이론에서 묘사된 4차원 시공간을 2차원 평면으로 묘사한 그림

큰 물체의 존재는 그림처럼 자신 근방의 공간을 휘게 만든다. 이제 하늘에서 사과가 떨어지는 이유를 생각해보자. 뉴턴은 "중력이라는 눈에 보이지 않는 힘이 사과를 땅에 떨어지게 한다."고 설명했지만, 아인슈타인은 "중력이라는 힘은 애초부터 없고, 사과는 지구의 질량으로 휘어진 공간을 따라 흘러 내려온 것뿐이다."고 설명한다. 사과는 질량을 가지고 있으므로 뉴턴이나 아인슈타인의 어느 주장이 올바른지 판단하기 어렵게 하지만 질량이 없는 빛의 움직임을 설명할 때는 두 주장은 확연이 달라진다.

뉴턴의 운동법칙에 따르면 질량이 0인 빛은 아예 중력이 작용하지 않지만, 상대성이론에서는 공간 자체가 휘어 있으므로 이 지역을 지나는 빛도 휘어서 움직일 수밖에 없다. 빛은 게다가 가장 짧은 시간이 걸리는 경로로 지나기 때문에, 빛이 휘어져 가는 경로가 직선이 된다. 이는 리만기하학에서 지구 평면 위의 두 점을 연결하는 직선은 지구 밖 우주에서 관찰하면 휘어져 있는 것과 같은 원리이다. 우주에서나 관찰할 수 있는 이 직선의 휘어진 정도를 계산하는 데 곡률이 사용된다.

일반상대성이론은 질량과 에너지가 시공간을 휘게 하고, 빛을 포함한

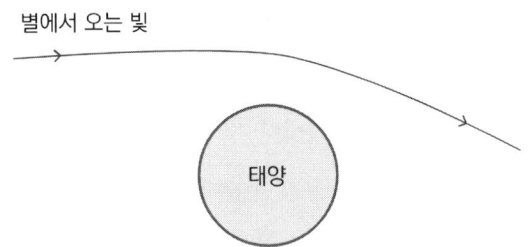

■아인슈타인은 〈빛의 진행에 중력이 미치는 영향에 관해〉라는 논문에서 태양의 중력 때문에 별빛이 휘어져 보일 수 있음을 계산하고 그 편차를 0.83초로 예측하기도 했다. 1915년 그는 이 값의 두 배인 1.6초가 올바르다고 수정 발표했으며 이는 실제 관측으로 확인됐다.

소립자들이 이렇게 휘어진 시공간 속에서 움직인다는 방식의 순수 기하적인 이론이다. 물론 발표 당시에는 수학방정식 외에는 어떤 물리적 증거도 제시할 수 없었다. 4차원인 시공간을 다룰 수 있는 유일한 도구는 수학뿐이었기 때문이다. 최근 여러 실험기구가 개발되어 상대성이론을 뒷받침해 주는 증거들이 제시되고 있지만 아직도 수학에 의존해 우주의 모형을 탐색할 수밖에 없는 이유는 우주가 인간이 인지할 수 있는 3차원의 영역 밖에 있기 때문이다.

이 시공간의 휘어진 정도의 계산 결과도 아인슈타인은 자신이 처음 발표한 수치를 유지하지 못하고 수정해야 했다. 좀 더 구체적으로 이야기하면 아인슈타인은 〈빛의 진행에 중력이 미치는 영향에 관해〉라는 논문에서 태양의 중력 때문에 별빛이 휘어져 보일 수 있음을 계산하고 그 편차를 0.83초로 예측했으나, 1915년 이 값의 두 배인 1.6초가 올바르다고 수정 발표했으며 이는 한참 후에 실제 관측으로 확인됐다. 이와 유사한 방법으로 블랙홀의 관측도 이뤄졌다.

황금길 인터라켄

아인슈타인에게만 집중하고 싶어도 아름다운 스위스의 자연이 허락하지 않는다. 알프스 정상의 설경을 감상할 수 있는 인터라켄, 이곳까지 이어지는 황금길을 보기 위해 새벽에 루체른을 향했다. 유레일패스 웹은 자신들이 추천하는 여행코스 중 대표적인 곳으로 이곳을 소개하며 꼭 방문해 보기를 권하고 있었다.

"스위스는 산과 호수를 내려다보면서 멋진 경치를 즐길 수 있는 관망열차로 유명한 곳이다. 이 중에서도 유명한 곳이 황금길(Golden Pass)이다. 아름다운 역사 도시 루체른에서 출발해 부뤼니그 길을 가로질러 인터라켄에 도착하는 환상적인 코스다."

환상적인 코스의 출발지 루체른은 거대한 호수와 산 사이에 위치한 작은 도시로 그저 몇 걸음 옮기면 소박한 캘빈 교회가 나오고, 또 조금 걸으면 꽃으로 장식된 지붕 덮인 목재 다리를 만나게 되는 곳이다. 이곳에서 출발한 관망열차의 창은 유난히 넓었다. 내 건너편 창쪽, 관광객처럼 보이는 한 노인이 아시아계 어린 두 소녀에게 경치를 열심히 설명해 주면서 먹을 것도 끊이지 않도록 챙긴다. 입양아일 수도 있고, 국제 결혼한 자녀의 딸일 수도 있겠다는 생각과 함께 노인의 따뜻한 마음이 한자리 건너 앉은 나에게도 전해왔다. 아이들은 알프스의 경사면에서 풀을 뜯고 있는 소를 보면서 웃고, 산에 쌓여있는 만년설이 녹아내리면서 만들어낸 멋진 폭포를 보면서 탄성을 질렀다. 알프스 소녀 하이디를 곁에서 지켜보는 것처럼 나의 감동도 이들의 함성과 함께 깊어갔다.

■인터라켄으로 오르는 기차의 창밖으로는 알프스 초원(위쪽)이 펼쳐지고 있고, 피르스트 정상에서 바라 본 이웃 산봉우리에는 만년설이 있다(아래쪽).

알프스의 만년설과 푸른 초원은 양립할 수 없는 두 모순이 동시에 존재하는 듯한 묘한 감동을 심어준다. 인터라켄에서 피르스트 봉우리에 이르는 곤돌라는 언제고 다시 한 번 더 와보고 싶은 마음이 들만큼 멋진 경험이었다. 마치 소풍을 나온 듯, 준비한 도시락을 산 정상에서 꺼내어 나누어 먹는 연인들이 한없이 부러운 곳이다.

모든 그의 최초의 주장이 옳았을지도 모른다

앞서 말한 것처럼 그는 자신의 논문에서 발생한 수학적 결함에도 불구하고 자신의 아이디어는 가치 있는 것이란 확신이 있었기에 그 결론을 수정하는 데 인색하지 않았다. 그러나 역설적으로 현대의 과학자들은 그의 맨 처음 아이디어가 오히려 옳은 것일 수도 있다고 생각한다. 이론 물리학과 수학의 결정적 차이는 증명 방법의 차이에 있다. 수학은 논리적 증명 이상의 어느 것도 필요하지 않다. 따라서 수학에서 한 번 증명된 명제가 거짓으로 바뀌는 일은 결코 없다. 그러나 이론물리학은 실험으로 그 결과를 확인하는 증명과정이 필요하기 때문에 실험결과에 따라서는 이전에 확인된 물리학의 모든 명제가 부정될 수도 있다. 아인슈타인의 이론도 엄격한 증명을 통과해야 했다. 이 과정에서 아인슈타인이 부정했던 모든 존재들이 실험물리학의 발달과 함께 서서히 확인되기 시작했고 그의 최초 주장은 모두 옳은 것으로 밝혀져 가고 있는 중이다.

〈양자역학의 부정〉

아인슈타인이 양자역학을 싫어한 이유는 물리적 현상을 확정적으로 예측하지 않고, 확률적으로 예측하기 때문이었다. 슈뢰딩거 고양이의 라듐처럼 방사선을 내놓으면서 안정적인 다른 원소로 변하는 방사능 붕괴를 생각해 보자. 이 방사능 붕괴가 전체의 절반에 일어나는데 걸리는 시간을 1년이라고 하면, 그 기간 동안에 10000개의 원자 중 대략 5000개의 원자는 붕괴가 일어나고 나머지는 변함없이 존재하게 된다. 결과적으로 각 원자는 붕괴하든지 그대로 존재하든지 둘 중 한 가지 경우만 있지만, 어떤 원자가 먼저 붕괴될지는 아무도 알 수 없으므로 각 원자가 1년 동안 붕괴될 확률은 1/2이 된다. '신은 주사위 놀이를 하지 않는다.'는 유명한 아인슈타인의 말은 이렇게 확률로 표현되는 양자역학을 부정하는 표현이다. 양자역학이 나온 지 약 100년이 지났는데, 지금까지 밝혀진 사실은 양자역학자들이 옳고, 아인슈타인의 부정은 틀렸다는 것이다. 그래서 영국의 물리학자 스티븐 호킹(Stephen Hawking)은 이렇게 이야기했다.

"신은 우주를 두고 주사위 놀이를 할 뿐만 아니라, 그 놈의 주사위를 우리가 찾을 수 없는 곳에다 던져 버리기까지 한다."

또한 양자역학에서 필연적으로 마주하게 되는 영점 에너지는 실험에 의해 그 존재가 확인됨으로써 이제 과학자들이 새로운 에너지원으로 활용도를 찾는 연구 대상이 되었다.

〈블랙홀의 부정〉

블랙홀은 이제는 누구나 이해할 수 있는 개념이 되었다. 평평한 고무막 왜곡현상의 끝에는 거의 무한한 크기의 질량을 갖는 블랙홀(Black hole)이 존재하게 된다.

인간이 수식으로나마 블랙홀의 존재 가능성을 알게 된 지 100년이 지났다. 이제 각종 우주 관측기구의 발달로 블랙홀은 그 존재가 분명하게 확인되었을 뿐만 아니라 매우 중요한 역할, 이를테면 은하계 중심이 블랙홀이라는 가설이 매우 큰 힘을 얻고 있다. 많은 학자들이 처음에는 우주에서 이런 일이 정말로 일어나기는 불가능하다고 생각했지만 이제는 두 블랙홀

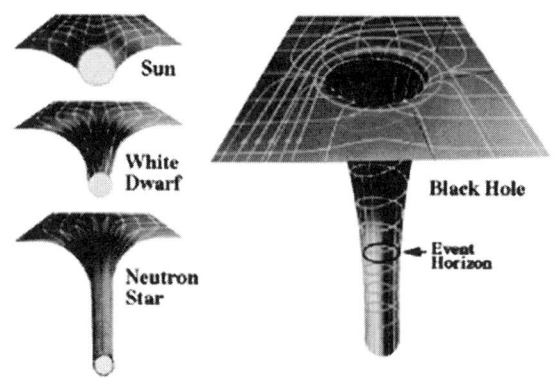

■아인슈타인은 아름다운 우주를 파괴하는 이 기괴한 구멍의 존재를 부인했다.

의 충돌로 생겨난 입자를 찾는 데 힘을 쏟고 있다. 블랙홀은 엄청난 질량을 갖고 있지만 덩치는 아주 작다. 물질밀도가 극도로 높은 블랙홀은 중력이 너무나 강해 탈출속도가 30만 km를 넘기 때문에 빛도 여기서 탈출할 수가 없다고 한때 과학자들은 결론을 내렸다. 이 때문에 블랙홀을 관찰할 수 없다고 생각했지만, 양자역학으로 오면 사정이 좀 달라진다. 블랙홀도 무언가를 조금씩 내놓을 수 있다는 것이다. 블랙홀이 주변의 가스와 먼지를 강력히 빨아들일 때 방출하는 X-선 복사로 그 존재를 확인할 수 있다고 한다.

심지어 이제는 인공적으로 블랙홀을 만들어 내는 실험도 하고 있다. 빅뱅 초기를 재현하는 유럽입자물리연구소(CERN)의 거대강입자가속기는 양성자끼리 충돌을 시켜 몇 초마다 미니 블랙홀을 만들어낸다. 이렇게 만들어진 블랙홀 대부분은 바로 사라지지만 어떤 것은 지구 전체를 삼킬 가능성이 있다는 주장이 가속기 가동 정지를 요구하는 소송으로 번지기도 했지만, 아주 짧은 시간 존재하는 블랙홀은 지구에 어떤 영향도 미치지 않는다는 결론으로 마무리되었다.

〈우주 상수 부정〉

아인슈타인이 그의 업적 중에서 가장 큰 실수라고 말하기까지 했던 우주상수는, 21세기에 들어서면서 현대 물리학자들의 가장 큰 연구 대상이 되고 있다. 우주의 암흑물질이나 암흑에너지의 설명에 결정적 역할을 할 수 있을 거라는 기대가 있기 때문이다. 암흑물질이 실제로 존재하는 것인지는 아직 알 수 없으나, 관측으로 얻어낸 우주의 은하 분포는 보이지 않는 암흑물질이 존재해야만 설명 가능하다는 것이 현대 우주론의 결론이다. 또한 우주 팽창 속도가 점차 줄어들 것이라는 기대와는 달리, 2000년부터 10년 동안 관찰한 우주는 더 빠른 속도로 팽창하고 있는데, 과학자들은 이유를 암흑에너지가 설명해 줄 수 있을 것이라 기대한다.

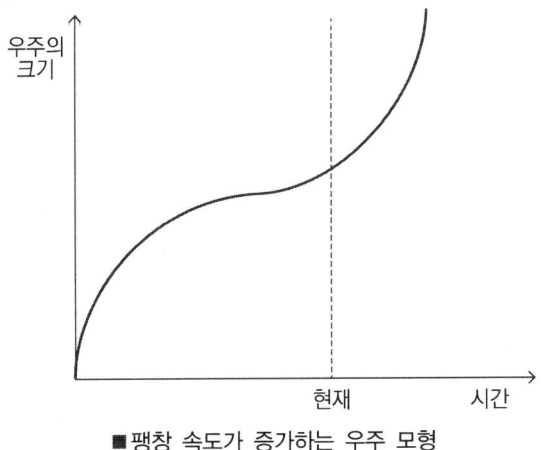
■팽창 속도가 증가하는 우주 모형

암흑물질은 현재 우주 상태를, 암흑에너지는 우주 팽창의 가속화를 설명하기 위한 가설로 시작되었지만 우주는 물질 4.9%, 암흑물질 26.8%, 그리고 암흑에너지 68.3%로 이뤄져 있다는 최근 연구 결과도 있다. 우리는 기껏해야 5%의 우주만 볼 수 있다는 이 주장은 아인슈타인의 우주상수에 결정적 근거를 두고 있다.

다시 돌아온 바젤

다른 도시로 이동하기 위해서는 바젤로 돌아와야 했다. 돌아오는 길에 우연히 마주 친 헤르만 헤세(Hermann Hesse, 1877-1962)의 집을 보면서 소설 《데미안》을 읽던 시절의 기억을 떠올렸다. 그의 시 〈아름다운 여인〉도 노래로 만들어져 한동안 유행하기도 했던 기억이 있다. 아인슈타인이 베른에서 상대성이론을 떠올리고 있던 즈음, 헤세도 어렸을 때 5년 동안 살았던 바젤로 다시 돌아와 서점 점원으로 일하며 젊은 시절의 꿈과 희망을 글로 키워내고 있었다. 1906년에 발표한 《수레바퀴 아래서》는 마울브론 기숙신학교에 진학했지만 1년 만에 중퇴한 후, 시계 부품 공장과 서점을 전전하던 자신의 경험을 소재로 한 자전 소설이자 사회 비판 소설이다. 소설 주인공 한스처럼 자살을 택하진 않았지만 "지치면 안 돼. 그러면 수레바퀴 밑에 깔리게 될지도 모르니까"라는 소설 문장이 연상시키는 것처럼 그는 인간의 창의성과 자유로운 의지를 짓밟는 제도교육의 규격화를 비판했다.

"슈바벤 지방에서는 재주가 뛰어난 아이일지라도 부모가 부자가 아닌 한, 오직 한 가지 좁은 길이 있을 뿐이었다. 그것은 주(州)의 시험을 거쳐 신학교에 들어가

■ 인터라켄으로 이동하는 도중에 들른 루체른(위쪽)의 꽃으로 장식된 나무다리(아래쪽). 이 넓은 물은 모두 알프스의 만년설이 녹아내린 것이다.

고, 그 다음에는 튀빙엔 대학에 진학하여 목사나 교사가 되는 길이었다."

그러고 보니 아인슈타인도 엄격했던 독일 제도권 교육의 피해자가 될 뻔했다. 부친의 사업 실패로 독일 뮌헨에서 가족 전체가 이탈리아 밀라노로 건너갔기 때문에 그는 홀로 독일의 김나지움에 진학했으나, 학생의 개성을 무시하는 군대식 학교생활에 잘 적응하지 못했다. 결국 신경쇠약으로 공부를 중단해야 할 정도로 건강이 나빠지자, 17세의 아인슈타인은 '다시는 독일 땅을 밟지 않겠다'며 학교를 떠났다. 이후 독학으로 공부하여

■바젤 대학교(왼쪽)를 따라 걷다가 만난, 벽면의 '스승과 제자(Teacher and pupil)' 조각상(오른쪽)은 수십 년 학생들을 가르쳐온 나에게 잔잔한 감동을 주었다.

■20대 청년 헤르만 헤세가 머물렀던 헤세 하우스(위쪽)와 인근에 있는 중세의 작은 성문(아래쪽)

ETH에 응시했지만 낙방하자 아인슈타인은 영원히 학업을 포기하려 했다. 다행이도 그의 뛰어난 수학 성적을 눈여겨본 학장의 배려로 1년간 아라우에 있는 고등학교에서 공부한 후, 결국 ETH에 입학할 수 있었다. 헤르만 헤세가 그랬듯 뉴턴도 아인슈타인도 자칫했으면 제도화되고 규격화된 학교 교육의 희생자가 되어 후세 누구도 기억하지 못할 사람이 될 뻔했다. 노벨 물리학상과 문학상의 두 주인공이 동시대에 이웃한 곳에서 살면서 꿈을 키워냈다는 사실만으로도, 스위스는 천재들에게 영감을 주는 나라라는 생각이 든다.

아름다운 스위스지만, 터무니없는 물가는 기가 막혔다. 기차역에서 한 개의 라커를 이용하는데 6유로(스위스 프랑으로 환산)를 받는다. 국경을 맞댄 독일에서는 대부분 2유로면 충분했던 것이다. 라커 이용료만 비싼 것이 아니라 호텔, 음식, 교통비가 모두 비쌌다. 그렇다고 시설이나 음식의 맛이 독일보다 나을 것도 없는 이곳에서 세상에서 제일 비싼 햄버거를 점심으로 먹은 것 같다.

PART 03
네덜란드
NETHERLANDS

진짜와 가짜의 구별법
– 렘브란트 작품의 위조 감정법

천경자 미인도의 위작 논쟁

미술품 위조 논란 중에서도 가장 유명한 것이 화가 천경자의 '미인도'일 것이다. 그림을 본인이 직접 그렸는지를 증언해 줄 수 있는 작가가 살아있다면 논쟁의 여지가 많지 않기 때문에 대부분의 위작 논란은 화가의 사후에 발생하지만 '미인도' 논란은 화가가 살아있을 때 발생했으며 위작이라는 주장을 제기한 사람은 화가 자신이다. 이 논란은 1991년부터 현재까지 우리나라 미술계를 논란의 소용돌이 속으로 몰아넣었고, 2016년에 이르러서는 국립현대 미술관이 수장고에만 보관하던 작품을 재공개함으로써 국가 수사기관에 의한 검증을 시도했다. 천 화백의 차녀 김정희가 "국립현대 미술관이 가짜를 진짜처럼 공표하는 것은 사자에 대한 명예훼손"이라며

■ 위작 논란이 있는 국립현대미술관의 미인도(왼쪽)와 천경자의 진품이 확실한 다른 그림 '나바호족의 여인'(가운데)과 '미인도'(오른쪽)

미술관장을 포함해 전·현직 관계자 6명을 검찰에 고소했기 때문이다.

논란의 시작은 다음과 같다. 1991년 4월 국립현대미술관은 미술품 애호가를 늘리기 위해 유명 미술품의 '복제품 보급 운동'을 전개했다. 이 과정에서 미술관은 소장 중인 작품 '미인도'를 대량 복제해 1점당 5만원에 판매하기 시작했는데. 이 복제품을 본 천경자는 이 그림은 자신이 그린 것이 아니라는 주장을 했다.

미술품의 진품여부를 판정하는 것은 대단히 어려운 일인 데다가 당사자들이 한국의 대표적 미술관과 화가였기 때문에 논란은 끝없이 확장되어 갔고, 그 폭발력도 대단했다. 양측 모두 자신의 명예를 걸고 한 치의 양보도 없이 검증과정을 진행했다. 천경자는 자신의 붓질 방법, 제작연도 표시 방법, 자신이 그려 본 적이 없는 머리의 하얀 꽃 등을 예로 들며 이 그림은 다른 사람에 의한 것이라고 주장했으나 미술관도 물러설 수 없었다. 국립

현대미술관은 국립과학수사연구소, 한국과학기술원, 한국화랑협회 등 공신력 있는 기관에 작품 감정을 의뢰했다. 붓질방법, 화풍에 대한 1차 육안 검증 및 현미경분석, X선, 적외선 촬영 등으로 종이와 물감에 대한 2차 재료 감정 결과, 감정 기관들은 한결같이 진품이라 판정했다. 이렇게 되자 천경자는 '자기 그림도 몰라보는 정신 나간 작가'가 되고 말았다. 그녀는 즉시 일체의 작품 활동을 중단한다는 발표를 하고 미국으로 떠나 버렸다.

그렇게 이야기가 매듭지어질 무렵에 자신이 '미인도'의 위조범임을 자백하는 뜻밖의 사람이 나타났다. 고서화 위작 및 사기 판매 사건으로 경찰에 구속되어 조사를 받던 한 사내가 수사과정에서 '미인도'는 자신이 위조한 작품이라고 진술한 것이다. 그는 화랑을 경영하는 친구의 요청에 따라 천경자의 그림이 실린 달력에서 그림 몇 개를 섞어서 위작을 만들었다고 진술했다. 그러나 이 사건은 공소시효가 지났다는 이유로 더 이상 수사가 진행되지 않았다. 새로 제기된 의혹에 대해 미술관은 "진술을 거듭 번복하는 위조범과 국립현대미술관 중 어느 쪽을 믿을 만한가"라고 반문하며 더 이상의 논쟁을 원하지 않았다.

미인도 외에도 1992년 이중섭의 황소, 1994년 신윤복의 속화첩, 박수근의 빨래터에 대한 위작 논쟁이 아직도 진행 중인 이유는 대부분 확실한 결론을 내리지 못하는 현실 때문이다. 이는 외국에서도 자주 있는 일이다. 2011년 10월 30일, 미국의 노스캐롤라이나 미술관에서는 렘브란트(Rembrandt Harmenszoon Rijn, 1606-1669) 작품전이 열렸다. 그런데 이 전시회는 보통의 전시회와 달리 버젓이 위작들을 포함하고 있었다. '미국에 있는 렘브란트'라는 타이틀의 전시회에는 30점의 렘브란트 작품 외에도 '가짜

■노스캐롤라이나 미술관에서 진품과 함께 전시된 가짜 렘브란트 작품 '에스터의 축제(feast of esther)'

렘브란트' 작품도 함께 전시되었다.

이런 종류의 전시회가 처음은 아니다. 1995년 뉴욕 메트로폴리탄 미술관에서도 '렘브란트/ 가짜 렘브란트(Rembrandt/ Not Rembrandt)'라는 타이틀 아래 관람자들이 스스로 진짜와 가짜를 구별하는 아주 특별한 전시회가 열렸다. 모조품 때문에 항상 골머리를 앓는 미술관이 가짜 미술품을 공개적으로 전시하는 것은 이례적인 일로, 심각한 위작 논란을 유머로 중화시키는 여유도 엿보인다. 전시회 주최 측은 관람자들이 자신의 추측이 맞는지를 확인하고, 전문가의 의견도 함께 읽어볼 수 있도록 배려했다. 이런 위작 논란의 한가운데, 수학이 적극적으로 나서기 시작함으로써 수학과 렘브란트는 진품을 확인하는 과정에서 만나게 되었다.

스위스 베른

렘브란트의 고향 네덜란드 암스테르담 행 야간열차를 타기 위해서 기다리는 오늘 하루는 아무런 계획 없이 보내보기로 했다. 가벼운 산보 삼아 오른 언덕 위 베른 대성당에서 유네스코 문화유산으로 지정된 중세 모습의 구도시를 내려다보는 것으로 하루를 시작했다. 마을을 휘돌아 나가는 강물의 색깔은 불투명한 푸른 물감색이었다. 여행 중에 만난 유럽 각 지역의 강물색은 각기 다르고 매우 독특했다. 짙은 회색, 초록색, 우유색, …. 이곳은 매우 진한 파란색과 초록색이 섞여 있었다.

강가에는 전혀 생각지도 않게 곰 몇 마리를 키우는 작은 동물원이 있었다. 강가를 따라서 설치된 우리 주변은 나무에 오르거나 물속에서 장난하는 곰들을 보려는 여행객으로 가득했다. 베른을 찾은 사람에게 이 작은 동물원이 가장 인상적 기억으로 남는 것을 보면 크고 좋은 것만이 사람의 시선을 끄는 것은 아닌가 보다.

아무리 물가가 비싸도 떠나기 전에는 이 멋진 곳에서 한 번의 식사는

■도시를 휘감아 흐르는 강변에 설치된 곰 사육장(왼쪽)은 여행객으로 가득했다. 베른은 강가에 위치한 조용한 도시로 중세의 모습을 그대로 간직하고 있었다(오른쪽).

제대로 하고 싶었다. 이런 경우 항상 겪게 되는 문제가, 어느 식당이 어떤 음식을 맛있게 하는지에 대해 알 수 있는 방법이 없다는 점이다. 경험상 사람이 제일 붐비는 중심가를 찾아, 역시 사람들이 가득한 식당을 찾아간다. 그런 후에 최대한 표시를 내지 않고 다른 사람들이 먹는 것을 한차례 휙 살펴본 다음 그 중에 가장 일반적인 것을 시키면 거의 실수가 없다.

베른에선 이 방법이 통하지 않았다. 우리가 주문한 음식은 전체가 치즈로 덮여있는 데다 오븐에서 구워져 나왔기 때문에 맛있게 보였지만 속은 온통 삶은 감자뿐이었다. 모처럼 기대한 식사가 어긋났어도 아까운 생각에 억지로라도 먹을 수밖에 없었다. 저녁 식사 후 야간열차 침대칸 하나를 차지한 나는 밤 세워 스위스, 독일의 국경을 넘었다. 기차의 흔들림과 소음으로 거의 잠을 이루지 못하며 야간 비행기, 야간 버스, 야간 열차를 타기에는 내 체력이 부족하다고 생각했다.

렘브란트/ 가짜 렘브란트

미국에는 유난히 렘브란트의 그림이 많이 남아있다. 이는 렘브란트 자신이 320여 점이나 그릴 정도로 정열적 작품 활동을 했기 때문이기도 하지만, 19세기 후반 유럽의 부자들이 미국으로 이주하면서 그의 그림을 많이 사가지고 들어왔기 때문이기도 하다. 미국인들은 이탈리아나 프랑스 화가의 그림보다는 자신들의 정서에 더 가까운 그림을 그려내는 네덜란드와 플랑드르 화가들을 선호했다. 수요가 많아지자 숨어있던 렘브란트의 작품들이 갑자기 시장에 쏟아져 나오기 시작하면서 많은 위조품이 섞여들게 되었다.

■렘브란트의 생가(왼쪽)는 현재 그의 그림을 전시한 미술관이 되어있다. 렘브란트 생가에서 가까운 암스테르담 중심가(오른쪽)

그래도 위작 감정에 철저한 세계적 미술관들이 렘브란트의 위작을 많이 소장하고 있는 이유에 대해서는 조금 더 설명이 필요할 것 같다. 대체로 그들은 자신들의 신뢰를 지키기 위해 그림의 제작연도나 소장되기까지의 정황을 엄밀하게 추적해 진품이 틀림없다는 결론에 도달한 것만을 구입한다. 그럼에도 뉴욕 최대 미술관인 메트로폴리탄이 소장한 40여 점의 렘브란트 작품 중 진품으로 인정받은 것은 12점에 불과하다. 그의 그림이 특히 위작을 가려내기 어렵기 때문이다.

렘브란트는 자신의 스튜디오에서 40여 명의 제자들과 같이 작품 활동을 했다. 그 제자 중에서 일부는 스승의 화법을 그대로 흉내 내거나, 스승이 사용하는 캔버스와 물감을 이용했기 때문에 현대의 첨단 재료 분석 방법으로는 진위 여부를 알아낼 수가 없다. 제작연도, 화풍, 사용된 물감과 캔버스 등 모든 감정 대상이 거의 동일하기 때문이다. 게다가 렘브란트의 사인은 더 의미가 없다. 그는 자신의 화실에서 생산된 그림은 제자가 그린 그림조차 자신의 사인을 마구해 넣기도 했으며, 어떤 경우에는 자신의 사인이 없어도 저자가 분명하다는 이유로 아예 자신의 사인을 넣지 않았다. 이는 렘브란트뿐만 아니라 반다이크(van Dyke)나 루벤스(Rubens) 같은 당시 화

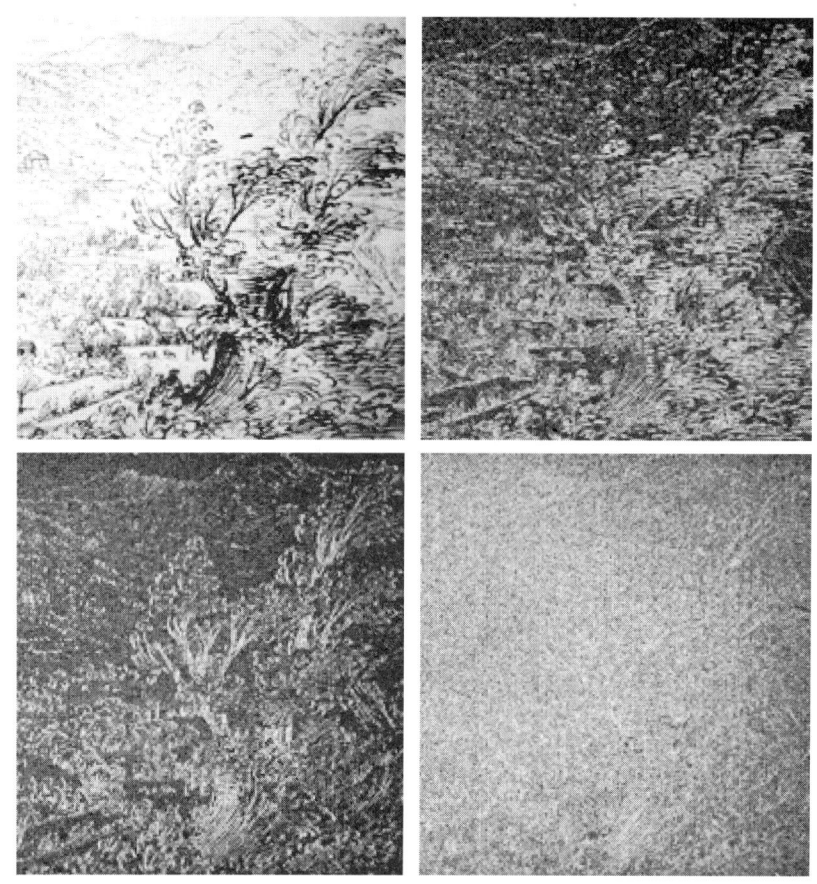

■브뤼헐의 그림(왼쪽 위)를 각각 수평, 수직, 대각선 방향으로 한 꺼풀씩 벗겨낸 결과

가들의 풍조였다고 한다.

수학자가 나서다

전통적인 방법으로 렘브란트의 그림을 감정해내 명성을 얻은 이가 발렌티너(Valentiner)였다. 그러나 그의 전통적인 방법은 한계가 있었다. 예를 들어 그는 렘브란트 초상화들을 분석한 결과 그림의 주인공들은 모두 렘브란트

의 가족이라는 결론에 도달했고, 이를 근거로 가족이 아닌 사람이 그려진 초상화는 위작으로 판명했으나, 후에 가족이 아닌 사람이 그려진 초상화가 발견되자 그의 판정법은 권위를 잃었다. 기존의 감정방법이나 공학적 기법이 힘을 잃어가면서 현대 수학자들이 미술품 감정에 등장하기 시작했다.

미국 수학자 락모어(Daniel Rockmore)는 웨이블릿(Wavelet)이라는 수학적 함수를 이용해 미술품을 찍은 사진을 작은 조각(subband)들로 나눈 후 0(검은색)에서 255(하얀색)까지의 숫자로 각 조각들의 화소를 분류했다. 이 후 편광필터를 이용하는 방법으로 분류된 조각들을 수평방향으로 한 꺼풀 벗겨내고, 다시 수직방향으로, 이어서 대각선 방향으로 벗겨낸 후 화가의 다른 작품에서 보이는 특징이 이 그림에도 있는가를 확인했다. 화가들의 붓 터치 방법이나 특별한 버릇 등을 화소의 통계적 분석으로 찾아내는 수학적 방법이 한 화가의 특징을 비교적 쉽게 다른 화가와 구분해 찾아낼 수 있기 때문이다. 락모어는 웨이블릿 분석법(원작 그림을 디지털 이미지로 바꾼 뒤 물감이 칠해진 층에 이뤄진 세밀한 붓질의 정도를 수학 알고리즘으로 분석하는 기존 방식)이라 불리는 이 방법의 정확도를 확인하기 위해 화가 브뤼헐(Pieter Bruegel the Elder, 1525–1569)의 작품 13개에 감정을 시도하여 위작 5개를 정확하게 판별하는 성과를 거두었다. 물론 아직은 이 방법이 완전하지 않다는 것은 개발자도 인정하고 있었다.

웨이블릿이란

신호를 분석하는 가장 일반적인 기법인 푸리에 변환은 시간의 함수로 나타난 값을 주파수의 함수로 바꾸어주는 기술이다. 즉 시간에 따라 변화하는 신호를 주파수가 다른 여러 개의 사인파가 중첩된 것으로 보고 각각의 사인파의 크기를 구하는 방법이다. 이 방법은 주파수가 다른 여러 사인파가 섞이는 전기신호를 분석하는데 특히 유용하며, 신호 중에서 우리가 원하지 않는 주파수의 신호만 제거해서 노이즈를 줄이는데 사용된다.

웨이블릿은 좀 더 발전된 형태의 푸리에 변환이라고 할 수 있다. 무한히 반복되는 사인파를 기본파형으로 주파수와 진폭만을 변화시키며 상관관계를 밝히는 푸리에 변환에 비해 웨이블릿은 한 파장의 파형(사인파일 수도 있고 아닐 수도 있다)을 기본파형으로 하여 그 크기와 위치를 변화시켜가며 상관관계를 밝히는 기술이다. 이런 특징 때문에 푸리에 변환은 주파수의 함수로 바꾸었을 때 시간 정보가 사라진다는 단점이 있지만 웨이블릿은 주파수 정보와 함께 시간의 정보도 알 수 있다는 장점이 있다. 또한 푸리에 변환은 사인파만을 기본파형으로 하는 반면에 웨이블릿은 수학적으로 증명된 임의의 파형을 기본파형으로 사용할 수 있어 분석하려는 신호에 적합한 파형을 기본파형으로 사용할 경우에는 분석의 정확도가 높아지지만 파형을 선택하는 과정에서 분석자의 의지가 개입한다는 측면이 단점으로 작용하기도 한다.

설명이 복잡해진 것 같다. 단순하게 설명하면 전기 신호는 수학에서 다음 두 가지 방법 중 하나를 사용하여 표현한다.

(푸리에 변환) = $\sum$(사인 함수)
(웨이블릿) = $\sum$(사인함수를 포함한 아래의 여러 가지 기본형)

이때 웨이블릿 기본형을 변환시키는 방법에 따라 변환된 이미지는 달라지게 된다.

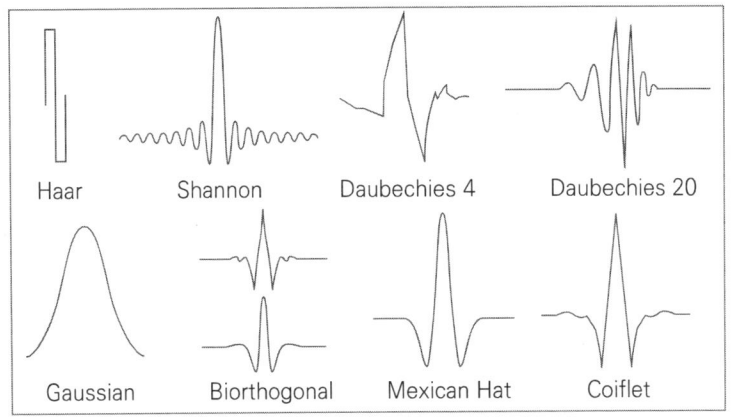

■ 가장 많이 쓰이는 웨이블릿의 기본형

이 웨이블릿 방법이 본격적으로 미술 감정가들로부터 주목받게 된 계기는 2008년 미국 방송 PBS에서 고흐의 작품 6개 중에 숨어 있는 한 위작을 찾아내는 프로를 방송하고부터였다. 유명 화가를 초빙해 진짜와 같은 수준의 위작을 만들어 내는 제작진과 이를 찾아내는 참가 팀들의 전략이나 위작 선별과정은 그대로 다큐로 제작돼 방송됐다. 당시 프린스턴 대학 교수였던 잉그리드 도브시*(Ingrid Daubechies)는 기존 웨이블릿 분석법에 원작을 모방하는 과정에서 선과 곡선을 그릴 때 생기는 세밀한 수준의 '주저함(wobble)'을 찾아내는 방법을 더했다. 붓질의 주저함 정도가 원작 그림보다 높을수록 위작으로 판정될 가능성이 커진다. 방송에서 신뢰를 얻은 연구팀은 네덜란드의 반고흐 미술관, 크뢸러뮐러 미술관이 소장한 고흐 작품 101

---

* 현재 미국 듀크 대학에 재직 중인 도브시 교수는 2014년 여성 최초로 국제 수학자 연맹 회장에 선출될 정도로 학문적 명성이 높으며 수학의 대중화와 수학자 사이의 협력을 중시하는 활동가로도 유명하다.

 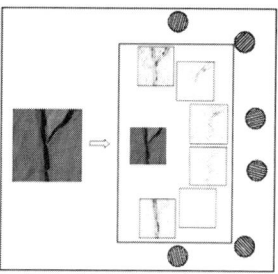 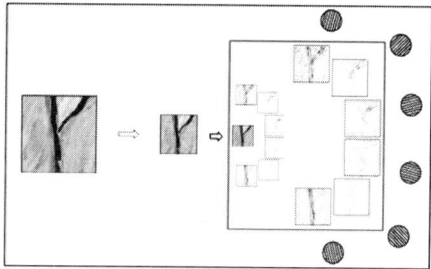

■도브시는 웨이블릿을 이용하여 디지털화 한 이미지를 6개의 방향으로 분석하는 방법으로 위작을 가려냈다.

점을 분석해 위작 4점을 찾아내는 성과도 거두었으나, 실제 알려진 위작은 6점이었기 때문에 이 방법으로 완벽하게 위작을 찾을 수 있는 것은 아니라는 한계도 보였다.

2016년 8월 검찰이 본격적으로 천경자의 미인도 위작 판정에 다시 나서면서 도브시 연구팀에 분석을 의뢰한 것은 분명 국내 수학자들의 자문에 의한 것으로 생각된다. 몇 개월에 걸쳐 진행된 수학적 분석에 따른 검찰의 최종 결론은 진품이었다. 그러나 검찰에 앞서 천경자 가족의 개인 비용으로 진행된 프랑스 감정회사 뤼미에르 테크놀로지의 감정은 검찰과는 정반대로 미인도는 명백한 위작이라는 결론에 도달해 있었다. 2001년부터 루브르 박물관과 미술 감정 계약을 체결하고 작업해 온 프랑스 최정상급 감정회사라고 주장하는 이들의 주장은 다음과 같다.

"미인도를 포함해 천 화백의 작품 10점에 대해 눈의 굴곡이나 코 묘사 등 그림 기법, 입술의 음영, 흰자위 물감 두께 등을 비교·분석한 결과 유독 '미인도'만 결과 수치가 크게 다르게 나타났다. 진품일 확률은 0.0002%다."

이들의 바람과는 달리 2017년 11월의 재판에서 도브시의 수학적 감정 결과와 검찰의 주장이 받아들여져 미인도는 진품으로 일단락되었다.

안네 하우스와 렘브란트 하우스

암스테르담은 여러 개의 운하로 둘러싸인 부채꼴 도시이다. 도시의 남쪽에 있는 담 광장이 중심부쯤 되는 곳으로, 이곳에는 왕궁, 제2차 세계대전 기념비, 국왕의 즉위식을 거행하는 교회 등이 있었다. 역에서 내려서 중앙로를 따라 걷다 보면 아주 자연스럽게 이곳에 도착하게 된다.

담 광장은 여행객과 이들에게 즉석 퍼포먼스를 보여주려는 거리의 예술가들로 가득했다. 이곳에서 가까운 곳에 《안네의 일기》로 유명한 안네 프랑크(Anne Frank, 1929-1945)의 집이 있고, 반대편 쪽에는 렘브란트가 1639년부

■ 마치 만원버스를 타듯이 사람들은 길게 줄을 서서 안네의 집에 들어서고 있었다.

■암스테르담 역 앞은 여러 임시 건물로 매우 복잡했다.

■암스테르담 왕궁과 교회

터 20년 동안 살았던 집이 보존되어 있었다.

 안네 가족은 독일 프랑크푸르트에서 나치 독일의 박해를 피해 이곳으로 망명했지만, 독일군에 의해 네덜란드가 점령됨으로서 그들의 도피는 무의미하게 되었다. 당시 대다수의 유럽 국가들은 유대인 망명을 허용하지 않았고 영국의 경우도 재정후원이 있는 어린이의 망명만을 허락했기 때문에

■암스테르담 대학교

미국을 제외하고는 유대인들이 마땅히 숨을 곳이 없었다. 히틀러가 유대인 정책을 강제 추방에서 강제수용소 수용 및 학살로 바꿀 빌미를 제공한 유럽 국가들은 제2차 세계대전이 끝난 후에 홀로코스트를 묵인한 공범이라는 비평을 받았다.

담 광장에서 서쪽으로 걸어가면서 몇 개의 운하를 건너니 사람들이 길게 늘어선 줄이 보였다. 안네 하우스로 들어가기 위해 서 있는 줄이다. 줄의 맨 뒤에 서 있다가 줄의 길이가 궁금해 잠깐 앞쪽으로 가보니, 생각지도 못할 만큼 먼 건물의 뒤쪽에 입구가 있었다. 이와는 대조적으로 렘브란트 생가와 박물관 안에는 관람객들이 제법 있었지만 단 한 명도 집 밖에서 입장을 위해 기다리는 사람은 없었다. 극명한 대비였다. 여행객들은 렘브란트보다는 안네를 더 많이 기억하고 있었다.

안네처럼 짧은 삶은 아니었지만 렘브란트도 이곳에서 거칠고 힘든 삶을 살았다. 1642년 발표한 '야경'이 화단의 혹평을 받으면서 초상화가로서의 명성을 잃은데다 같은 해에 아내마저 죽자 실의와 곤궁에 빠지게 되었다. 이후 작품 활동은 계속되었지만 1656년에는 파산 선고에 이를 만큼 가난해져 끼니를 걱정하는 처지가 되었다. 만년의 비참한 삶에서 끝끝내 벗어나지 못한 채 1669년 암스테르담에서 지켜보는 사람 없이 쓸쓸히 죽었다.

에셔의 판화
—프랙털, 테셀레이션, 새로운 기하학의 탄생

네덜란드 출신의 판화가

1950년대까지 별로 알려져 있지 않던 네덜란드 출신의 판화가 에셔(Maurits Escher, 1898-1972)는 1956년 그의 개인전시회가 미국 《타임》지에 소개되면서 세계적인 명성을 얻게 되었다. 초기 작품은 일반 예술가처럼 자연이나 도시풍경을 다루고 있지만 1936년 무렵부터는 수학과 미술을 결합한 작품 활동에만 몰두함으로써 그만의 독특한 작품, 즉 일정한 패턴과 공간을 반복하는 작품이 급증했다. 비록 수학이나 과학에 대한 체계적인 교육은 받지 못했지만, 에셔는 정확하고 분석적인 시각을 가지고 직관적으로 수학을 이해하고 있었다. 당연하겠지만 그의 작품에 매료된 사람들 중에 수학자도 많은데, 에셔는 때로는 수학자들조차 미처 생각하지 못했던 방법

■터키 이스탄불의 한 이슬람 사원의 내부(위쪽). 이 사원의 벽과 천장은 온통 기하적 문양(아래쪽)으로 장식되어 있다.

으로 복잡하고 다양한 수학 원리들을 아주 독창적인 방식으로 시각화하여 보여줌으로써 대중에게 그 의미를 전달하고 있기 때문이다.

에셔 작품의 두드러진 특징은 현실과 가상의 세계를 기하적으로 교묘하게 접합시켜 놓아 그 경계를 애매하게 만드는 데에 있다. 환상적인 초현실을 다루되 이성적으로 받아들일 수 있도록 기하적인 추론구조를 보여줌으로써 현실에서도 충분히 그럴듯한 현상으로 느끼게 하는 것이다. 이런 그의 그림의 수학적 분류는 2가지로 가능하다. 그 중 하나는 테설레이션이라는 기하학적 패턴을 이용해 평면이나 공간을 빈틈없이, 그러면서도 겹치지 않도록 채우는 기법의 그림이다. 이는 이슬람 전통 모스크 장식기법으로, 우상숭배를 금지하는 종교적 전통에 따라 이들은 동물을 그리거나 조각하지 않기 때문에 이슬람 전통 건축물에는 순수 기하학적인 패턴만이 사용되어왔다. 에셔는 스페인 남부 지방을 여행하면서 옛 무어인들의 이슬람 기법을 배운 것으로 알려져 있다. 특히 1936년 두 번째 알함브라 궁전 방문에서 깊은 감명을 받게 된 평면 분할 양식이 훗날 자신 예술의 '가장 풍부한 영감의 원천'이 되었다고 밝힌 적이 있다. 자칫하면 단조로움으로 이어질 수 있는 평면구성에 다양한 변화를 시도하기 위해 무슬림들은 기하적 평행이동, 회전이동, 대칭이동의 기법을 사용하고 있었다. 에셔는 여기서 좀 더 나아가 그들이 사용을 터부시한 새, 물고기, 도마뱀, 개, 나비, 사람 등에 수학적 대칭성을 집어넣어 창조적이며 역동적인 형태의 테설레이션 세계를 구축함으로써 그만의 예술세계를 완성하였다. 이 기법을 이용한 가장 대표적인 작품이 '하늘과 물'이다. 시선을 두는 쪽에 따라서 새가 하늘로 치솟으며 날아가는 모습이 되기도 하고, 물고기가 아래로 내려가며 헤엄쳐가는 모습이 되기도 하면서 평면을 빈틈없이 가득 채운다.

두 번째 부류의 작품은 시작과 끝을 알 수 없는 순환구조를 보이는 그림이다. 순환 재귀라고 불리는 이 과정은 끝없이 이어지는 사건들을 쫓다보면 어느새 제 자리에 돌아와 있는 자신의 모습을 보여주는 환상적인 뫼비우스 형태를 지니는 것이 보통이다. 순환 구조를 이용한 '파충류'는 2차원 평면과 3차원 공간을 뫼비우스 띠를 이용해 교묘하게 연결시켜 놓은 그의 대표작이다.

물론 많은 작품은 이 두 가지 패턴이 혼용되어 나타나기도 한다. 이미지를 2차원에서 3차원으로 바꾸는 방법과, 보는 사람에 따라 그림의 전경을 배경으로 또는 배경을 전경으로 지각하도록 명도대비를 바꾸는 방법 등의 작품을 통해 새로운 형태와 변형을 보여준다. 재귀 순환 구조와 테설레이션의 혼합 기법의 대표격인 '변태 1, 2, 3, 4'는 시선을 두는 곳에 따라 그림은 전경과 배경이 자연스럽게 바뀌게 되며 2차원과 3차원도 자연스럽게 연결된다.

네덜란드 암스테르담

운하와 평지로 이루어진 지역이라 보트와 자전거를 이용한 이동이 일상적인 듯, 곳곳에 페리 터미널과 자전거 보관소가 있고 이를 이용하려는 사람들이 긴 행렬을 만들고 있었다. 암스테르담 역 앞 관광안내소도 박물관 관람이나 관광 페리 티켓을 사려는 사람들로 북적이고 있었다. 이런 북새통에서 아무것도 사지 않고 그저 여행 정보만 얻는 것이 미안한 생각이 들 정도였지만 여기 외에는 마땅히 다른 대안도 없었다.

여행객에게 시내 곳곳의 주요 관광 포인트를 꼼꼼하게 챙겨 주는 이 곳 지도 표시 중 눈에 띄는 것이 '붉은 빛 지역(Red Light District)'이었다. 유럽을 비롯해 그동안 내가 경험한 세계 어느 나라도 공식적인 관광지도에 홍등가를 표시하는 것을 본 적이 없다. 이런 지역이 관광지도에 표시되어 있다는 것만으로도 데카르트가 사랑했다는 네덜란드의 자유정신을 조금은 이해할 것 같다는 느낌과 매춘이 합법화되어 있는 나라구나 하는 생각이 동

■암스테르담의 홍등가는 관광코스로 표시되어 있었다.

시에 들었다. 호기심으로 찾아간 홍등가는 비키니 차림의 아가씨들이 쇼윈도에 마치 상품처럼 앉아 있던 20여 년 전 우리네 영등포 뒷골목과 청량리역 주변 모습을 닮아 있었다. 백화점 쇼핑을 마친 승용차 출구가 홍등가로 바로 이어져 있었기 때문에 반드시 이런 골목길을 지나야만 했던 기억들이 있다. 관광객 중에는 심지어 어린이들이 있는 가족 단위의 무리도 있을 정도로 암스테르담 홍등가는 여느 관광지와 다르지 않았다. 네덜란드는 매춘, 동성애, 마약(5mg 이하)이 합법인 나라다. 신기한 나라 여행길에 들뜬 어린아이처럼 사진기를 꺼내들자 길 건너의 한 여자가 내게 무섭게 고함을 치기 시작했다. 비록 합법일지라도 자신들의 얼굴이 누군가의 카메라에 잡히는 것은 매우 불쾌하게 여기는 듯했다.

평면 대칭군 17개

인간이나 자연을 주관적 관점에서 표현하는 기존 현대 화가와는 달리, 에셔가 추구했던 창조의 동기는 보편적이며 객관적 시각의 구조를 찾는 치밀한 이성적 원리이다. 다시 말하면 보통의 초현실주의 화가들은 이성보다는 감성적 측면에 중점을 두고 현실과 무관한 상황을 묘사하려 한다면 에셔는 이성적 논리구조 아래 치밀한 과학적 조작에 기초하여 초현실을 다룬다. 그의 작업이 예술 비평가들 외에도 수학자들이나 물리학자와 같은 과학의 범주에 있는 이들에게 더욱 많은 관심을 받는 이유이다.

그가 다루는 테셀레이션도 무심히 지나치면 비현실적 공간 분할 정도로 이해할 수 있지만, 수학적 관점에서 들여다보면 벽지군(wall paper group)이라 불리는 17개의 평면 대칭군을 완벽하게 표현하고 있음을 알 수 있다. 갈루아 편에서 한번 다루었듯이 군이론은 대칭의 성질을 대수적으로 표현하는 방법이다. 이 이론에 의해 2차원 평면을 가득 채우는 반복적 패턴을 각 패턴이 가지는 대칭성을 기준으로 분류하면 17가지가 있다는 사실이 수학적으로 밝혀져 있다. 또한 이 17가지 패턴을 만드는 기본적인 조작에는 다음과 같이 4가지 방법이 있다는 사실도 알려져 있다.

1) 평행이동 : 원래의 형태를 유지하면서 일정한 방향으로 이동하는 경우
2) 회전 : 원래의 형태를 유지하면서 회전축을 중심으로 회전하는 경우
3) 반사 : 원래의 형태와 거울대칭의 경우
4) 미끄럼반사 : 원래의 형태를 유지하면서 평행이동과 반사를 겸하는 경우

다음 그림의 예는 에셔가 자신의 작품에 4가지 기본 대칭을 의도적으로 사용하고 있음을 알려준다.

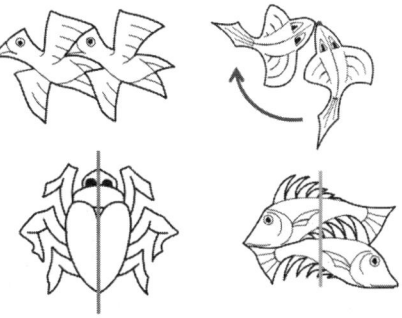

■ 에셔의 그림에서 나오는 평행이동, 회전, 반사, 미끄럼 반사의 예

이렇듯 그의 작품은 강력한 수학적 구성을 가지고 있으니 그의 수학적 이해는 광범위하고 논리적이었음을 알 수 있다. 죽을 때까지 평면의 규칙적인 분할 법칙에 몰두한 에셔를 군 이론 연구 동료로 믿는 수학자들도 충분히 이해힐 수 있는 부분이다. 참고로 17개의 내칭군 전체는 나음과 같고 이 중에서 p1대칭군(위쪽), p2대칭군(아래쪽)의 대표적 장식은 다음 그림과 같다.

p1, p2, pm, pg, cm, pmm, pmg, pgg, cmm, p4, p4m, p4g, p3, p3m1, p31m, p6, p6m

p1 대칭군은 평행이동만 존재하며, p2 대칭군은 평행이동과 회전이동이 동시에 존재하고, pm 대칭군은 평행이동과 반사가 동시에 존재하는 것이다.

 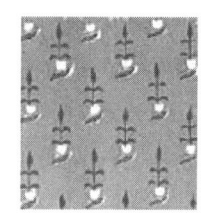 

p1 대칭군; 테베(고대 이집트)의 무덤 장식, 페르시안 태피스트리, 중세의 벽지

p2 대칭군; 이집트왕의 매트, 이집트인의 무덤 장식

■ 각각 p1 대칭군(위쪽), p2 대칭군(아래쪽)의 대표적 장식

에셔는 수학을, 수학자는 에셔를 연구하다

에셔 작품 중 무한 순환 재귀의 수학적 특징이 가장 잘 드러난 것은 '프린트 갤러리(Print Gallery)'라고 수학자 테오니 파파스(Theoni Pappas)는 주장한다.

갤러리 안에 있는 사람은 전시되어 있는 그림을 보고 있다. 그런데 이 그림을 보다보면 어느 사이, 갤러리는 그림 속의 도시에 있는 한 건물에 지나지 않게 되며, 그림을 보던 사람은 자신이 보던 그림의 한 부분이 되어버린다. 뫼비우스의 띠처럼 안과 밖의 구분이 불가능하며 현실이 그림이 되고, 그림이 현실이 되기도 하는 순간이다.

이 그림에 가장 흥미로운 부분은 가운데 텅 빈 공간이다. 에셔가 이곳을 비운 이유는 분명치 않다. 순한 재귀를 완전한 형태로 보이게 하려면 그의 다른 그림처럼 이 부분을 채워야 했지만, 에셔는 가운데에 아무런 그림도 그려 넣지 않고 그저 자신의 사인만으로 채웠다. 이 빈곳을 논리적 추론에 잘못이 없는 완벽한 형태로 채운다면 어떤 모습일까?

에셔의 수학적 직관에 번번이 놀라기만 하던 수학자들이 이번에는 그 직관의 완성된 모습을 궁금해하기 시작했다. 에셔는 수와 식을 사용하지 않았지만 수학자 입장에서는 그의 변환에 가장 걸맞은 수학적 도구를 찾아야 했다. 네덜란드의 라인덴 대학교(Leinden University) 수학교수 렌스트라(Hendrik W. Lenstra)는 에셔가 사용한 변환을 지수함수와 행렬 일차변환의 조합이라고 생각하고 합성함수의 표현으로 나타내려고 시도했다. 그가 찾은 수학적 변환은 그림과 같은 것이다.

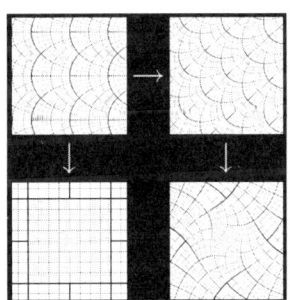

■41도 회전 변환과 75%의 닮음변화를 이용한 후, 복소평면에서의 지수함수를 이용한 수학자의 기하적 변환 결과는 에셔의 '프린트 갤러리'와 매우 유사함을 확인할 수 있다.

맨 처음에 그는 물결무늬가 그림 전체를 반복적으로 채우고 있는 단순한 그림을 생각했다. 이 그림의 물결을 직선으로 변환하는 방법과 41도

회전 변환하는 방법은 이미 수학에서는 행렬로 잘 정리되어 있다. 이 두 변환에 복소평면의 지수함수를 합하면 '프린트 갤러리'의 구조와 일치하는 형태를 만들어 낼 수 있다. 이렇게 마련된 수학적 도구가 있으니 다음 단계는 무한 순환 구조만 완성하면 된다. 빈곳에 채워진 그림은 원래의 그림이 축소되어 들어가 있고, 그 축소된 그림의 빈공간도 다시 원래의 그림이 축소되어 들어간다. 무한히 자신의 모습을 재생하는 프랙털의 구조를 갖는 것이다.

"나는 매우 학식이 깊은 수학자들과 즐거운 접촉을 가졌다. 그들은 나의 판화 '프린트 갤러리'가 리만곡면과 관계가 있음을 나에게 최선을 다해 설명을 했지만, 그에 대한 나의 이해는 불완전하다."

직관적인 화가의 기하적 상상력을 수학적으로 해석하려는 시도가 있었지만 작가는 그 수학적 의미를 명확하게 이해할 수 없었다. 예술가의 몫은 거기까지인 것 같다. 직관적으로 이해하고 표현하면 그의 몫의 역할은 충분한 것이고, 이를 좀 더 구체적이고 논리적으로 표현하는 몫은 수학자에게 남기면 되는 것이다. 렌스트라와 같은 수학자가 있지 않은가.

암스테르담을 떠나서

암스테르담을 떠난 기차는 벨기에를 통과해 프랑스 국경도시 릴(Lille)에 도착했다. 플랑드르 지방의 중심 도시로, 프랑스 교통과 공업의 중심지인 곳이다. 도시는 밝고 깨끗했으며 사람들은 유쾌해 보였다. 릴에서 파리로 가기 위해 일반열차를 기다리고 있었다. 일반열차는 파리 직행이 없어 중

■프랑스 도시 릴의 중심 광장(왼쪽)은 밝고 쾌활한 느낌이 가득한 곳이었다. 이곳에서 멀지 않은 곳에 두 개의 기차역(오른쪽)이 있어 일반열차와 고속열차를 이용할 수 있다.

간에 한 번 갈아 타야 하는데, 기차 도착시간이 다 되었을 때 전광판에 갑자기 이 기차가 30분 연착된다는 표시가 나타났다. 30분 연착되면 다음 연결 기차를 탈 수 없으니 오늘 파리로 들어 갈 수 없게 된다.

역무원에게 방법을 물어보니 인근 역으로 가서 고속열차 테제베를 타면 직행으로 2시간 만에 파리로 갈 수 있다고 했다. 그리 멀지 않은 곳에 두 역이 있어 여행객이 일반열차와 고속열차를 서로 갈아 탈 수 있도록 배려해 놓은 듯했다. 무거운 백팩의 무게를 의식할 여유도 없이 고속열차 역을 향해 전력으로 뛰었다. 기차 도착 시간을 10분 정도 남겨 놓은 시각에 역에 들어섰지만 매표소 앞은 표를 사려는 사람들로 긴 줄이 늘어서 있었다. 큰 소리로 사람들에게 지금 들어오는 기차를 타려는데 표를 살 시간이 부족하다고 말하니 선뜻 앞자리를 내어준다. 기차표를 들고 플랫폼 계단을 두 칸씩 뛰어 올라갈 때 테제베는 릴리 역 안으로 들어오고 있었다.

PART 04
스칸디나비아
SCANDINAVIA

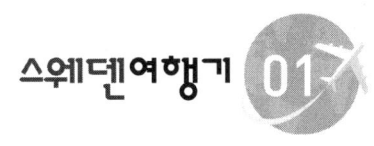

5달러인가, 5000만 달러인가?
-수학이 논쟁에 끼어들다: 잭슨 폴록의 그림과 프랙털

박수근과 폴록 작품의 위작 논란

화가 박수근(1914-1965)의 작품 '빨래터'는 2007년 7월, 45억 2천만 원이라는 당시 최고의 그림 가격으로 미술경매시장에서 거래되면서 세상을 놀라게 했다. 그러나 그해 12월 미술잡지 《아트레이드》가 창간호에서 〈대한민국 최고가 그림이 짝퉁?〉이라는 기사를 통해 이 그림에 대한 의혹을 제기하면서부터 논란은 시작되었다. 경매 회사는 의혹이 생기자 한국미술품감정협회에 감정을 의뢰했고 협회는 감정위원 20명의 감정 결과를 기준으로 빨래터를 진품으로 판정했다. 그러나 논란이 가라앉지 않고 이어지자 좀 더 전문적인 재료 감정에 나섰다. 그림에서 사용된 물감이나 캔버스에 대한 과학적인 감정을 서울대 기초과학공동기기연구원(정전가속기연구센터)과

■〈빨래터〉는 2007년 5월 서울옥션을 통해 국내 경매 사상 최고가인 45억 2천만 원에 거래됐으나 그해 12월 미술 전문 격주간지 《아트레이드》가 위작 의혹을 제기하면서 논란에 휩싸였다.

일본 도쿄예술대(보존수복유화연구실)에 요청해 역시 진품이라는 감정 결과를 얻었으나 논란을 잠재우진 못했고 결국 이 사건은 민사 소송으로 이어졌다. 재판부에서는 좀 더 확실한 감정을 위해 빨래터의 그림 일부를 직경 3mm 정도 크기로 두 곳을 떼어내는 파괴검사까지 시도했으나 이조차도 감정인에 따라 엇갈린 결과가 나왔다. 결국 2009년 11월 법원은 이 작품을 진품으로 판정하기는 했으나 위작 의혹 제기도 정당한 것으로 인정했다. 둘 모두 옳다는 기가 막힌 솔로몬의 판결로 이 사건은 막을 내렸다.

박수근의 빨래터와 비슷한 논쟁이 현재 미국 화랑가에서 벌어지고 있다. 미국의 현대화가 폴록(Jackson Pollock, 1912-1956)은 캔버스를 바닥에 놓은 채, 물감을 뿌리거나 붓거나 떨어뜨려가면서 추상적인 형태의 그림을 그렸다. 이런 그림의 특성 때문에 그가 살아 있을 때는 물론 사후에도 그의 독특한 방식을 흉내낸 많은 가짜 그림들이 그의 이름을 걸고 나타났다.

1990년대 미국 캘리포니아 샌버너디노(San Bernadino, CA)의 한 재활용 가게를 찾은 여자 트럭 운전사 호턴(Teri Horton)은 밝은 색깔의 큰 그림 하나를 발견하고는 5달러를 내어 이를 구입했다. 그는 우울증을 앓고 있는 친구에게 즐거운 느낌을 줄 수 있는 그림이라 생각하고 선물하려 했으나 정작 그녀의 친구 트레일러가 너무 작아 이 큰 그림을 걸어둘 수가 없었다. 그녀는 자신의 집에 보관하기도 어려운 이 그림을 다시 팔아 치우기 위해 야드 세일에 내어 놓았다. 이 그림은 마침 그곳을 지나던 한 미술 교사의 눈에 띄었다. 그녀는 이 그림에 사용된 화법이 폴록의 방식과 매우 유사함을 발견하고는, 이것이 폴록의 그림일지도 모른다고 주인에게 알려주었다.

■ 위작 논쟁이 있는 폴록 그림과 발견자 호턴(이를 소재로 한 다큐멘터리 포스터)(왼쪽), 폴록의 그림 No. 5, 1948(오른쪽)

호턴은 이 그림이 정말 폴록의 것인지 확인하기 위해 여러 전문가에게 감정을 의뢰했다.

빨래터의 위작 논란에서 본 것처럼 감정 결과는 감정가에 따라서 크게 좌우되기 마련이다. 화가의 서명, 출처에 대한 명확한 기록, 사용된 물감의 화학적 성분, 사용된 캔버스나 종이의 특성, 그림의 크기, 화가의 지문 등의 검사에 중점을 두고 이뤄지는 감정가들의 결론은 크게 엇갈렸다. 미국 뉴욕 메트로폴리탄 미술관 관장이었던 호빙(Thomas Hoving)은 폴록의 서명이 없고, 출처에 대한 기록도 없이 동네의 싸구려 재활용 가게에서 팔린 제품이 진짜일 수 없다고 주장한 반면, 그림에 남아있는 지문을 감식한 비로(Peter paul Biro)는 폴록의 화실에서 발견된 지문과 일치하는 지문을 그림에서 찾아냈기 때문에 진짜라고 주장했다.

이런 논쟁에 수학을 들고 끼어든 수학자가 있다. 테일러(Richard Taylor)는 이 논쟁에 대한 자신의 의견을 〈폴록 드립페인팅의 프랙털 분석〉이라는 제목의 논문으로 1999년 6월호 《네이처》에 발표했다. 논문에서 그는 180개의 폴록 작품 중에 17개를 골라서 연구한 결과, 각 작품에는 고유한 수학적 프랙털 특징이 존재한다는 사실과 프랙털 차원이 모두 일치한다는 사실을 알아냈다고 주장했다. 테일러의 주장은 스웨덴 수학자 코흐가 만들어낸 '눈송이 곡선'에 바탕을 두고 있는 것이다.

프랙털의 고향 스톡홀름

프랙털을 최초로 생각해낸 수학자 코흐(Niels von Koch, 1870-1924)의 고향 스웨덴 스톡홀름에 도착했다. 할아버지는 스웨덴 검찰총장, 아버지는 왕립기

■여왕의 왕궁(왼쪽)과 노벨 박물관(오른쪽)은 이웃해 있다. 모두 옛 도심(Old Town)과 가까운 곳이다.

마경비대 중령이었던 귀족 집안에서 태어나 어린 시절을 유복하게 보낸 코흐는 1887년 당시 새롭게 문을 연 스톡홀름 대학교에 입학했다. 그러나 이 학교가 학위를 수여할 권리를 갖고 있지 않다는 사실 때문에 이듬해 그는 웁살라 대학교에 재입학하여 1892년에 박사 학위를 받았다. 그 후 여러 학교를 거쳐 1911년 스톡홀름 대학교에 교수가 되어 돌아왔을 때는 이 학교도 학위 수여가 가능한 대학이 되어 있었다.

스톡홀름 시청을 벗어나 호숫가 같은 느낌의 바닷가를 따라 걷다보니 스웨덴 왕궁에 도착했다. 프랑스 수학자 데카르트를 그토록 아끼며 평생 후원해주고, 결국에는 자신의 나라로 초대해 그가 죽을 때까지 보살펴준 크리스티나 여왕이 살던 곳이다. 데카르트는 이곳에서 오래 살지는 못했다. 여왕에게 초대받은 이듬해 2월 프랑스에서는 경험해보지 못한 혹독한 겨울 추위로 폐렴에 걸려 이곳에서 삶을 마쳤다. 여러 개의 섬들이 이어져 있는 이 도시는 물의 도시 이탈리아의 베니스를 연상시킬 정도여서, 보통의 다른 도시에서는 버스로 이루어지는 시티투어가 이곳에서는 수상 보트로 이뤄지고 있었다. 감라스탄(Gamla Stan 옛 도시)의 바사 박물관으로 이어지는 해안가도 유람선과 관광용 수상보트로 덮여 있었다.

무심코 지나치다 다시 돌아와 살펴보니 보트 위에는 개도 한 마리 보이고 각종 가정용품들이 즐비하게 널려 있었다. 한참을 들여다보고 있는데 주인인 듯한 사내가 배에서 나와 물 호스를 땅 위의 기계 장치에 연결했다. 배에 물을 공급하는 듯하여 말을 걸어보니, 이곳은 시에 이용료를 지불하고 사는 자신들의 집이라 했다. 언제든지 바다가 보고 싶으면 엔진에 시동을 걸고 나가면 되고, 거친 파도가 싫으면 다시 돌아와 이곳에 정박하면 그만인 것이다. 멋진 삶이다!

코흐의 눈송이와 영국의 해안선 길이

코흐의 눈송이는 역사에 최초로 등장하는 프랙털 도형이다. 1904년 코흐가 〈접선을 가지지 않는 연속 곡선을 초등 기하에서 구성하는 방법〉이라는 논문을 발표하면서 프랙털이 시작됐다. 정삼각형에서 시작해 각 변을 삼등분해, 가운데 선분을 밑변으로 갖는 정삼각형을 덧붙여 가는 이 방법

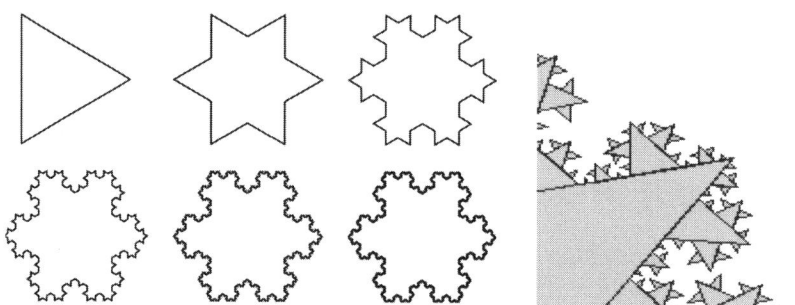

■코흐 눈송이 곡선은 정삼각형에서 시작해 끝없이 그 모양을 변화해 나가는 수학 최초의 프랙털이다.

을 계속하면 모든 점에서 구불구불한 도형(수학적으로는 접선을 가지지 않는 도형)을 만들 수 있다. 부분이 전체의 모습을 가지고 있는 이러한 도형을 현대 수학자들을 프랙털이라고 부른다.

도형 제작 원리는 아주 단순함에도 이 도형의 둘레의 길이는 무한대이며 1차원이 아니라는 결론에 이르면 프랙털의 매력은 좀 더 깊어진다. 실제로 코흐 눈송이의 둘레는 1.26차원(다각형의 둘레는 아무리 복잡해도 항상 1차원이다)이고, 넓이는 본래의 정삼각형의 1.6배다. 이후 1950년 이웃하는 나라의 수와 전쟁 횟수와의 관계를 연구하던 영국 수학자 리처드슨(Lewis Fry Richardson, 1881-1953)은 영국의 해안선을 관측하면서 코흐의 곡선과 유사함을 깨닫게 되었다. 측정에 사용하는 기준 막대의 길이가 짧아질수록 해안선의 길이는 커지면서 무한대로 가까워짐을 발견한 것이다. 그러나 아직 코흐 프랙털은 그다지 수학자들의 관심을 끌지 못하고 있었다.

현대수학자들이 사랑하는 프랙털 기하

1967년 미국의 수학자 망델브로(Benoit Manelbrot, 1924-2010)가 《사이언스지》에 〈영국 해안선의 길이는 얼마인가?〉라는 논문을 게재함으로써 새로운 현대 기하학 프랙털에 대한 연구가 본격적으로 시작되었다. 공식적인 연구가 시작된 지는 얼마 되지 않았으나 이미 많은 사람들이 그 특성을 연구해 두었기에 이 기하학은 급속도로 주류 기하학에 편입되었다. 프랙털은 자기 자신을 복제하는 특성을 갖기 때문에 프랙털 도형의 부분은 전체와 매우 유사하다. 마치 생물학에서 한 세포의 DNA만으로도 이 세포의 주인을 알아낼 수 있듯이, 프랙털에서도 도형의 작은 일부분을 확대해보면 전체를

■ 영국 해안선의 길이는 측정에 사용하는 막대의 길이가 짧아질수록 커진다.

그대로 알아낼 수 있는 것이다. 가장 잘 알려진 프랙털 도형은 코흐의 눈송이 곡선과 시에르핀스키 삼각형이다.

 망델브로는 위의 두 프랙털을 구분할 수 있는 방법이 필요했다. 비록 같은 원리로 만들어지긴 했지만 코흐의 눈송이는 직선에서 출발한 것이고 시에르핀스키 삼각형은 평면도형에서 출발한 것이니 두 도형은 수학적으로 명백하게 다른 것이다. 구분해줄 장치로 결국 그가 생각해낸 방법은 차원을 계산하는 것이다. 이해를 돕기 위해 차원에 대한 쉬운 예부터 살펴보자. 직선 위의 점은 적당히 좌표계를 정하면 하나의 실수 x로 표시된다.

■코흐 눈송이 곡선과 시에르핀스키 삼각형

또 평면 위의 점은 적당한 좌표계를 취하면 두 개의 실수의 쌍 (x, y)로 표시되고 공간의 점은 적당한 좌표계를 취하면 세 개의 실수의 짝 (x, y, z)로 표시된다. 이런 의미에서 직선은 1차원, 평면은 2차원, 공간은 3차원이라고 한다. 이와 같은 방법으로 우리는 자연스럽게 3차원을 넘어 4차원, 5차원, $\cdots$, n차원을 상상할 수 있다. 순수 수학적으로는 그저 n차원 공간에 있는 점은 n개의 실수의 쌍 $(x_1, x_2, x_3, \cdots, x_n)$으로 표시되어야 한다. 점은 위치만 있고 크기가 없기 때문에 수학에서는 0차원으로 정의한다. 지금까지 말한 차원을 살펴보면 차원은 0, 1, 2, 3, 4, $\cdots$, n과 같이 모두 0 이상인 정수이다. 망델브로는 이런 차원을 그대로 유지하면서 프랙털에서도 의미 있는 차원 D를 다음과 같이 정의했다.

도형의 한 모서리를 m등분한 후, 다음 단계에서 N개의 닮은 도형을 택하여 사용하면 그 도형의 차원 d는

$$d = \frac{\log N}{\log m}$$

이다. 이 방법으로 코흐의 눈송이 곡선과 시에르핀스키 삼각형의 차원을 계산해보면 각각 1.26차원, 1.58차원이 된다. 차원 계산에 도전해보고 싶은 독자를 위해 가장 간단한 칸토어 프랙털의 차원 계산 과정을 참고로 제시한다.

> 길이가 1인 직선의 구간을 3등분한 후, 가운데 조각을 제거한 후 남은 조각에 대해서도 위 방법을 반복하면 칸토어 집합이 생긴다.
>
>
>
> 이제 칸토어 집합의 차원을 구해보자.
>
> 각 단계에서 3등분(1/3로 축소)되므로 m = 3이다.
> 하나의 선분에서 다음 단계의 선분의 개수는 2개이므로 N = 2이다.
> 따라서 위의 식에 대입하면 d = log N/log m = log2/log3 = 0.63
> **즉 0.63 차원이 된다.**

■테일러는 이 프랙털 차원을 계산해보면 폴록의 그림들은 모두 같은 차원을 가지는 대신, 위작들의 차원은 모두 달리 계산된다고 설명했다.

새로운 폴록의 작품이 또 발견되다

논쟁이 아직 해결되지 않고 뜨거울 때 다시 폴록의 작품이라고 주장하는 새로운 그림이 32개나 무더기로 발견되었다. 2003년 매터(Alex Matter)는 폴록과 절친했던 자신의 아버지의 창고를 정리하던 중에 갈색 종이로 포장되어 있는 32개의 그림 위에 '폴록의 실험작'이라는 메모가 붙어 있는 것을 발견했다. 이 작품들 역시 곧바로 위작 논란에 휩싸였다. 검증에 참여

■상자 세기(box counting) 알고리즘은 그림을 같은 크기의 정사각형으로 나눈 다음 같은 색이 칠해진, 정사각형의 개수를 센 후, 전체에서 차지하는 비율을 계산하는 방법이다. 정사각형의 크기를 줄여감으로써 좀 더 정확하게 그 비율은 계산할 수 있다. 이렇게 수집한 자료를 x, y좌표가 로그로 되어 있는 좌표평면에 나타내면 프랙털 차원이다.

했던 케이스 웨스턴 리저브 대학교(Case Western Reserve Uni.)의 연구팀은 진짜로 판정했으나, 하버드 대학교 연구팀은 물감과 바인더가 폴록 당시에 사용되던 것이 아니라는 이유로 가짜로 판명했다. 이에 폴록의 작품을 총괄하는 폴록크라스너(Pollock-Krasner) 재단에서는 테일러의 프랙털 연구법으로 새로 발견된 작품의 진위를 판가름해 보도록 의뢰했다.

테일러는 이 작품 중에서 6개를 골라 논문에 실린 그의 방법으로 프랙털의 특성과 차원을 분석했고, 그 결과 이 그림들은 폴록의 프랙털 특성을 가지고 있지 않다는 부정 의견 논문을 2004년 다시 《네이처》와 《타임》지에 발표했다. 테일러가 사용한 방법은 프랙털 차원의 다른 표현, 상자 세기(box counting) 알고리즘이다. 구체적으로 이 방법을 살펴보면 그림을 같은 크기의 정사각형으로 나눈 다음 같은 색이 칠해진 정사각형의 개수를 센 후,

전체에서 차지하는 비율을 계산하는 방법이다. 정사각형의 크기를 줄여감으로써 좀 더 정확하게 그 비율을 계산할 수 있다. 이렇게 수집한 자료를 x, y좌표가 로그로 되어 있는 좌표평면에 나타내면 마치 한 직선처럼 기울기를 갖게 되는데, 이것이 프랙털 차원으로 폴록 그림만의 특징을 찾아낼 수 있다고 주장했다. 이로써 모든 논쟁이 종결되는 듯했다. 전통적인 감정법에 새로운 수학적 기법까지 동원된 감정 결과를 부정할 만한 증거가 없는 한 더 이상의 논쟁은 무의미해 보였다.

그러나 항상 반전이 있는 법이다. 그렇게 굳건해 보였던 수학적 결론에 대한 새로운 도전이 생겼다. 2006년 네이처에 실린 또 다른 논문이 테일러 결론을 부정하고 나선 것이다. 존 스미스(John Smith)는 몇 개의 어린애 그림 같은 것을 그려 놓고, 이 그림들이 테일러가 주장하는 폴록의 그림에서 발견할 수 있는 프랙털의 특성을 가짐을 보였다. 이 그림은 테일러의 검증

■테일러의 방법에 의하면 폴록의 작품으로 판정받을 수 있는 그림

방식에 의하면 폴록의 작품이라는 결론에 이르게 된다는 것이다.

논쟁이 시작될 당시에 대학원을 막 졸업한 스미스는 처음에는 테일러 방식이 확실하다는 믿음에서 이 논리를 배우기 위해 그의 논문을 읽기 시작했다고 한 인터뷰에서 말한 적이 있다. 그런데 뭔가 미심쩍었다. 검증을 위해 스미스는 몇몇 지역 화가들에게 폴록 스타일과 크기를 흉내 낸 드립 방식으로 그림을 그려보라고 했다. 이 중 비슷해 보이는 두 개의 그림과 진짜 폴록의 그림 세 개에 대해 프랙털 분석을 시도했다. 결과는 흉내 낸 두 개의 그림은 진품으로 판정되었으나 오히려 진품 중에서는 오직 한 개만이 이 분석을 통과했다. 그녀는 다음과 같은 결론을 내렸다.

> "프랙털 분석 방법은 그림의 진위 판정에는 사용될 수 없다. 테일러의 연구 동기는 훌륭했지만 치밀한 분석과 논쟁을 이겨내지는 못했다. 과학을 실생활에 적용할 때는 매우 엄격하게 주의해야 하며, 발생할 수 있는 에러도 염두에 두어야 한다."

흥미로운 것은 스미스가 프랙털을 이용할 수 없는 이유를 제시한 연구가 새롭게 수학적 프랙털을 확인할 수 있는 방법으로 개발되었다는 사실이다. 이렇게 단순한 흥미로 시작된 수학이 새로운 분야를 이룬 예는 아주 많이 있다.

아직도 논쟁은 계속되고 있다. 호턴이 보관하고 있는 그림에서 발견된 지문에 의심을 제기했던 한 미술평론가는 법원에 명예훼손 혐의로 고발되었고, 이 그림에 대한 다큐멘터리 영화가 제작되기도 했으며, TV의 각종 토크쇼에서도 이 문제를 흥미 있게 다루고 있다. 사우디아라비아의 한 부호가 이 작품을 9만 달러에 구입할 것을 제안했으나 호턴은 5000만 달러 이하로는 팔 생각이 없다는 이유로 단호하게 그 제안을 거절한 후, 캐나다 토론토의 한 갤러리에 5000만 달러라는 가격표를 붙여 전시하기도 했다.

테일러와 스미스의 프랙털 논쟁도 계속되고 있다. 2008년 3월에 테일러는 반박문을 발표했으나, 곧바로 스미스는 그 반박문을 조목조목 재반박했다. 위작 논쟁이 결론나지 않았음에도 최근 멕시코의 한 부호에게 그림이 팔렸다는 소문이 돌았으나 확실한 기록이 발견되지는 않는다.

생명의 비밀 프랙털

모든 생명은 효율적으로 그 삶을 유지하고 번성시킬 수 있는 능력을 갖추고 있어야 한다. 두뇌는 생명 전체를 통제할 수 있도록 진화하면서 기능과 생각의 깊이를 더하기 위해 뇌 표면의 더 많은 주름이 필요해졌다. 폐는 산소의 원활한 공급을 위해 외부 공기와의 많은 접촉면이 필요하며, 뼈는 생명의 무게를 지탱할 수 있을 정도로 단단해야 하지만 움직이는 데 방해가 되지 않을 정도로 가벼워야 한다. 또, 혈관으로 구성된 생명의 순환기 계통은 신체 구석구석까지 새로운 피를 보낼 수 있어야 하면서도 심장에서 지나치게 멀리 떨어져 있지 않아야 한다. 심장의 펌프질 한 번만으로도 충분히 새로운 피를 신체 모든 곳에 순식간에 보낼 수 있어야 하기 때문이다. 이러한 조건들은 반드시 한정된 공간에서 갖춰져야 하기 때문에 프랙털 기하에서 그 해결점을 찾을 수 있다.

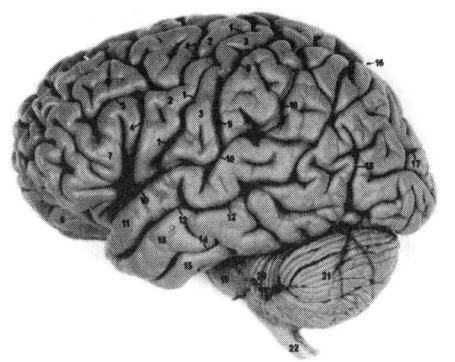
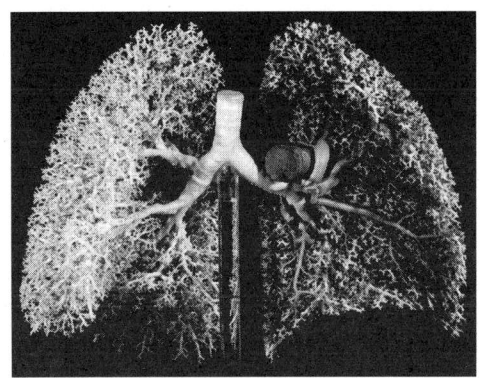

■두뇌는 기능과 생각의 깊이를 더하기 위해 뇌 표면의 더 많은 주름이 필요하고, 폐는 산소의 원활한 공급을 위해 외부 공기와의 많은 접촉면이 필요하다

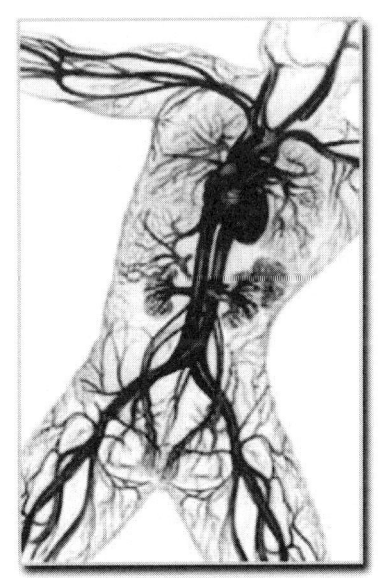

■혈관으로 구성된 생명의 순환기 계통은 신체 구석구석까지 새로운 피를 보낼 수 있어야 하면서도 심장에서 지나치게 멀리 떨어져 있지 않아야 한다.

생명 진화의 원동력인 효율성은 한정된 영역에서 무한한 기능을 가능하게 하는 프랙털의 유용성에서 온다고 할 수 있다. 프랙털은 한정된(유한) 넓이를 가지는 무한한 길이의 곡선을 만들 수 있는 것처럼, 한정된 부피를 가지면서도 무한한 넓이를 가지는 표면을 만들어 낼 수 있다. 최근 미국 워싱턴 대학교 의대 연구팀이 테일러의 상자 세기 알고리즘을 이용하여 뼈 중심부의 스펀지 형태를 조사한 결과 그 프랙털 차원이 1.84임을 증명해 내는 성과를 올린 것처럼 생명의 프랙털에

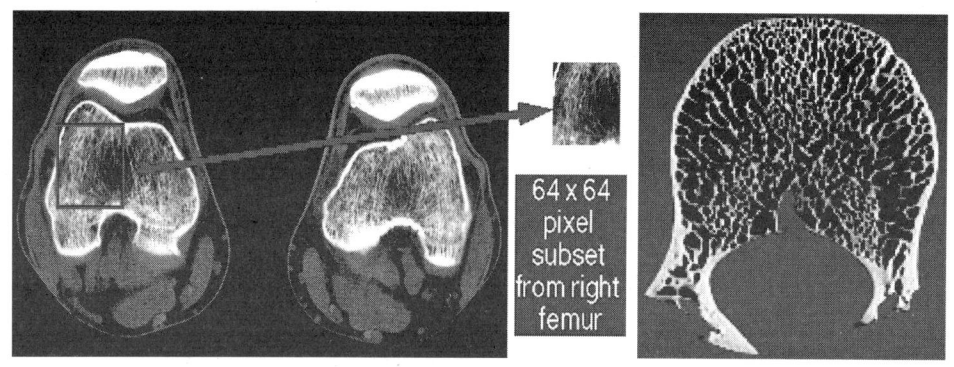

■ 워싱턴 대학교 의대 연구팀은 테일러의 상자 세기 알고리즘을 이용하여 뼈 중심부의 스펀지 형태를 조사한 결과 그 프랙털 차원이 1.84임을 증명했다.

대한 연구가 활발하게 진행 중이다.

유레일패스는 일등석, 호스텔은 이등석

스톡홀름에서 기차로 2시간 가량 떨어진 곳에 웁살라가 있다. 크리스티나 여왕이 스톡홀름으로 수도를 옮기기 전까지는 스웨덴의 수도였던 이곳은 아직도 옛 위엄을 잃지 않고 있었다.

성당 바로 위쪽에 스웨덴 생물학자 린네와 수학자 코흐가 공부했던 웁살라 대학교가 있었다. 1477년에 창설된 이래로 린네 등 노벨상 수상자가 6명이 넘게 나오는 등 학술적 업적으로 유명하다.

웁살라에서 기차를 타고 다시 스톡홀름으로 돌아오는 길에 차표 검사가 있었다. 스페인에서 잃어버린 유레일패스를 다시 구입한 후 처음으로 사용하는 날이라 모든 것이 낯설고 어설펐다. 기차 자유 이용권인 유레일패스를 가지고 있더라도 좌석을 지정받기 위해는 반드시 예약을 해야 한다.

■1477년에 창설된 이래로 린네 등 노벨상 수상자가 6명이 넘게 나오는 등 학술적 업적으로 유명한 웁살라 대학교

유레일패스는 기차를 기간 동안 마음껏 이용할 자격을 주는 것일 뿐 좌석을 지정해주지는 않기 때문이다. 그런데 좌석 예약에는 예약비를 따로 지불해야 하므로 이 비용을 절약하기 위해 종종 예약을 하지 않고 기차에 타기도 했다. 차장이 내 앞에서 한농안 떠나지 않고 패스를 이리저리 자세히 살펴보기 시작하니 내 마음은 더욱 불안해졌다. 유럽 기차는 규칙을 어기면 엄청난 벌금이 있다던데…. 마침내 차장이 입을 열었다.

"당신의 패스로는 1등석을 이용할 수 있습니다. 그곳에는 간단한 스낵도 있으며 신문과 잡지도 즐길 수 있습니다."

짐을 짊어지고 1등 칸으로 이동했다. 각 좌석에는 독립된 테이블이 있고 노트북을 이용할 수 있는 전원도 있었다. 심지어 한쪽 구석에는 가족들을 위한 칸막이 공간도 있었으며 스낵 이외에도 커피와 차 같은 음료도 준비

■1등석 기차 좌석에는 접는 탁자와 컴퓨터용 전원이 준비되어 있었다(왼쪽). 웁살라의 자랑인 식물원 (오른쪽).

되어 있었다. 1등석에 앉아 있으니 좀 전의 차장이 다시 다가와 와이파이 사용권 3매를 주며 씽긋 웃고 지나갔다. 나는 우선 스낵을 몇 봉 집어 배낭에 챙겨 넣은 후 느긋하게 커피 한 잔과 인터넷을 즐겼다. 이날부터 시작된 기차 여행은 여행이 끝날 때까지 나에게 무한한 행복감을 가져다주었다. 2등석은 항상 만원이어도 1등석은 텅텅 비어 있는 경우가 대부분인 이유는 유럽사람들조차 이용하기 부담스러운 가격 때문일 것이다. 성인용 유레일패스는 1등석을 이용할 수 있다는 설명을 안내서에서 읽었지만 무엇인가 자신이 없었던 나는 친절한 차장의 설명이 없었다면 계속 2등석을 이용했을지도 모른다. 이날 이후로 여행이 끝날 때까지 한 번을 제외하고는 줄곧 1등석을 이용했다. 유레일패스는 외국인에게만 팔며 26세 이상은 반드시 1등석패스를 사야만 한다. 다행히도 각종 할인으로 2등석과의 가격 차이가 그리 크지는 않았다.

숙박비를 절약하기 위해 나는 가끔 2등 숙소 호스텔에서 묵었다. 호스텔

■웁살라 시내를 가로지르는 냇물 위의 다리(왼쪽)와 수상가옥처럼 사용하는 요트(오른쪽)

은 한 방을 빌리는 호텔과는 달리 한 침대를 빌리는 제도이므로 가격은 매우 저렴하다. 또 하나의 장점은 부엌을 사용할 수 있다는 점이다. 여행 중 식비를 절약하는 것도 매우 중요하므로 부엌이 있는 호스텔에서는 밥이나 스파게티를 조리해 먹을 수 있어 좋다. 다른 사람들과 같이 방을 사용하니 밤에 일찍 잠들지 않으면 여러 사람들의 코고는 소리나 방문 여닫는 소리에 숙면을 방해받는 불편한 점은 있으나, 매일 걷기에 지친 나는 여행이 끝날 때까지 항상 침대에 눕자마자 잠이 들어버려 조금도 불편함을 느낄 수 없었다. 유럽의 모든 호스텔은 세계 각국에서 온 젊은이들로 항상 붐볐다. 미리 예약을 하지 않으면 도저히 침대를 구하기 어려울 정도였다. 스톡홀름에서 마지막 밤을 보내고 다음날 일찍 덴마크의 국경을 넘으려 이른 잠을 청해 깊게 잠들어 있는데 갑자기 주위가 소란해 눈을 떴다. 우리를 깨운 호스텔 매니저는 마치 출석을 부르듯이 한 사람씩 명단을 확인했다. 그러자 갑자기 내 침대 맞은편에서 잠을 자던 두 명의 젊은 남녀가 자신들의 배낭을 주섬주섬 주워 담으며 연신 미안하다고 했다. 한참이

지난 후에야 나는 상황을 이해할 수 있었다. 예약 없이 무단으로 들어와서 빈 침대에서 자고 있었던 두 사람을 밤늦게 도착한 예약자가 발견하고 매니저에게 신고했던 것이다. 호스텔은 이랬다. 드는 사람, 나는 사람이 누구인지도 모를 만큼 많은 사람들이 왕래를 하고 하룻밤만 묵으면 다시 뿔뿔이 흩어지는 나그네들의 주막이었다.

핀란드, 스웨덴여행기 02

노르딕 국가의 수학
-노벨상과 아벨상의 나라

수학을 잘하는 나라, 한국과 핀란드

2005년 가을, 세계 수학교육에 가장 영향력 있는 단체 NCTM(미국수학교사협의회)을 조지타운 대학교 샌드퍼(Jamoc Sandefur) 교수와 함께 방문할 기획가 있었다. 익히 NCTM의 명성을 들어온 나로서는 그들이 선도적으로 제시하는 새로운 수학교육과정에 대한 배경과 선진적인 수학교육의 방향에 대해 배울 수 있는 기회라는 생각에 방문 며칠 전부터 기분 좋은 흥분상태로 들떠 있었다. 샌드퍼 교수의 사전 연락으로 우리 방문을 기다리고 있던 사무총장은 직접 건물의 구석구석을 안내해 주면서 당시 열리고 있던 각종 회의의 목적들도 설명해주었다. 더불어 미국이 최근에 얼마나 학생들의 수학실력 향상에 노력하는가도 설명하면서 다음과 같은 말을 덧붙였다.

"한국과 싱가포르 학생들이 왜 수학을 잘하는지 그 원인을 연구해 달라고 미국 정부에서 요청하고 있다."

우리가 선진국이라 부러워하고, 항상 모범으로 삼아 닮으려 노력해 왔던 미국이 오히려 한국을 보고 배우려 한다는 이 한마디에 나는 어떻게 응답을 해야 할지 몰라 망설였다. 그 후 5년의 세월이 흐른 2010년 1월에 NCTM을 다시 찾은 나는 '한국에 대한 동경심'이 이제는 거의 모든 지식

• PISA 2009 OECD 국가의 영역별 비교

읽기			수학			과학		
국가명	평균	OECD 국가순위	국가명	평균	OECD 국가순위	국가명	평균	OECD 국가순위
대한민국	539	1~2	대한민국	546	1~2	핀란드	554	1
핀란드	536	1~2	핀란드	541	1~3	일본	539	2~3
캐나다	524	3~4	스위스	534	2~4	대한민국	538	2~4
뉴질랜드	521	3~5	일본	529	3~6	뉴질랜드	532	3~6
일본	520	3~6	캐나다	527	4~6	캐나다	529	4~7
호주	515	5~7	네덜란드	526	3~7	에스토니아	528	4~8
네덜란드	508	5~13	뉴질랜드	519	6~8	호주	527	4~8
벨기에	506	7~10	벨기에	515	7~11	네덜란드	522	4~11
노르웨이	503	7~14	호주	514	7~11	독일	520	7~10
에스토니아	501	8~17	독일	513	8~12	스위스	517	8~12
스위스	501	8~17	에스토니아	512	8~11	영국	514	9~13
폴란드	500	8~17	아이슬란드	507	11~13	슬로베니아	512	10~13
아이슬란드	500	9~16	덴마크	503	12~16	폴란드	508	12~16
미국	500	8~20	슬로베니아	501	13~15	아일랜드	508	11~17
스웨덴	497	10~21	노르웨이	498	13~20	벨기에	507	12~17
독일	497	11~21	프랑스	497	13~22	헝가리	508	13~21
OECD 평균	493		OECD 평균	496		OECD 평균	501	

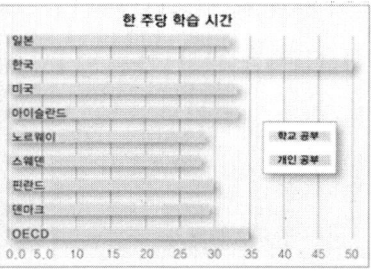

인에게 상식으로 받아들여지고 있다는 사실에 다시 한 번 놀랐다. 당시 미국 대통령 오바마의 거듭되는 한국 교육에 대한 칭찬도 이런 경외심의 증폭에 한몫을 한 듯했다. 수학교육에 대한 다른 나라의 이런 칭찬을 받으면서도 나는 선뜻 자랑스럽게 우리나라만의 차별화된 수학교육방법을 말하기 어려웠다. 한국 학생들이 정말로 수학을 잘하는 것인가? 만일 그렇다면 한국 학생들은 왜 수학을 잘하는 것인가?

가장 신뢰할 만한 국제적인 학력 비교는 피사(PISA)라고 불리는 '국제 학업 성취도 평가시험'이다. 이 시험은 경제협력개발기구(OECD) 회원국을 대상으로 시작되었으나 2003년 부터는 비회원국까지 대상을 넓혀 중요 41개국이 참가하는 국제적인 학력비교 척도가 되었다. 2009년 12월에 발표된 결과에서 한국은 수학 1위(종합 성적도 1위)를 기록했을 뿐만 아니라 더욱 고무적인 것은 학생들 간에 편차가 다른 나라에 비해 작아서 한국학생 전체가 골고루 수학을 잘하고 있다는 것이다. 이 정도면 다른 나라가 한국을 부러워할 만하기도 하려니와 우리로서도 아주 자랑스러운 일임에 분명하다. 한국에서 교육을 받다가 외국으로 이민 간 학생들 대부분은 언어 때문에 고통을 겪지만 수학 때문에 학업을 계속할 수 있고 선생님의 관심도

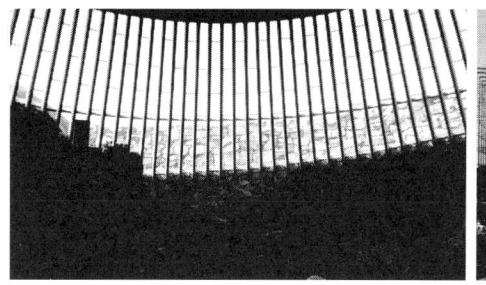 

■바위를 이용해 천장에서 햇살이 쏟아지도록 설계된 교회(왼쪽)와 헬싱키 현대 미술관(오른쪽)은 시내 중심가 대표적 랜드마크이다.

더 끌고 있는 것이 보통이다. 한국에서 보통 수준의 수학 성적을 기록하는 학생도 미국에서는 학급에서 최상위 수준의 실력을 보여 수학 천재로 대접받는 일이 드물지 않게 벌어진다.

그런데도 이런 결과를 마냥 자랑스럽게 내놓을 수 없는 이유는 학생들의 수학에 대한 불안감이 높고 효율성, 흥미, 학습 동기 등이 아주 낮기 때문이다. 매년 평가에서 1, 2위를 기록하긴 하지만 투자된 시간대비 결과라는 학업 효율성면에선 아주 낮은 24위를 기록했고 수학 혐오도는 거의 최악 수준이다. 단정적으로 말하면 외국에 비해 엄청난 시간을 투자해 공부하는 이유로 수학 성적은 좋지만 수학에 대한 자신감이 없어 스스로 수학을 못한다고 여기는 것이다.

PISA에서 한국과 비슷한 성적을 올리는 나라가 핀란드다. 그런데 이 나라는 주당 학습시간이 한국의 반 정도로, 학습효율이 월등하게 높으며, 학생들의 수학에 대한 태도, 흥미와 자신감도 상위에 속한다. 이 때문에 많은 나라의 교육관계자들이 핀란드를 찾아서 그들의 수학교육 시스템을 배우고 연구하여 자국에 적용하려 노력한다.

스톡홀름을 떠나 핀란드로

스웨덴 스톡홀름에서 핀란드로 가는 방법으로 배를 예약해 두었으나 출발 전날 예약 사항을 확인하러 들른 터미널에서 문제가 생겼다. 내 이름이 예약자 명단에 들어 있지 않다는 것이다. 담당자가 몇 번을 체크하는 동안 내 뒤로는 수많은 사람들이 길게 줄을 서서 기다리고 있었다. 스페인에서 잃어버린 e-티켓 외에는 증명할 방법이 없었다. 휴가철인데도 그나마 아직 표가 남아 있는 것을 위안으로 삼고, 다시 돈을 지불하고 새로운 표를 샀다.

북극에 가까운 발틱해의 바다색은 아드리아나 에게해의 색과는 다르게 아주 짙고 어두웠다. 파란색보다는 차라리 검은색이라고 말하고 싶을 정도였다. 애드가 앨런 포의 한 단편 소설에서처럼 북극에 가까워지면 상상 속의 새로운 세상이 있을 것만 같았다. 배는 아주 깊은 동굴 속의 괴물을 찾아가는 고대 영웅의 긴 항해처럼 어둡고 거친 바다 물결을 가르며 힘차게 나아가고 있었다.

■언덕 위에 자리 잡고 있는 하얀 헬싱키 성당(왼쪽)은 시내 모든 곳에서 바라다볼 수 있다. 성당 옆에는 헬싱키 대학교(오른쪽)가 오랜 전통의 위용을 자랑하고 있다.

조용하던 대형 유람선 안이 갑자기 술렁이더니 휴게실 TV 앞으로 사람들이 모여들기 시작했다. TV에서는 노르웨이에서 일어난 테러 사건을 생중계를 하고 있었다. 노르웨이 수도 오슬로의 정부청사 앞에서 폭탄 테러가 발생했고, 이어서 인근의 휴양지인 한 섬에서 총기 난사 사건이 일어난 것이다. 본래의 여행 계획대로라면 나는 사건 당일 현장에 있었을지도 모르는 일이었다. '모두에게 해로운 바람은 없다'는 영어 속담처럼, 스페인의 가방 도난 사건이 노르웨이에 갈려는 나의 여행 계획을 바꾸게 했고, 어쩌면 당일 그곳에 내가 없을 수 있게 해준 것은 아닐까? 진한 먹구름에 가렸던 해가 갑자기 모습을 드러내며 발틱해를 환하게 비춘다. 어제부터는 비가 그치고 가끔은 해가 보여 따뜻해졌다.

저녁 10시가 되어도 주위는 어둑어둑할 뿐 아주 깜깜해지지는 않았다. 하지 무렵에는 백야 현상이 나타나는 곳이니 특별히 이상할 것 없지만 여행자에게는 모든 게 낯설고 신기하게 느껴진다. 아름답고 깨끗하며 조용한 헬싱키는 한 나라의 수도라고는 생각할 수 없을 정도로 중심 상가와 공원을 제외하고는 인적이 드물고 차분했다. 언덕 위에 있는 이 도시의 상징 건물, 헬싱키 성당에 오르면 도시 전체와 앞바다가 한눈에 들어오는 그런 곳이다.

한 손에 지도를 다른 한 손에 카메라를 든 여행객 행색으로 길거리를 걷다보니 한 핀란드인이 다가와 어디를 찾느냐고 물으며 도움을 자청했다. 그는 반드시 가보아야 할 곳 중 하나로 바닷가 카페를 추천해 주었다. 멋쟁이 헬싱키 사람들이 조용한 여름 오후 한때를 즐기려고 일부러 찾는다는 이 카페는 100년이 넘는 시간 동안 한자리를 지켜오면서 이곳 사람들

■ 핀란드 출신 유명작곡가 시벨리우스의 기념탑이 세워져 있는 헬싱키의 공원(왼쪽). 공원에서 멀지 않은 곳에는 100년이 넘은 작은 카페가 호수와 같은 바다를 바라보고 있었다(오른쪽).

의 많은 이야기를 담아둔 곳처럼 보였다. 소박하다는 느낌을 넘어 조그마하다는 생각이 드는 실내보다는 야외 테이블에 나와 앉으면 호수 같은 바다를 조망할 수 있는 아름다운 곳이다. 카페에 앉아 마신 한 잔의 차 향기는 여행 내내 핀란드의 냄새로 남아 내 코끝을 간지럽혔다. 흐트러진 마음으로 한참을 머물다 다시 탐방객의 자세를 가다듬고 일어서 조금 걸으니 헬싱키 공원이 나타났다. 공원에 있는 핀란드의 자부심, 작곡가 시벨리우스(Sibeliuksen Puisto)의 기념탑도 빠뜨릴 수 없는 장소였다.

스웨덴과 노르웨이의 자존심, 노벨상과 아벨상

민족을 역사, 문화, 언어의 공동체라고 규정한다면 스칸디나비아 반도의 두 나라 노르웨이, 스웨덴에 더해 덴마크는 각자의 언어로 서로 의사소통이 가능하고 중첩된 역사도 있을 정도이므로 이들 사이에는 동일민족에 가까운 유대감이 있을 것으로 짐작된다. 1905년 노르웨이가 스웨덴으로부터 독립하기 전 제정된 노벨상이 평화상은 노르웨이 나머지는 스웨덴에서 각각 분리되어 수여식을 갖는 것도 이런 배경 때문이다. 노벨상은 '인류의 복지에 가장 구체적으로 공헌한 사람'에게 수여하라는 노벨의 유언에 따

■ 노벨상을 만든 노벨(왼쪽)과 1994년 이 상을 수상한 수학자 내쉬(오른쪽)

라 20세기의 첫 해인 1901년부터 매년 물리, 화학, 의학, 문학, 평화의 다섯 부문 수상자가 배출되다 1969년에 이르러서는 경제 분야를 추가하여 여섯 분야의 수상자가 매년 배출된다.

수학에는 노벨상이 없다. 그래도 수학자는 노벨상을 받는다. '러셀의 패러독스'로 잘 알려진 영국의 수학자 러셀(Bertrand Russell, 1872-1970)은 노벨 문학상을 받았고, 영화 '뷰티풀 마인드'의 실제 주인공인 미국의 수학자 내쉬*(John Nash, 1928-2015)는 노벨 경제학상을 받았다. 한 통계에 의하면 현재까지 수학자가 받은 노벨상은 모두 26개로 이를 분야별로 나누면 물리 20, 문학 1(러셀), 경제학 5(틴베르겐, 칸토로비치, 셀튼, 내쉬, 섀플리)이다. 수학에 노벨상이 없는 이유에 대해는 여러 설명이 있지만 확실한 것은 없다. 이를 아쉬워한 많은 사람들은 노벨상에 버금가는 상을 만들려고 애를 썼다. 특히 노르웨

---

* 내쉬는 수학 외에는 다른 분야에 관심을 가진 적이 없었다. 그는 자신의 수학 연구가 경제학 발전에 쓰일 것이라고는 생각해 본 적이 없었으므로 1994년 노벨 경제학상을 받는 순간까지도 이 상의 수상 이유를 잘 알지 못했다고 한다.

이는 국가적 자존심을 걸고 수학 분야에서 노벨상에 필적할 만한 상을 만들려 오랫동안 노력해 왔는데, 이 상이 아벨상이다. 이 나라는 세계적인 수학자 아벨(Niels Abel, 1802-1829)의 고향이기도 하다.

살아서는 인정 받지 못한 천재 수학자 아벨

노르웨이 천재 수학자 아벨은 18세에

'오차 이상의 방정식은 일반적인 근의 공식이 없음'

을 증명했다. 이차 방정식의 근의 공식이 존재하듯이 3, 4차 방정식의 근의 공식도 존재한다. 그러나 5차 방정식의 근의 공식은 수백 년 동안 수학자들의 노력에도 불구하고 아무도 찾아낼 수가 없었다. 고등학생 아벨도 수학 역사 속에 잊혀져간 많은 수학자들처럼 미해결의 5차 방정식 근의 공식을 찾아 나섰고, 마침내 이런 노력이 결실을 맺어 공식을 찾은 것처럼 보였다. 결과를 접한 아벨의 수학선생님은 명성 있는 수학자에게 풀이 과정을 검토해달라고 부탁을 했고, 여러 오류가 발견되어 이 증명은 잘못된 것임을 알게 되었다. 발견된 이 오류들을 재검토하는 과정에서 아벨은 자신의 증명에 큰 실수가 있음을 인정하고, 정반대의 결과 곧, 5차 방정식은 근의 공식이 존재할 수 없다는 사실을 증명할 수 있게 된다.

수학자들을 그토록 오랫동안 궁지로 몰아넣던 문제를 해결한 자신의 결과를 널리 알리고 싶었던 아벨은 이 논문을 자비로 출판하여 당대 최고의 수학자들에게 자신있게 보냈지만 아무도 반응을 보이지 않았다. 당대 최고의 수학자 가우스조차 10대 소년이 보내 온 논문을 제대로 읽지도 않았다.

응답이 없는 이유를 자신의 수학 지식 부족 탓으로 돌리고, 아벨은 더 큰 경험을 쌓기 위해 독일과 프랑스를 차례로 찾는다. 파리에 머무는 동안 그는 초월함수에 대한 또 다른 연구 결과(아벨의 정리)를 프랑스 과학아카데미에 제출했으나 심사위원으로 위촉된 르장드르와 코시뿐 아니라 그의 원고를 제대로 읽어 주는 수학자는 이번에도 없었다. 74세의 르장드르는 나쁜 시력 때문에 아벨 논문이 읽기 불편하여 새롭게 잘 정리된 원고가 필요하다며 결론을 미뤘고, 코시는 아예 논문을 잃어버렸다고 했다.

모든 일에는 운이 따르는 모양이다. 가난과 싸워가며 만든 두 번째 논문마저도 인정받지 못한 아벨은 서서히 병이 들어갔다. 영양실조에 의한 폐렴이었다. 병이 깊어졌을 때가 되어서야 그의 수학 실력이 세상에 점차 알려지기 시작하여 베를린 대학에서 그를 교수로 초빙하기로 결정했지만 이미 모든 것이 늦었다. 그는 초청장을 받지 못한 채 26세의 짧은 삶을 마쳤다. 없어진 그의 논문이 세상에 다시 나타난 것은 그가 죽고 나서 1년 후의 일이다. 아벨의 죽음을 안타깝게 여긴 독일 수학자 야코비(Carl Jacobi)가 프랑스 과학아카데미에 편지를 보내 그의 논문을 찾아 줄 것을 부탁한 데다, 이 문제에 노르웨이 영사가 적극 개입하면서 두 나라 사이의 외교문제로 확대될 지경에 이르자 아카데미는 코시에게 압력을 가해 원고를 찾아내게 했다. 프랑스 과학아카데미는 뒤늦게 찾아낸 논문의 성과를 인정해 야코비와 아벨을 공동 수상자로 수학 대상을 수여하기로 결정했다.

아벨상이 최초로 제안된 때는 거의 노벨상과 같은 시기였다. 노르웨이 수학자 리(Marius Lie)는 노벨상이 만들어져 매년 세계의 뛰어난 과학자들을

■노벨상 수상자들의 만찬 장소인 콘서트 하우스(왼쪽). 곳곳에 사람 크기만 한 동상(오른쪽)이 서 있다.

포상할 계획이라는 이야기를 듣게 되자, 노르웨이가 배출한 수학자 아벨의 탄생 100주년이 되는 1899년에 그를 기념하는 아벨상을 만들 것을 제안했다. 노르웨이 자치정부는 재정적인 지원을 약속했으나 리가 갑자기 죽고 스웨덴과 노르웨이의 연합이 붕괴되는 와중에서 이 약속은 잊히고 말았다. 이 잊힌 약속은 아벨 탄생 200주년이 되는 해에 몇몇의 수학자들에 의해 다시 기억되었고 노르웨이 정부는 이를 즉각 받아들여 2003년부터 수상자를 선정하기 시작했다.

아벨상은 여러모로 노벨상과 같은 격을 맞추기 위해 노력한 흔적이 보인다. 상금은 거의 100만 달러로 노벨상과 비슷하며, 선정도 노벨 평화상처럼 5명의 국제 수학자로 구성된 독립 위원회에서 이루어지고, 수상식에는 노르웨이 국왕이 참석한다. 수학자들에게는 사실 이 상보다 상금은 형편없이 적지만 전통이 더 오래된 필즈메달*이 있다. 이 상은 4년마다 수상이 이루어지며, 만 40세 미만의 수학자에게 수여하는 것을 원칙으로 하고 있다. 수상에 나이 제한을 두는 것은 우리나라 국가인권위원회에 인권 차별로 제소하면 분명히 큰 문제가 될 소지가 있는 조항이다. 그럼에도 이 조항이 꾸준히 유지되는 이유는 수학자들 사이에 어느 정도의 묵시적 동의가 있어서가 아닐까? 여하튼 업적이 뛰어나지만 나이 제한으로 필즈메달을 받지 못한 수학자는 이제 아벨상을 노려보면 될 것이고, 이것도 여의치 않으면 노벨상의 물리학상이나 경제학상을 노리면 될 것이다.

2011년 아벨상 수상자는 영화 주인공

많은 수학 천재들에게는 전설적인 이야기들이 따라다닌다. 과장된 부분도 있겠지만 상당 부분은 진실에 바탕을 둔 것이다. 앤드류 와일스는 10세 때 동네 도서관에서 페르마의 정리를 읽고 자신이 풀 수 있을 것이라고 생각했으며, 가우스는 이미 17세 때에 정17각형의 작도법을 발견했고, 갈루아도 19세에 5차 이상의 방정식을 풀 수 있는 것과 없는 것으로 분류하면서 군이론을 만들어냈다는 이야기는 신화 같은 실화이다.

이런 일화 중에도 영화 같은 일화가 2011년 아벨상 수상자 밀러(John Milnor, 1931 –)의 이야기이다. 대학 신입생 시절 그는 한 수업에 늦게 참석한 적이 있었다. 이미 수업이 한창인 칠판의 구석에 수학 문제가 하나 적혀

---

* 1936년부터 시상된 필즈메달(Fields Medal)은 캐나다의 수학자 필즈의 유산을 기금으로 만들어진 상이다.

있었기 때문에, 밀러는 이 문제를 숙제라고 생각하고 메모를 한 뒤에 다음 날 과제 박스에 과제물로 넣었다. 당시까지 미해결로 남아 있던 문제의 풀이는 이후에 '페리-밀러 정리'로 불리게 되며 밀러에게 필즈메달을 안겨주는 결정적 업적이 된다. 그는 수학자가 가장 영예로워하는 두 가지 상을 모두 받은 행복한 사람이 되었다.

역사상 가장 짧은 지도 교수* 대학원 추천서 "이 사람은 천재다"의 당사자인 내쉬의 이야기도 빼놓을 수 없다. 1950년 프린스턴 대학교 박사학위 논문으로 제출한 '비협력 게임'으로 45년 뒤 노벨경제학상의 주인공이 된 그는 30세가 되는 해에 이미 필즈메달 후보가 되었으며 이듬해에는 MIT 교수로 임용될 예정이었다. 그러나 조현병 판정을 받고 병원에 입퇴원을 반복함으로써 이 모든 것을 잃게 된다. 이후 30년 이상 지속된 조현병에서 거의 회복이 되고 1994년 노벨상 수상자가 됨으로써 그의 수학적 업적은 재평가되었다. 더불어 1997년 그의 생애가 전기 작가 나사르(Sylvia Nasar)에 의해 알려지고 이를 바탕으로 한 영화 '뷰티플 마인드'가 2001년 아카데미상 4개를 휩쓸면서 그는 이 시대의 신화가 되었다. 2015년에는 아벨상 수상자가 돼 역사상 유일하게 노벨상과 아벨상 동시 수상자가 되었으나 안타깝게도 죽음을 맞이한다. 아벨상 수상을 마치고 집으로 돌아오는 길, 뉴저지 공항에서 아내와 함께 택시를 탄 채 교통사고로 생을 마감했다.

---

* 미국 카네기멜론 대학을 다니는 내쉬에게 지도교수 두핀(Richard Duffin)은 프린스턴 대학원 진학을 권했다.

■ 차창을 통해본 핀란드(왼쪽)는 가을 같은 느낌을 주었다. 투르쿠 강변의 유람선 식당 건너편에는 꽃으로 장식된 도시이름 turku가 보인다(오른쪽).

■ 스톡홀름은 여러 개의 섬들을 이어 만든 도시이다. 새벽의 항구와 시청의 모습이 고요하다.

핀란드를 떠나 스톡홀름으로

여름 휴가철이어서 핀란드 헬싱키에서 스웨덴 스톡홀름으로 돌아가는 배에는 남는 좌석이 없었다. 난감해하며 정신을 놓고 있는 내가 안쓰러웠는지 다른 도시 투르쿠에서 출발하는 배에는 여석이 있을 뿐 아니라 야간 유람선이어서 침대칸을 이용하면 하룻밤 호텔 숙박료도 절약할 수 있다고 페리 회사직원이 말했다.

기차를 타고 트루크로 이동하는 동안 바라본 핀란드의 들판은 가을걷이가 끝난 우리네 농촌 들녘처럼 곳곳이 허전했다. 길고 긴 겨울에는 온통 눈으로 덮여 있을 길과 언덕들도 여름에는 제 색깔을 드러내고 마음껏 햇살을 즐기는 듯했다. 모든 핀란드 기차의 종착지 트루크 역에서 30여 분을 걸어가니 북극 얼음이 녹아내린 듯한 불투명한 강 물 위로 작은 유람선들이 가득했다. 이 작은 도시에 딱히 유람선을 타고 즐길 만한 곳이 없을 것 같다는 생각을 하며 가까이 다가가니 한강변 유람선 식당처럼 강가에 정박해 놓은 배 위 식당에는 많은 사람들이 모여 식사를 즐기고 있었다. 핀란드의 여유와 평화가 느껴지는 한 여름의 정경을 마음에 담으며 저녁 식사를 위해 나도 이 지역의 독특한 케밥 토핑 피자 한 판을 샀다. 밤이 깊어도 해는 질 줄 몰랐다.

투르쿠를 떠난 배는 밤을 새워 발틱해를 건너 아직 날이 채 밝지 않은 새벽에 스웨덴의 수도 스톡홀름에 나를 내려놓았다. 청명한 새벽의 하늘빛 아래 도시는 휴지 한 장, 담배꽁초 하나라도 흠결이 될 만큼 정갈하고 반듯했다. 1950년부터 시작된 대규모 도시계획으로 지저분한 옛 도심을 헐어내고 빈민가가 없는 새로운 비즈니스 거리와 공원을 체계적으로 건설한 때문이다.

제일 먼저 노벨상의 수상 장소인 시청부터 찾았다. 잔물결조차 없는 바다가 호수처럼 조용히 이웃하고 있다. 꽃과 나무, 조각들의 장식이 잘 어울려져 있는 넓은 정원을 가로질러 몇 계단만 내려가면 바로 바닷물이 닿는다. 매년 노벨상의 수상식은 이곳에서 이루어지지만, 수상자를 위한 디너 만찬은 신시가지 중심가의 콘서트하우스에서 열린다고 누군가 알려줬다. 어릴 때 동화를 읽으며 상상했던 세계와 같은 곳이다. 시내 중심 공원에는 오스카 와일드의 동화 《행복한 왕자》처럼 새 한 마리가 동상의 머리 위에 앉아 있었다. 새가 모두 가져간 때문인지, 금박은 보이지 않았지만.

■물과 공기에 대한 환경 선언 탑(왼쪽). 동화의 세계와 같은 곳이다. 시내 중심 공원에는 오스카 와일드의 동화 '행복한 왕자'에서처럼 새 한 마리가 동상의 머리 위에 앉아 있었지만 금박은 보이지 않았다(오른쪽).

한동안 최고의 성적을 거두며 미국 대통령의 부러움을 샀던 우리나라 학생들의 성적이 최근에는 급격히 추락하고 있어 걱정이다.

덴마크여행기 03

양자역학의 등장
-현대의 원자모형

코펜하겐 해석

1927년 10월 24일부터 29일까지 벨기에 수도 브뤼셀에 있는 솔베이 연구소에서 당대 최고 과학자 모임이 열렸다. 코펜하겐에서 온 보어(Niels Bohr, 1885-1962)를 비롯해 두 번의 노벨상 수상자 퀴리부인, 불확정성의 원리 하이젠베르크, 슈뢰딩거방정식의 슈뢰딩거, 상대성원리의 아인슈타인을 비롯한 당시 물리학계의 거물들은 모두 참석했다.

이 회의에서 보어가 내놓은 양자역학에 대한 새로운 해석이 현대 양자물리학의 기본 틀이 된다. 이제는 '코펜하겐 해석'이라 불리는 이 강연 내용은 이탈리아 코모 회의에서도 발표된 적이 있었기 때문에 새로운 것은 없었다. 보어는 그저 기존 견해를 확인하는 자리가 될 것으로 예상했으나 학문으로 양자역학을 받아들일 준비가 되어있지 않았던 아인슈타인은 달랐다. 아인슈타인은 보어의 해석을 조목조목 날카롭게 반박했고 보어는 그 반박에 재반박하는 뜨거운 토론의 장이 벌어졌다. 모임에서 두 사람의 토론 내용은 다음과 같이 요약해 볼 수 있다.

1. 입자의 상태는 파동함수에 의해 결정되며, 파동함수의 제곱은 측정값에 대한 확률밀도를 나타낸다.
2. 모든 물리량은 관측이 가능할 때만 의미를 가진다. 물리적 대상이 가지는 물리량은 관측과 관계없는 객관적인 값이 아니라 관측 작용의 영향을 받는 값이다.
3. 서로 관계를 가지는 물리량들은 하이젠베르크가 제안한 불확정성 원리에 따라 동시에 정확하게 측정하는 것이 불가능하다.
4. 전자와 같은 입자들은 입자의 성질과 파동의 성질을 상호보완적으로 가진다.
5. 양자 도약이 가능하다. 양자역학에서 허용된 상태들은 불연속적인, 특정한 물리량만 가질 수 있다. 따라서 한 상태에서 다른 상태로 변하기 위해서는 한 상태에서 사라지고 동시에 다른 상태에서 나타나야 한다.

아인슈타인은 보어의 상호보완 개념을 받아들일 수 없다고 말하며 자연현상은 확률적인 방법이 아닌 엄격한 인과법칙으로 설명되어야 한다고 주장했다. 며칠 동안 밤낮을 이어가며 벌어진 토론은 매우 치열했던 것 같다. 심지어 한 참석자는 아인슈타인에게 "당신의 적들이 상대성이론에 대해서 반대했던 것과 똑같은 방법으로 당신은 지금 새로운 양자이론에 반대하고 있다"라고 충고했지만, 그는 자신의 의견을 굽히지 않았고 결국 외톨이가 되어 회의장을 떠났다. 상대성이론을 포함한 그의 초기 연구 성과로 다른 학자들의 존경을 받고는 있었지만 이 회의를 기점으로 그는 많은 학자들에게 구시대의 인물로 각인되었다. 신의 기적이나 무작위적인 것처럼 보이는 자연 현상들은 우리가 아직 인과관계를 이해하지 못하기 때문에 그렇게 보이는 것일 뿐, 자연 법칙을 완전히 이해하고 현재 상태를 정확히 알고 있다면 미래에 일어날 모든 사건을 정확하게 설명할 수 있다고 믿는 아인슈타인을 상대로, 보어는 아주 선전했다. 이 논쟁을 계기로 그동안 자신이 주장했던 양자역학의 해석을 당시의 물리학자들이 받아들이게끔 설득하는 데 성공한 것으로 평가된다.

앞서 아인슈타인 편에서도 언급했지만 양자 이론의 개척자 중 한 사람인 아인슈타인이 양자이론을 반대했다는 것은 매우 역설적이다. 1921년 아인슈타인이 수상한 노벨상도 '빛이 양자라는 작은 에너지 알갱이'라는 사실을 밝혀낸 광전효과 연구 공로였던 것을 상기하면 더욱 그렇다. 도저히 통합된 결론에 도달할 수 없게 된 회의는 구약성서의 한 구절을 누군가 칠판에 적어 놓는 것으로 마무리되었다.

"신께서 지구상의 모든 언어를 다르게 하셨다."

보어의 고향 코펜하겐

상대성 원리의 성공으로 그 누구도 도전할 수 없을 정도의 권위를 가지고 있던 골리앗 아인슈타인을 향해 돌멩이를 던지며 싸움을 걸고, 결국 승리를 얻어낸 보어는 덴마크 코펜하겐에서 태어나 이곳에서 공부했고 이곳에서 삶을 마쳤다. 당시 최고의 석학이었던 톰슨(Joseph Thomson)과 러더퍼드(Ernest Rutherford) 밑에서 공부하기 위해 잠시 영국 케임브리지와 맨체스터 대학교에 머물기는 했지만, 박사를 비롯한 모든 학위과정도 코펜하겐 대학교에서 마쳤고, 교수로 임용되면서 평생을 양자역학 연구에 전념한 곳도 이곳이다.

　그를 찾아 코펜하겐에 도착한 날은 비가 내리고 있었다. 8월 초인데도 긴팔 옷을 꺼내 입지 않으면 안 될 정도로 날씨가 쌀쌀했다. 거리에는 스웨덴과 비슷한 느낌의 붉은 벽돌 건물들이 줄지어 있었지만 어딘지 좀 더 어수선하고 낡아 보였다. 계속 내리는 비 때문인지, 시청 앞이나 중심가 곳곳에 있는 코끼리상 외에는 이렇다 할 특징이 없는 이 우울한 느낌의 도시는 나의 기대감을 만족시키지 못했다. 동화의 나라에 대한 나의 기대는 그저 환상일 뿐인가? 이곳에 오기 전 여행한 북유럽의 아름다운 도시 스톡홀름과 헬싱키에서 나의 눈높이가 너무 높아진 탓도 있으리라.

■ 코펜하겐의 중앙역(왼쪽)과 시청 앞의 코끼리상(오른쪽)이 여행객의 눈길을 끌었다.

■ 안데르센의 인어공주(왼쪽)와 1차 세계대전 참전 용사(오른쪽) 동상은 이곳의 슬픈 사연을 전하는 듯하다.

　카페와 레스토랑이 줄지어 있는 중심가를 지나, 바닷가 길을 한참은 걸어가야 인어공주를 만날 수 있다. 동화 속 인어공주는 끝내 자신의 사랑을 이루지 못하고 물거품으로 사라져 버린다. 안데르센 동화의 결말이 너무도 슬퍼서 책을 덮지 못하고 한동안 울었다는 한 어린 소녀의 이야기를 나는 기억해 냈다. 그러고 보니 코펜하겐은 그저 환상적으로 아름다운 곳이 아니라 안데르센 동화처럼 슬픈 이야기가 많은 곳이라는 생각이 든다. 인어공주와 마주 보고 있는 공원의 한쪽에 있는 1차 세계 대전 참전 용사 탑의 군인조차 총을 내려든 채 슬픈 얼굴로 고개를 숙이고 있었다. 용맹스런 군인의 모습에만 익숙해져 있는 나에게는 충격적일 정도로 슬퍼하는 모습의 군인을 보면서 마음 한쪽이 시려오는 것은 날씨 탓만은 아닐 것이다.

보어의 원자 모형의 한계와 현대 원자 모형

원자 모형에 대한 과학자들의 생각은 영국 학자 돌턴의 원자설 이후, 과학적 발견과 함께 그 모습을 달리해 왔다. 러더퍼드 모형이 수소 원자의 스펙트럼 설명에 불완전함을 알게 된 보어는 원자핵 주위의 전자는 불연속적인 일정한 에너지 상태로 존재한다고 생각했다. 전자가 가장 낮은 에너지 준위에 있어 가장 안정한 상태를 바닥상태라고 한다. 이 상태에서 전자는 특정 궤도에만 존재한다. 이 전자가 에너지를 흡수하면 높은 에너지 상태인 들뜬상태로 되면서 다른 궤도로 이전한다고 생각했다. 따라서 이 원자 모형은 전자의 궤도가 1, 2, 3, … 등으로 분명하게 정해져 있어야 했다. 이 설명에 의하면 1궤도와 2궤도 사이에 전자가 존재할 수 없다. 이것은 수소 전자의 빛을 분광기로 관찰한 스펙트럼에 나타나는 선의 이유를 분명하게 설명할 수 있는 아이디어로 찬사를 받았다.

이런 보어의 원자 모형은 양자역학의 탄생이라는 훌륭한 역할에도 불구하고 얼마되지 않아 그 한계를 드러냈다. 이 방법으로 수소의 선 스펙트럼은 잘 설명할 수 있으나 전자 수가 하나만 더 증가해도 그 설명은 명확성을 잃고 마는 결정적 단점이 있었다. 이를테면 전자가 1개인 수소의 선 스펙트럼은 빨강, 초록, 파랑, 보라의 4개의 선만이 생기는데 비해, 전자가 10개인 네온의 경우에는 아주 다양하고 복잡한 선이 나타날 뿐 아니라, 한 선으로 보이는 부분도 확대해 보면 여러 개의 선이 존재함을 확인할 수 있다. 전자가 많아질수록 전자 사이의 반발력으로 생기는 이 현상을 기존 보어 모형으로는 설명할 방법이 없었다. 좀 더 다양하고 세분화된 전자의 위치를 나타내는 방법이 필요해진 것이다. 이로서 현대적 원자 모형인 오비탈 개념이 만들어졌다.

돌턴 모형		원자는 더 이상 쪼개지지 않는다
톰슨 모형		원자 내부에 전자들이 건포도처럼 박혀 있다
러더퍼드 모형		양성자로 된 핵이 있고 여기에 대부분의 질량이 분포한다. 이 주위를 전자들이 돌고 있다
보어 모형		전자는 양자조건을 만족시키는 특정 궤도에 존재. 이 상태에서는 에너지 방출 없이 안정하다
현대 원자 모형		전자 궤도가 없고 전자가 발견될 확률만을 알 수 있다

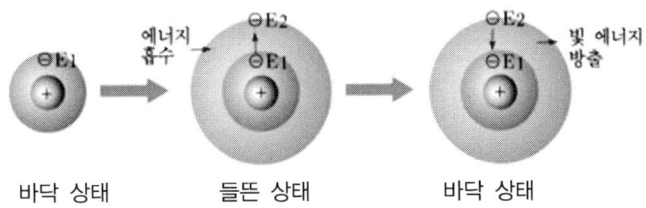

바닥 상태 → 들뜬 상태 → 바닥 상태

■ 보어의 원자 모형에 따른 전자는 특정 궤도에만 존재한다. 이 전자가 에너지를 흡수하면 높은 에너지 상태인 들뜬상태가 되면서 다른 궤도로 이전한다.

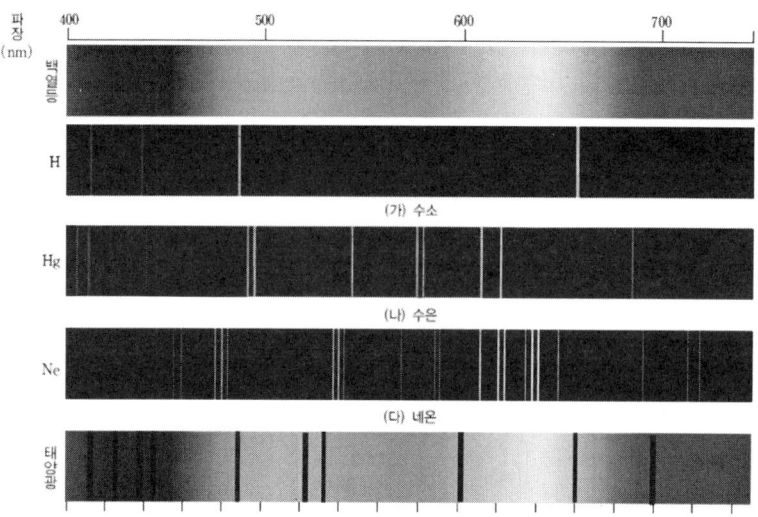

■ 전자가 1개인 수소의 선 스펙트럼은 빨강, 초록, 파랑, 보라의 4개의 선만이 생기는데 비해, 전자가 10개인 네온의 경우에는 아주 다양하고 복잡한 선이 나타날 뿐 아니라, 한 선으로 보이는 부분도 확대해 보면 여러 개의 선이 존재함을 확인할 수 있다.

현대원자 모형은 원자를 구성하는 전자의 분포를 확률적으로 나타내는데, 이처럼 전자의 상태를 확률적으로 나타낸 것이 오비탈이다. 전자의 위치 에너지와 운동 에너지를 동시에 정확히 측정할 수 없기 때문에 어느 순간에 전자의 위치를 정확하게 설명하는 것은 불가능하다. 따라서 전자가 발견될 확률만을 알 수 있다. 어느 위치에서 전자를 발견할 확률을 계산해 전자가 발견될 확률이 높은 지역은 점을 많이 찍고 전자가 발견될 확률이 낮은 지역은 점을 적게 찍어 구름처럼 표시한 각 오비탈의 입체적 모형과 종류는 다음과 같다.

(1) s 오비탈 : 두께를 가진 공 모양으로 원자핵에서 같은 거리이면 전자

가 존재할 확률 분포는 동일하다. 이때 각 전자의 확률밀도함수를 농담으로 나타내 보면, 그림의 진하게 나타낸 부분은 전자가 발견될 확률이 큰 부분이고 옅은 색으로 나타낸 부분은 전자가 발견될 확률이 적은 부분이다. 정규분포에서 이미 확인한 것처럼 확률이 낮다고 존재하지 않는다는 것을 의미하는 것은 아니므로 오비탈 밖에도 전자는 존재할 수 있다.

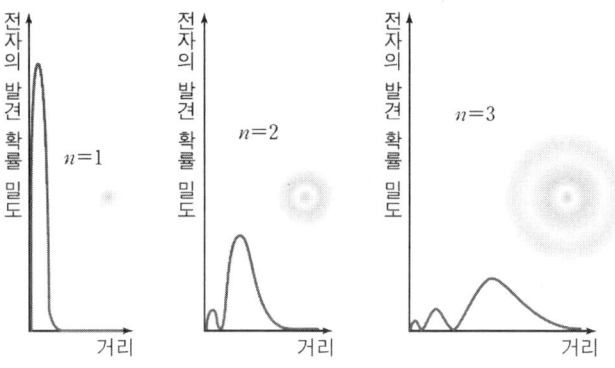

(2) p오비탈 : 원점에 대칭인 아령이 각각 x, y, z축 방향으로 놓여있는 상태로, 전자를 발견할 확률은 핵에서의 거리와 방향에 따라 달라진다. 이외에도 d, f 오비탈 등이 있으며 각 전자껍질 K, L, M, ⋯ 에 따른 오비탈의 종류와 수는 다음 표와 같다. 이때 K껍질은 s오비탈 1개, L껍질은

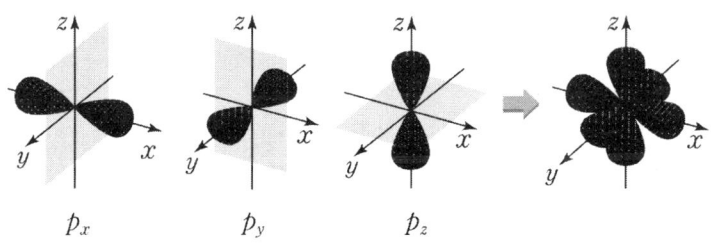

s오비탈 1개 p오비탈 3개, M껍질은 s오비탈 1개 p오비탈 3개 d오비탈 5개와 같이 오비탈 s, p, d, f의 개수는 각각 1, 3, 5, 7의 홀수로 증가함을 알 수 있다. 또 전자는 에너지 준위가 낮은 오비탈에서 시작하여 높은 오비탈 순으로 채워지게 되는데, 표에서 화살표 순서에 따른다.

전자껍질	K	L		M			N			
주양자수(n)	1	2		3			4			
오비탈의 종류	1s	2s	2p	3s	3p	3d	4s	4p	4d	4f
오비탈의 수(n^2)	1	1	3	1	3	5	1	3	5	7
	1	4		9			16			

오비탈의 에너지 순서

$1s < 2s < 2p < 3s < 3p < 4s < 3d < 4p < 5s < 4d < 5p < 6s < 4f < 5d < 6p < 7s < 5f < 6d$

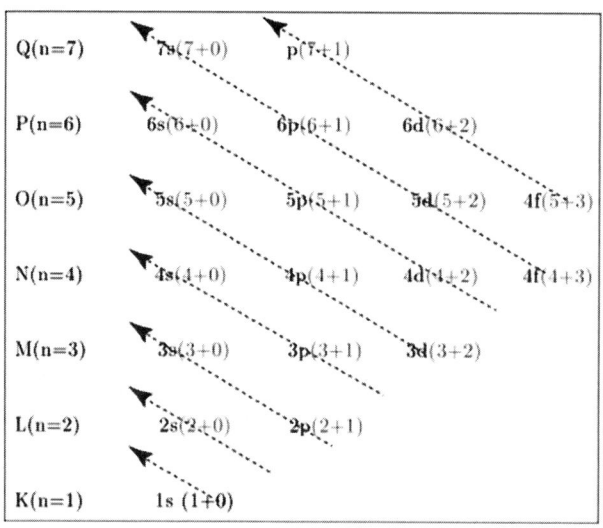

한 오비탈에는 최대 2개의 전자가 들어 갈 수 있다. 예를 들어 나트륨은 원자번호가 11이므로 11개의 전자를 갖는다. 이때 오비탈 전자 배치는 다음과 같이 된다.

오비탈	1s	2s	$2p_x$	$2p_y$	$2p_z$	3s
전자수	2	2	2	2	2	1

원자번호 19인 K의 경우는 다음과 같다.

오비탈	1s	2s	$2p_x$	$2p_y$	$2p_z$	3s	$3p_x$	$3p_y$	$3p_z$	4s
전자수	2	2	2	2	2	2	2	2	2	1

이런 다양한 오비탈 개념의 도입으로 네온 원자 선스펙트럼의 복잡성을 설명할 수 있게 된다. 전자가 하나의 양자역학적 상태에서 다른 양자역학적 상태로 전이할 확률이 다르기 때문에 다양한 형태의 선 스펙트럼이 만들어지는 것이다

코펜하겐 대학교

무거운 발걸음으로 돌아오는 길에 많은 꽃다발이 놓여 있는 한 건물 앞에서 사람들이 모여 기도하는 모습을 발견했다. 조용히 흐느끼고 있는 사람도 보였다. 감히 다가가 그 이유를 묻기 두려울 정도로 숙연하고 슬픈 분위기가 날씨만큼이나 무겁게 주변을 내리 누르고 있어 사진을 찍는데도 용기가 필요했다. 여행객의 호기심은 그래도 무심히 이곳을 지나칠 수가

■ 원자의 주기율표

■ 애도의 꽃다발로 덮여 있는 노르웨이 대사관(왼쪽). 카페 거리(오른쪽)에서는 작은 요트가 여행객의 이동을 돕고 있었다.

■ 소마퍼즐은 하인이 코펜하겐 대학교(왼쪽) 수업시간에 아이디어를 얻었다. 대학교와 이웃한 덴마크 왕궁(오른쪽)에서 근위병 교대식이 열리고 있다.

없었기 때문에 용기를 내어 막 기도를 마친 사람에게 그토록 슬퍼하는 이유를 물었다. 며칠 전 노르웨이 오슬로에서 발생한 테러 사건의 희생자를 애도하기 위해 대사관 앞인 이곳에 모인 사람들이라고 했다.

다음날 아침 코펜하겐 대학교에서 멀지 않은 왕궁 앞은 경비병 교대식을 구경하기 위해 나온 사람들로 가득했다. 교대식은 그저 몇 무리의 경비병들이 과장된 걸음 거리로 왕궁 앞 광장을 왕복하는 것을 반복하는 수준이었음에도 관광객의 눈 호사를 놓치고 싶지 않아 교대식이 끝날 때까지 보다가 이웃한 코펜하겐 대학교로 이동했다.

이곳에서 나는 물리학자 보어 외에도 아르키메데스의 프림프세스트의 발견자 하이베르크(Johan Ludvig Heiberg, 1854-1928)와 시인 하인(Piet Hine, 1905-1996)을 떠올렸다. 이곳 수학과 교수로 재직하던 하이베르크는 이스탄불(당시는 콘스탄티노플)에서 발견된 양피지의 교회 기도서에 기록된 이상한 글을 최초로 해독해 냄으로써 전설처럼 전해오던 아르키메데스의 수학적 업적이 모두 사실임을 밝혀낸 학자다. 양피지의 원문은 모두 지워지고 그 위에는 각종 기도문과 성경이 기록되어 있는 상태였음에도, 그는 오직 육안만으로 지워진 기록이 아르키메데스의 수학책임을 밝혀낸 것이다.

1936년, 이 학교 물리학과 학생이었던 하인은 하이젠베르크(Werner Heisenberg) 교수의 양자물리학 강의를 듣던 중 기하 입체 '소마퍼즐(큐브)'을 고안해 냈다고 알려져 있다. 소마퍼즐은 7개의 서로 다른 조각으로 이루어진 단순한 입체이다. 3개 또는 4개의 정육면체로 구성된 7개의 조각을 적당히 결합해 수백 가지의 형상을 만들어 내는 퍼즐이다. 어린이 자신이 도형을 자유롭게 구성할 수 있을 뿐만 아니라, 상상력과 집중력을 키우는

■7개의 서로 다른 모양으로 이루어진 소마퍼즐(왼쪽)과 이를 이용해 만든 입체 도형(오른쪽)

교육적 효과 때문에 현재는 유치원 수학 교재로 많이 활용되고 있다. 하인은 자신의 조국 덴마크에서는 퍼즐의 발명자보다는 나치 점령에 저항한 시인으로 더 유명하다.

> 장갑의 한 짝을 잃어버리는 것은
> 분명 고통스럽다.
> 그러나 하나를 잃은 고통과
> 비교도 할 수 없는 고통은
> 남은 한 짝을 던져 버린 후에
> 처음 것을 발견하는 것이다.

당시, 삼엄했던 나치의 검열을 무사히 통과해 출판된 이 시의 의미를 덴마크 사람들은 즉시 알아차렸다. 두려움 때문에 조국을 잃은 슬픔을 누구도 적극적으로 들어내지 못하고 있을 때, 한 시인은 이렇게 대담하고 큰 목소리로 덴마크 국민들을 일깨우고 있었다. 시는 전국으로 퍼져 나가 한적한 시골구석의 담벼락에서도 발견되기도 했다. 나라(한쪽 장갑)를 잃었더

■코펜하겐의 안데르센 동상 앞에 서 있는 피에트 하인(왼쪽). 가까운 곳에 동화의 나라임을 보여주듯 중세 궁전(오른쪽)이 있다.

라도 애국심(다른 쪽 장갑)마저 버리지는 말아야 한다는 격언의 시는 다시 해방이 되면 애국심을 버린 고통을 알게 될 거라고 덴마크 국민들에게 경고하고 있었다.

안데르센의 고향 오덴세

안데르센의 고향 오덴세(Odense)는 덴마크에서 세 번째로 큰 도시로, 수도 코펜하겐에서 기차로 2시간 가량 걸리는 퓐 섬의 중심부에 있다. 북유럽 신화의 최고의 신 오딘(Odin)의 이름으로부터 시작된 이 도시에서 안데르센은 감수성이 예민한 소년기를 보냈다.

안데르센 박물관 앞에 도착하니 막 연극이 끝나가고 있었다. 안데르센 동화의 주인공들이 모두 나와 작은 동화극을 벌인 듯, 많은 가족들이 풀밭에 편하게 앉아 무대 여흥을 즐긴 후 동화 캐릭터들과 어울려 사진을 찍고 있는 모습이 행복하게 보였다. 박물관에는 그가 남긴 많은 작품들이 있었다. 세계 각국의 언어로 번역된 동화 외에도, 종이를 잘라 만든 페이퍼 커팅(Paper cutting), 동화의 삽화로 쓰였을 법한 그림 등이 특히 눈에 띄었다.

 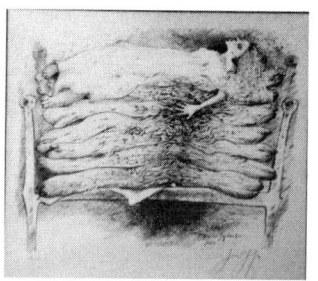

■안데르센의 고향 집 앞(왼쪽)에는 많은 가족들이 동화 속 주인공들과 만나고 있었다. 그의 박물관에는 그가 직접 그린 동화의 삽화(오른쪽)도 있다.

콩 한 알을 침대 밑에 넣어 두고 이를 알아 챈 공주와 결혼을 했다는 동화의 삽화도 보였다. 대부분 안데르센이 직접 그린 것이라는 설명이 있었다.

안데르센이 심취했던 종이 오리기는 소마퍼즐과 비슷하게 기하적 대칭을 이용한다는 특징이 있다. 인체의 아름다움은 좌우 대칭에 있고, 미인을 분별하는 인간의 인지적 기능도 결국에는 좌우 대칭의 완전성과 일치한다는 심리학자의 연구를 굳이 빌지 않아도 직관적으로 이해 할 수 있는 것이 대칭의 아름다움이다. 박물관에 전시된 안데르센의 작품도 수학자의 눈에는 대칭이동, 회전이동, 평행이동 등이 결합된 기하적 상상물의 결과로 보였다.

박물관을 벗어나 동화 마을처럼 꾸며져 있는 옛 도시를 지나 '아베 마리아'의 노래가 들려오는 작은 성당 앞을 지났다. 잠시 머뭇거리다 안으로 들어갔다. 한국의 시골 어디에서 봐도 어색할 것 같지 않은 작은 성당 내부는 온통 하얀 꽃으로 장식되어 있었고, 2층의 성가대 앞자리에 서있는 한 여인이 고운 목소리로 '아베 마리아'를 부르고 있었다. 추측컨대 내일 쯤 있을 결혼식을 준비하는 것이리라. 안데르센 고향에서 한 시골 여인이 부르는 노래는 높이 솟은 성당의 종탑을 울리고, 햇살이 쏟아지는 모자이

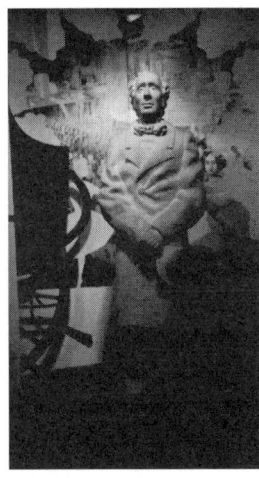 

■박물관에 전시된 안데르센의 모습(왼쪽)과 좌우 대칭을 교묘하게 이용해 만든 그의 페이퍼 커팅 작품(오른쪽). 이 페이퍼 커팅은 대칭이동, 회전이동, 평행이동 등이 결합된 기하적 상상물의 결과로 보였다.

■안데르센 박물관을 나오면 당시의 시대를 재현해 놓은 듯한 아름다운 마을(왼쪽)이 나타난다. 실제 사람은 살지 않는 이 마을을 지나면 시골 예배당처럼 작은 성당(오른쪽)이 보인다. 성당의 안쪽은 결혼식을 위해 꽃들로 아름답게 장식되어 있었다.

크 유리창을 울리고, 내 귀와 마음을 울렸다. 한동안 자리에서 일어서지 못하고 나는 그녀의 유일한 관객이 되었다.

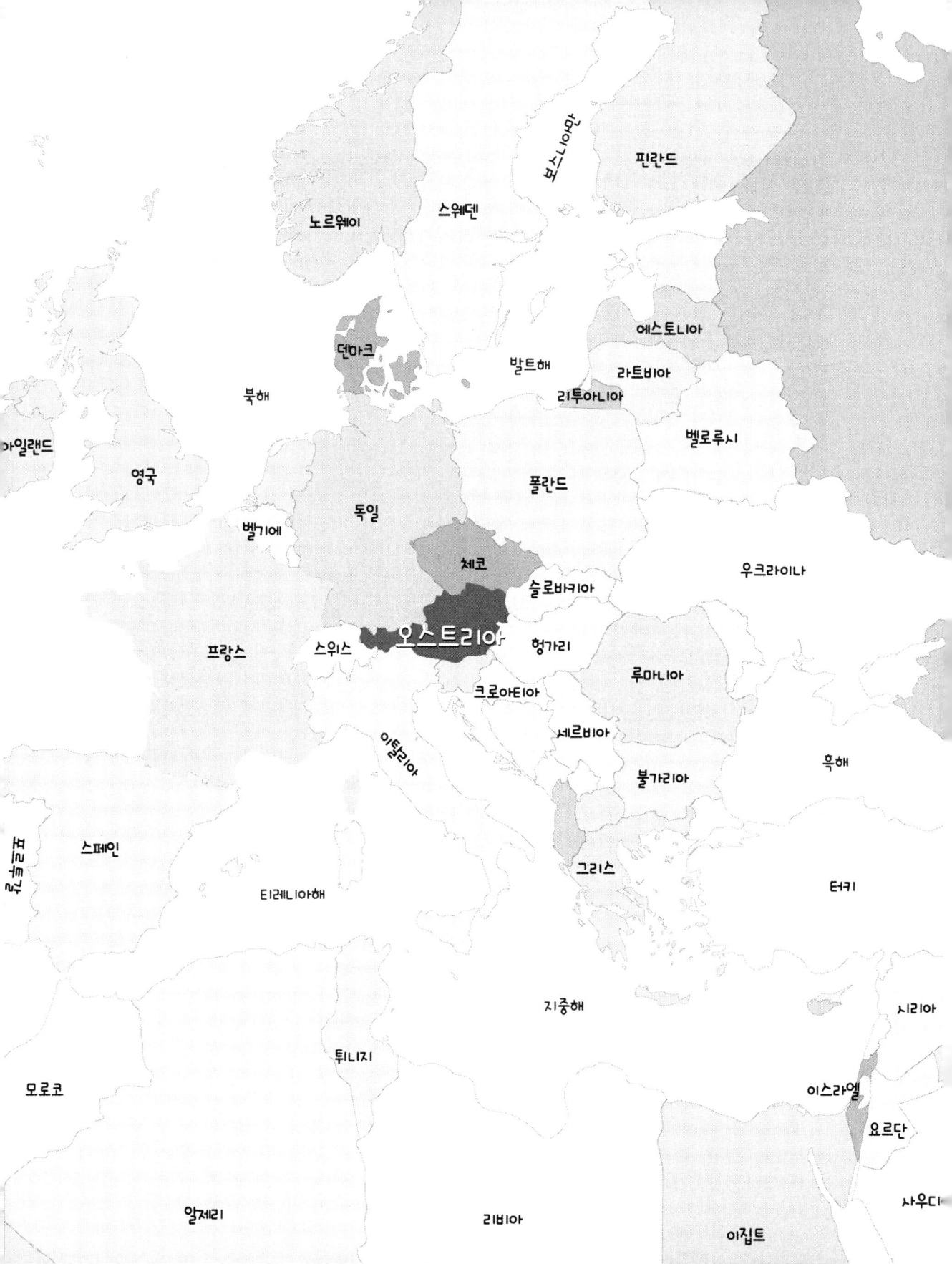

PART 05
오스트리아

음악과 수학
-모차르트의 미뉴에트

모차르트와 수학

서양음악의 음정이론은 피타고라스의 비율에서 시작된 것이다. 이후 2000여 년이 지난 후, 화가 레오나르도 다빈치가 소리가 파동처럼 움직인다는 사실을 발견한 후부터는 본격적으로 사인함수와 같은 수학적 모델이 음악의 특성을 연구하는 데 사용되기 시작했다. 이어서 천재 수학자 갈릴레이가 음의 공명현상 및 음의 높이를 음파의 진동수로 설명함으로써 본격적으로 소리와 음악은 수학적 표현이 가능한 영역이 되었다.

'수학은 자연의 언어'라는 갈릴레이의 주장을 빌리면 음악도 수학적 예술이어야 하는 당위성도 있다. 실제로 수학과 예술의 관계를 연구하는 학자들에 의하면 우리가 매력적이라고 느끼는 예술품에는 경이롭다고 여겨

■ 잘츠부르크 궁전에서 멀지 않은 곳에 모차르트의 생가(왼쪽)가 박물관으로 바뀌어 보존되어 있다. 잘츠부르크 궁전에서 내려다본 잘츠부르크 시내 모습(오른쪽). 모차르트의 어린 시절과 많이 달라지지 않았을 거라는 생각이 든다.

질 수 있는 작가의 창의성 외에도, 수학적 대칭성과 하모니가 매우 중요한 역할을 한다. 피타고라스 비율 완전5도뿐만 아니라 작곡에서 관찰되는 평행이동, 대칭이동, 역변환 같은 수학적 구조는 음악을 논리적으로 이해하기 쉬운 수학으로 변환할 수 있게 한다. 특히 바흐 이래로 많은 위대한 작곡가들이 작곡에 수학적 기법을 이용하여 곡의 파격적 다양성과 익숙한 반복성을 절묘하게 조화시켜 나갔다는 사실이 알려진 후로는 클래식 음악의 작곡도 일종의 응용수학의 분야로 받아들여지고 연구되는 분위기이다.

칸토어 편에서 아주 짧게 다루었지만 수학과 음악의 관계를 이야기할 때 모차르트(Wolfgang Amadeus Mozart, 1756-1791)를 빼놓을 수 없을 것이다. 오스트리아 잘츠부르크에서 태어난 그는 35세라는 짧고 굴곡진 삶을 사는 동안 600여 곡이 넘는 최절정의 클래식을 만들어냄으로써 인류 음악사를 통틀어 가장 영향력 있는 작곡가가 되었다. 모차르트가 자신의 작품에 어떻게 수학을 이용했는지에 대해 스스로 남긴 기록은 없다. 그럼에도 그에 대한 많은 연구는 그가 수학을 사랑했고, 특히 정수론과 게마트리아(Gematria)라는 유대인 특유의 수학적 암호 해독에 관심을 갖고 있었다고 기술하고 있다. 'G마이너 교향곡(Symphony in G Minor)'에 모차르트가 의도적으로 황금비를 사용했으며, 게마트리아를 이용해 특별한 내용을 숨겨두었다는 연구도 있지만 내 이해 수준에서는 아직 분명치 않다. 모차르트의 누나는

"그는 학창 시절에 숫자가 아니면 말하지도, 생각하지도 않는 것 같았다."

라고 말한 적이 있으며, 모차르트는 충동적으로 작곡지의 여백에 수학방정식을 적어 놓기도 했다고 한다. 이 방정식이 그의 음악과 어떤 직접적인 관련이 있는지는 밝혀진 바 없지만, 적어도 그가 수학의 매력에 빠져있었고 수학을 줄기차게 생각하며 음악을 했다는 증거로는 충분하다고 여겨진다. 그토록 웅장하고 아름다우면서도 때로는 어둠속의 한줄기 빛처럼 밝게 빛나는 음악을 만들어낸 방법에 대한 설명으로 오직 모차르트의 완벽한 음악적 재능과 영감만을 들기에는 충분하지 못하다고 생각하는 사람도 많이 있다.

오스트리아 잘츠부르크와 빈

모차르트 고향보다는 영화 '사운드 오브 뮤직'의 배경 도시로 기억되는 잘츠부르크에 대한 내 환상은 아무리 굴러도 아플 것 같지 않은 푸른 알프스의 초원과 섞여있다. '사운드 오브 뮤직'을 부르는 마리아의 모습과 폰

트랩 대령이 잠시 집을 비운 사이 '도레미 송'을 배우는 아이들의 모습이 어울려 현실과 구분하기 어려운 이곳은 그래서 더욱 아름다웠다. 유럽 각지에서 모여든 여행객들은 시내 중심 광장을 가득 메우고 있었다. 무리를 따라서 걷다보니 자연스럽게 영화에서 대령의 집이 되었던 공원과 잘츠부르크 성이 보이는 곳에 도달한다. 언덕 위 높이 솟아 있는 성은 동화 속의 모습 그대로 하얀 성벽을 가지고 있었다. 모차르트가 궁정 음악가로 본격적 활동을 시작했던 이곳부터 올라가 보기로 마음을 정했다.

■영화 '사운드 오브 뮤직'(왼쪽)의 배경이 된 잘츠부르크 한 공원의 모습(오른쪽)

■모차르트가 17세에 본격적인 음악가로 활동했던 잘츠부르크 궁전

성에서 멀지않은 모차르트 생가는 이제 그의 박물관으로 바뀐 채 보존되어 있었다. 이 집에서 세 살 때부터 누나를 흉내 내어 피아노 건반을 다루고 바이올린 연주법을 터득했으며 다섯 살 때부터 작곡을 시작했다는 모차르트의 이야기는, 비슷한 나이에 아버지로부터 바이올린 연주법을 배우고 형을 따라서 오르간 연주를 시작했다는 바흐(Johann Sebastian Bach, 1685-1750년)의 이야기와 닮아 있다. 그의 유년시절 천재성은 잘츠부르크 궁정 관현악단의 음악 감독이었던 그의 아버지 레오폴트 모차르트의 기록에 의한 것이다.

아버지를 따라 여행을 다니면서 어린 모차르트는 많은 음악적 스승들과 만날 기회를 갖게 되는데, 그중에서도 1764년에 런던에서 만난 요한 크리스티안 바흐(Johann Christian Bach, 1735-1782)의 영향을 가장 많이 받았다고 한다. 음악의 아버지라 불리는 요한 세바스티안 바흐의 막내아들로 '런던의 바흐'라 불릴 정도로 왕성한 활동을 하던 그는 모차르트의 천재성을 한눈에 알아보았다. 모차르트 음악에 가끔 훌륭한 푸가가 보이는 것도 바흐의 영향이라고 추측하기도 한다. 푸가는 하나의 주제가 각 성부 혹은 각 악기에 장기적이며 규율적인 모방 반복을 행하면서 이루어지는 악곡이다. '모방'과 '응답'의 원리를 종합한 형식으로, 수학적인 평행이동, 대칭이동, 역변환 등의 규칙이 반복적으로 일어나는 음악이다. 정식 계보로 따지긴 어려운 일이겠지만 음악에 수학적 규칙성을 도입한 바흐가 모차르트의 정신적 스승임을 암시하는 부분이다.

17세, 아버지의 뒤를 이어 잘츠부르크 궁정 음악가가 되었지만 모차르트는 만족하지 못했던 것 같다. 그를 하인처럼 대하는 잘츠부르크 대주교

■빈의 곳곳에서 모차르트를 만날 수 있었다(왼쪽). 거리를 걷다보니 1815년부터 2년 동안 베토벤이 살았던 장소(오른쪽)도 만나게 되었다.

로부터 느낀 모욕감도 원인이 되었다. 좀 더 나은 지위를 얻기 위해 끊임없이 여행하고 작곡했으나 적당한 자리를 찾지 못하자 4년 후 스스로 자리에서 물러났다. 이후 여러 곳을 떠돌다 1781년부터는 오스트리아 수도 빈에 머물며 프리랜서로 활동을 시작했고, 이때부터 본격적으로 명성도 얻기 시작했다. 빈의 중심가를 걷다보면 곳곳에서 다양한 모차르트를 만날 수도 있고, 1815년부터 2년 동안 베토벤이 살았던 집도 만나게 된다. 이곳에서 당시 14세의 어린 소년 베토벤을 만났다는 기록도 있지만 확실치는 않다.

음악과 수학

음악의 발생과 수학적 속성은 본래부터 나누어 생각할 수 없는 일인지도 모른다. 자연에서 일정한 규칙과 패턴을 인식하고 이를 추상적인 숫자 1, 2, 3, … 등으로 나타내는 작업과 자연의 소리에서 소음과 음악을 분리하는 작업은 본질적으로 같은 것이라 추측해본다. 음악도 규칙과 패턴 없이는 그저 소음에 불과한 것이지 않은가. 좀 더 구체적으로 악보에 나오는 수학을 생각해 보자.

〈박자〉

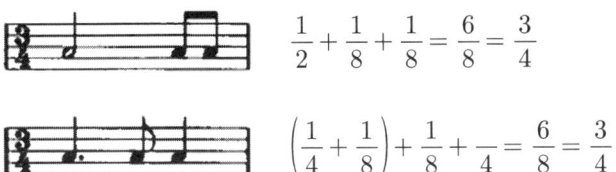

박자는 단위시간이 일정 수 모여 만들어지는 음악적 시간을 말한다. 예를 들어 '4분의 3박자'에서 단위시간이란 4분 음표 1개의 길이를 말하고, 일정수란 3이며, 기본적인 음악적 시간이란 4분 음표 3개의 길이에 해당한다. 이때 주기적으로 3박자마다 악센트를 갖는다. 박의 배열인 박자는 박자표(3/4, 6/8 등)에 의해 지시되고, 기본이 되는 음악적 시간마다 세로줄로 구분된다.

동시에 두 개의 서로 다른 리듬을 주어진 박자 안에 연주해야 하는 경우에는 최소공배수의 개념이 쓰이게 되므로 박자의 단순함도 좀 더 복잡해진다. 이를테면 하나의 리듬은 한마디에서 3개의 같은 박으로, 다른 리듬은 4개의 같은 박으로 나눠야 하는 경우. 3과 4의 최소공배수 12를 기본으로 해서 음을 나누면 복잡한 문제가 해결이 된다.

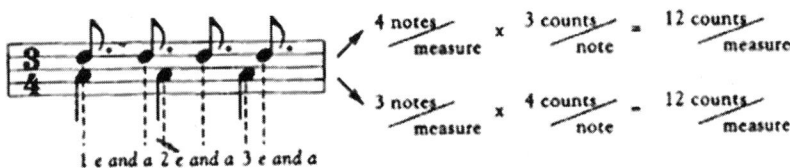

⟨음(tone)⟩

파동은 물리학적으로 횡파와 종파로 구분이 된다. 소리는 기본적으로 종파이지만 횡파로 표현이 가능하고, 이 경우 빽빽한 곳이 마루가 되고 듬성한 곳이 골이 된다. 따라서 소리는 사인곡선이 되고 수학적으로는 $y = a \sin bx + c$ (a, b, c는 상수)로 표현 가능해진다. 또한 여러 음의 사운드를 동시에 만드는 음악 악기의 특성으로 인해 사인함수는 여러 개가 동시에 발생하게 된다. 이를테면 피아노 건반으로 '도'를 누른 후 '미'를 누르면 두 음은 서로 다른 주파수를 가진 음을 만들어 내며 이 경우 두 사인곡선의 합성으로 새로운 음이 만들어지면서 음의 주파수와 진폭이 달라진다. 이는 삼각함수의 합성으로 표현할 수 있다.

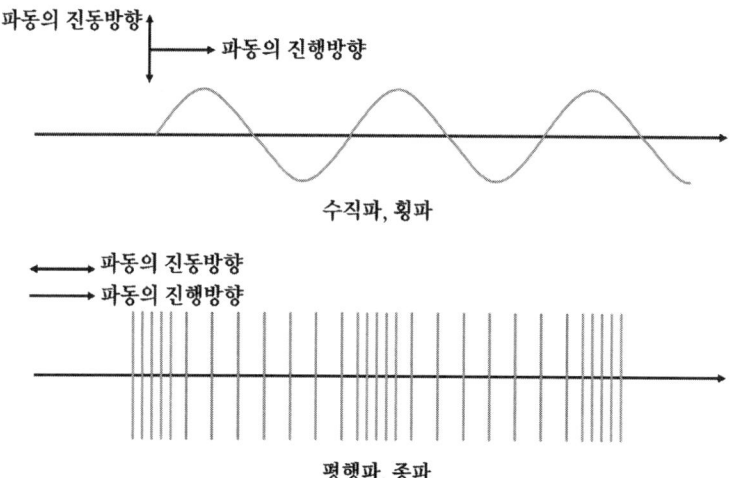

■소리는 기본적으로 종파이지만 횡파로 표현이 가능하다 빽빽한 곳이 마루가 되고 듬성한 곳이 골이 된다.

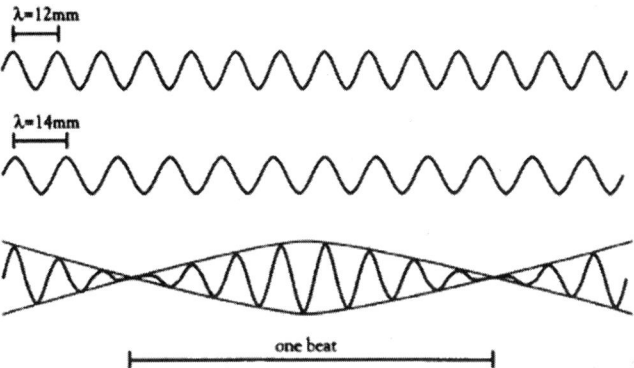

■피아노 건반으로 '도'를 누른 후 '미'를 누르면 두 음은 서로 다른 주파수를 가진 음을 만들어 내며 이 경우 두 사인 곡선의 합성으로 새로운 음이 만들어지면서 음의 주파수와 진폭이 달라진다.

〈음정(interval)〉

음정은 두 음이 가지는 높이의 차이를 나타내는 용어다. 이 두 음을 동시에 울릴 경우 두 음의 높이 차이는 화성적 음정(하모닉 인터벌), 연속해서 울릴 경우 두 음의 높이 차이는 선율적 음정(멜로딕 인터벌)으로 구분된다. '만물은 수'라고 믿었던 수학자 피타고라스가 음악을 수로 나타내려는 첫 시도로 음정을 택한 것은 너무나 당연해 보인다. 그는 한 줄뿐인 악기(Monochord)의 줄(현)을 이용한 수학적 실험도 했다. 예를 들면 다음과 같다.

- 현의 중간 지점을 누르고 현을 튕기면 원래 음과 같은 소리가 나지만 한 옥타브 높은 음이 된다(현대음악의 7음계의 기본).
- 현의 3분의 2 지점을 누르고 두 현을 동시에 튕기면 아주 잘 어울리는 아름다운 소리가 난다(현대 음악의 완전5도).

흔히 '도'와 '솔'의 관계를 말하는 완전 5도를 반복적으로 진행하면 '도, 솔, 레, 라, 미, 시, 파, 도'의 차례로 7음계가 모두 만들어진다고 피타고라스는 생각했다.

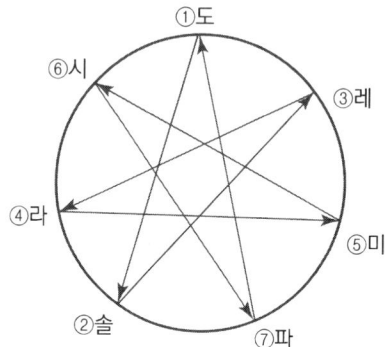

■피타고라스의 완전 5도는 그림의 화살표 방향으로 진행된다. 이를테면 '도'와 '솔', '솔'과 '레'는 완전 5도의 관계가 있다.

〈음악에서 나타나는 수학적 상수〉

고대 로마 건축가 비트루비우스가 쓴 《건축10서(De architectura)》의 내용 중에서

'인체에 적용되는 비례의 법칙을 신전 건축에 사용해야 한다.'

는 주장에 깊이 공감한 다빈치는 인체의 신비를 연구하면서 황금비 1.618…이 그림의 아름다움을 결정짓는 가장 기초적인 비례라고 생각했다. 다빈치는 시각적 아름다움의 비밀을 수학에서 찾은 것이다. 이와 비슷하게 음악의 청각적 아름다움의 비밀을 수학에서 찾으면 나타나는 상수가 무리수 $\sqrt[12]{2}$ 이다.

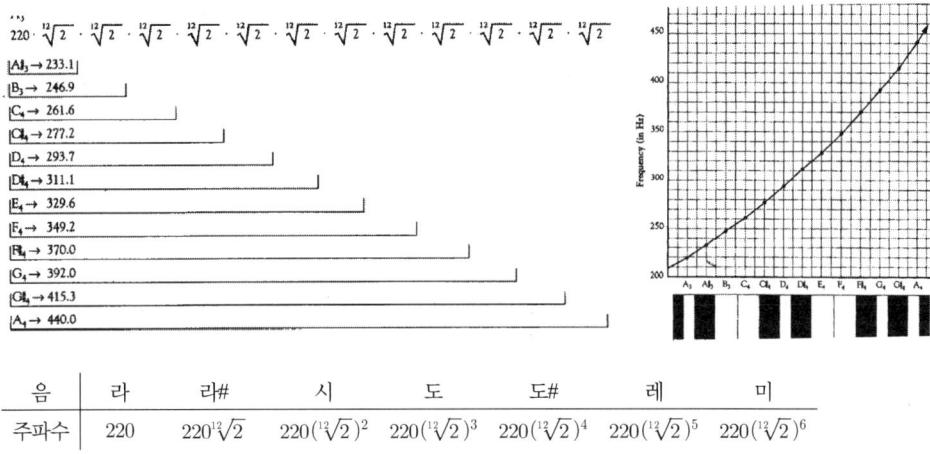

음	라	라#	시	도	도#	레	미
주파수	220	$220\sqrt[12]{2}$	$220(\sqrt[12]{2})^2$	$220(\sqrt[12]{2})^3$	$220(\sqrt[12]{2})^4$	$220(\sqrt[12]{2})^5$	$220(\sqrt[12]{2})^6$

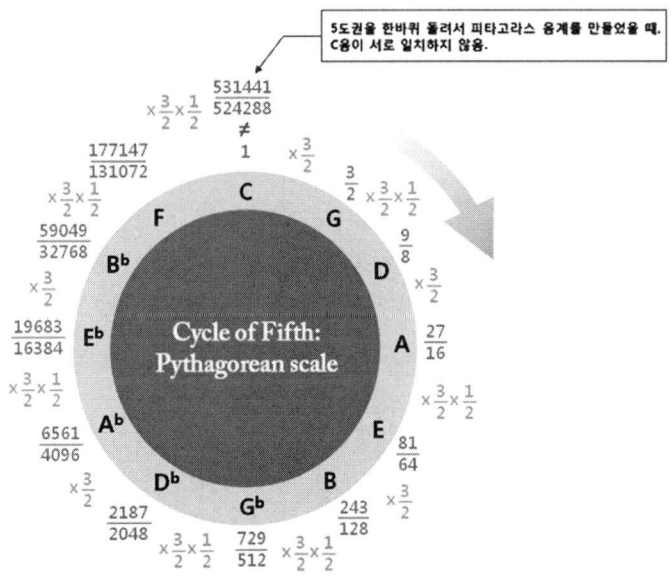

앞서 말한 것처럼 완전 5도를 반복적으로 진행하면 '도, 솔, 레, 라, 미, 시, 파, 도'의 7음계가 모두 만들어진다고 피타고라스는 생각했다. 그러나

이는 대략적으로 옳은 것일 뿐 정확하게 7음계를 설명할 수는 없다는 사실이 후세의 수학자들에 의해 밝혀졌다. 그들의 진전된 연구는 완전 5도를 반복적으로 이용하면 '도, 솔, 레, 라, 미, 시, 솔플랫, 레플랫, 라플랫, 미플랫, 시플랫, 파, 도'의 음이 나타나게 되어 한 옥타브 안의 12음(반음 포함)을 모두 나타낼 수 있다는 사실을 보여주었다. 그러나 이런 결과조차 수학적으로는 아직 미심쩍은 부분이 있었다. 피타고라스 음계에 맞춰 완전하게 한 바퀴를 돌아 제자리에 돌아오면 시작점과 도착점의 '도'의 비례가 1로 일치되어야 하는데 실제 계산값은 531441/524288으로 대략 1.3%의 오차가 생긴다. 이를 해결하기 위해 무리수 $\sqrt[12]{2}$를 도입하면 12음의 간격도 정확하게 정의될 뿐 아니라 시작점과 도착점의 진동수도 1:2의 관계가 되어 한 옥타브 높은 음이 생긴다는 사실을 알게 되었다. 물론 완전한 수학적 이해 이전부터도 모든 음악에서 이 상수가 무의식적으로 사용되어 왔던 점은 미술에서 황금비 사용이 자연스럽게 이뤄진 것과 같다. 이를 피아노 건반의 각 음과 연계해 표현하면 지수함수가 된다.

모차르트의 미뉴에트

모차르트가 미뉴에트* 작곡에 경우의 수를 이용하기 위해 주사위를 사용했다는 사실은 이미 널리 알려진 이야기다. 작곡에 주사위 게임(Musikalisches Würfelspiel)을 이용하는 방법은 18세기 유럽에서 유행하던 작곡법이었다. 주사위를 던져서 이미 만들어져 있는 각 마디를 선택한 후, 이를 연결해 하나의 미뉴에트를 만들어 내는 것이다. 그는 176(11×16)개의 멜로

---

* 미뉴에트(minuet)는 17-18세기경 유럽을 무대로 보급되었던 3/4박자의 무용곡이다.

디를 미리 작곡해 놓고, 두 개의 주사위를 던져 나온 눈의 수의 합에 해당하는 마디를 택하는 것은 다음의 표에 따르도록 했다. 예를 들어, 두 개의 주사위를 16번 던져 나온 눈의 수의 합이 차례로 11, 4, 9, 11, 3, 6, 8, 5, 3, 11, 7, 8, 5, 8, 4, 3일 때 주어진 표에 의해 3, 95, 114, 61, 146, 97, 21, 100, 117, 4, 150, 175, 67, 168, 145, 83번의 멜로디가 택해지고 이를 결합해 만들어진 미뉴에트는 다음과 같다.

마디 눈의 합	1	2	3	4	5	6	7	8	9	10	11	12	13	14	15	16
2	96	22	141	41	105	122	11	30	70	121	26	9	112	49	109	41
3	32	6	128	6	146	46	134	81	117	39	126	56	174	18	116	83
4	69	95	158	13	153	55	110	24	66	139	15	132	73	58	145	79
5	40	17	113	85	161	2	159	100	90	176	7	34	67	160	52	170
6	148	74	163	45	80	97	36	107	25	143	64	125	76	136	1	93
7	104	157	27	167	154	68	118	91	138	71	150	29	101	162	23	151
8	152	60	171	53	99	133	21	127	16	155	57	175	43	168	89	172
9	119	84	114	50	140	86	169	94	120	88	48	166	51	115	72	111
10	98	142	42	156	75	129	62	123	65	77	19	82	137	38	149	8
11	3	87	165	61	135	49	148	33	102	4	31	164	144	59	173	78
12	54	130	10	103	28	37	106	5	35	20	108	92	12	124	44	131

■모차르트가 작곡을 위해 만들어 놓은 주사위 표

주사위의 눈금으로 작곡된 음악의 각 마디가 자연스럽고 아름답게 연결될 수 있도록 멜로디를 만들어낸 모차르트 음악성이 새삼 감탄스럽다. 전체 설계도 아래 각 부분을 만들어 연결하는 방법 대신, 레고 블록처럼 각 부분을 먼저 만들고 이를 조화롭게 결합하여 전체를 만들어 내는 기술은 수학적 설계능력 없이는 불가능해 보이기 때문이다. 웹사이트 http://sunsite.univie.ac.at/Mozart/dice/를 이용하면 컴퓨터화되어 있는 모차르트의 미뉴에트 작곡법을 이용해 자신만의 미뉴에트를 경험해 볼 수 있다.

■ 모차르트의 주사위 게임으로 작곡된 미뉴에트

■ 웹사이트 http://sunsite.univie.ac.at/Mozart/dice/를 이용하면 모차르트의 미뉴에트 작곡법을 이용해 자신만의 미뉴에트를 경험해 볼 수 있다.

이런 멋진 음악회에

잘츠부르크 성에서 내려다본 시내는 모차르트 성장 시절과 크게 다르지 않을 전통적 마차길이나 건물들을 잘 유지하고 있었다. 성의 언덕길을 오르느라 흘린 땀을 식히기 위해 그늘을 찾고 있을 때, 한 오페라 테너 가수의 목소리가 시내 건물에 반사되어 성의 구석구석을 메아리치고 있었다. 눈을 돌려보니 잘츠부르크 옛 성을 배경무대로 한 아래 극장에서 오페라가 한창 진행 중이었고, 관객들은 한여름 햇살도 아랑곳하지 않은 채 가수의 노래에 집중하고 있었다. 관객들의 박수소리, 앙코르소리만으로도 충분히 이들의 감동을 짐작할 수 있었다. 모차르트 이름만으로도 이곳의 오페라는 낭만적이었다.

성을 내려오니 어느새 뜨거운 여름 해도 그 기세를 죽이며 시원한 바람이 불어왔다. 길을 따라서 이 한여름에는 도저히 어울릴 것 같지 않은 검은색 정장과 넥타이를 맨 신사들이 드레스를 갖춰 입은 숙녀들과 짝을 이

■ 아인슈타인의 바이올린 연주모습(왼쪽). 잘츠부르크 시내에서 열리는 음악회에 참석하기 위해 정장 차림으로 모여든 관람객들로 인근 교통이 마비될 정도였다.

뤄 길게 극장 입장을 기다리고 있었다. 극장 위 베란다에는 이미 입장한 신사 숙녀들이 와인 잔을 하나씩 들고 담소를 나누는 모습도 보였다. 인근 교통이 마비되어 교통경찰이 출동할 정도로 오페라 관람객을 태운 검은색 리무진이 극장 앞에 줄을 이었다.

모차르트 작품을 비롯한 클래식 음악이 단기적으로 시공간 지각력과 추리력을 향상시킬 수 있다는 주장은 '모차르트 효과'로 불리며 음악의 심리적 역할에 힘을 더하고 있다. 1993년 미국 캘리포니아 주립대학교 어바인(UCI) 심리학 교수 라우셔(Frances Rauscher)는 두 집단으로 학생들을 나누어, 모차르트의 '두 대의 피아노를 위한 소나타 D장조 〈K.448〉'을 듣게 한 집단과 다른 집단의 공간추리력 테스트 실험을 했다. 그 결과 모차르트의 음악을 들은 집단이 다른 집단보다 월등히 우수한 점수를 받았다고 주장하며 '모차르트 효과' 이론을 발표했다. 모차르트 음악이 인간의 뇌에서 창조력과 관련된 부위를 강력하게 자극해 이런 효과가 나타난다는 이 주장은 이후 좀 더 과학적인 증거를 제시하지 못한 채 단순한 정서적 각성에 지나지 않을 뿐이라는 반론의 벽에 부딪쳐 진전을 멈추고 있다. 그러나 적어도 대부분의 클래식 음악이 사람의 기분을 고양시키며, 이 때문에 머리가 좋아지는 것처럼 착각하게 만들 수 있다는 사실은 분명해 보인다.

아인슈타인, 폰노이만을 비롯해 실제로 많은 뛰어난 수학자, 과학자들은 뛰어난 음악적 재능을 갖고 있었다는 증거도 많이 있다. 실제로 아인슈타인은

"베토벤은 자신의 음악을 자신만의 방법으로 만들어 냈다고 한다면, 모차르트

는 이미 우주 속에 존재하면서 거장에게 발견되기를 기다리던 음악을 그저 찾아 낸 것처럼 보인다."

라는 표현으로 두 사람의 차이를 비교했을 정도로 뛰어난 음악적 식견을 가지고 있었다. 아인슈타인은 고대 그리스인들처럼 우주의 조화가 음악적 조화로 표현될 수 있다고 믿었으며, 자신이 발견한 상대성이론처럼 우주의 조화도 공감할 수 있는 능력을 가진 사람의 귀에만 들리는 것이라 주장했다. 이런 종류의 음악이나 물리법칙은 노동을 동반한 실험실에서 만들어지는 것이 아니라, 명상과 같은 순수한 자기 성찰적 행위로부터 발견된다는 것이다.

250년이 지난 후, 나는 잘츠부르크 거리를 걸으면서 독일의 괴테가 '모차르트가 파우스트를 썼어야 했다'라고 말한 이유를 조금이라고 이해해 보려고 했다. 그가 걷던 길을 걷고, 그의 집을 보면서, 음악이란 만들어내는 것이 아니라 그저 찾아낸 것일 뿐이라는 의미가 수학의 본질과 크게 다르지 않다고 생각해 보았다.

오스트리아여행기 02

내가 말하는 모든 말은 거짓이다
-괴델의 불완전성 정리

내가 말하는 모든 말은 거짓이다

영국 수학자 러셀(Bertrand Russel, 1872-1970)이 1919년 만들어 낸 이야기가 있다.

"우리 마을에는 이발사가 한 명 있다. 이 이발사는 스스로 면도하지 않는 사람만을 모두 면도해 준다고 말한다. 이 이발사는 스스로 면도하는가?"

이야기는 단순하다. 이발사가 스스로 면도를 하면 '스스로 면도하지 않는 사람만을 면도해준다'는 자신의 주장과 다르게 된다. 그렇다고 스스로 면도를 하지 않으면, 그는 반드시 자신을 면도해주어야 한다. 수학적 논리를 따르다 보니 이발사는 스스로 면도를 할 수도 없고, 하지 않을 수도 없는 난처한 처지에 놓인 셈이다. 이와 비슷하면서도 더 쉬운 예가 있다.

"내가 말하는 모든 말은 거짓이다."

내가 말하는 모든 말이 거짓이면 이 문장은 참이다. 그렇다면 나는 적어도 한 번은 참을 말하고 있는 것이니 이 문장은 거짓이 된다. 어떻게 같은 문장이 참도 되고 거짓도 될 수 있을까? 이 단순한 문제가 오스트리아 출신 수학자 괴델(Kurt Gödel, 1906-1978)의 불완전성 정리를 설명해 준다. 1931년, 괴델이 20대의 나이에 발표한 불완전성 정리는 수학계만 당황하게 만든 게 아니었다. 아리스토텔레스 이래로 논리적 추론을 근간으로 하는 철학, 수사학, 논리학, 과학도 깜짝 놀라게 만들었다.

수학의 불완전성!

아무도 괴델의 이론에 도전할 수 없었고, 이로써 수학의 진리 체계에 대한 신화는 철저하게 붕괴되었으며, 수학책을 처음부터 새로 써야만 했다.

■영국 방문 중 케임브리지 대학교에서 만난 러셀의 기념액자. 그는 1890년 이 학교 트리니티 칼리지 장학생으로 입학했으며, 평생의 수학적 동지 화이트헤드(《수학원리 Principia Mathematica》의 공동저자)도 이곳에서 만났다.

괴델의 고향 체코 브루노, 오스트리아 빈

아리스토텔레스와 같은 반열에 오른 현대 유일의 수학자이자 논리학자의 고향은 체코의 브루노다. 1906년 괴델이 태어날 당시 이곳은 오스트리아-헝가리 연합 국가의 한 도시였기 때문에 그는 오스트리아인이면서 체코인이다.

체코의 프라하를 떠나 오스트리아의 수도 빈으로 향하는 길목에 위치한 이 작은 도시를 보기 위해 나는 오랜 기차여행도 마다하지 않았다. 케플러의 삶 한 부분에도 등장하는 브루노의 한여름 햇빛을 머리에 이고 걷는 것은 매우 힘든 일이었다. 때 마침 언덕 쪽으로 뜨거운 햇살에 달궈진 몸을 식힐 수 있는 나무 그늘이 있고 시내 전망도 좋아 보이는 성당이 내 눈길을 끌었다. 마당 한 구석에는 성당을 한쪽 벽으로 삼고 있는 작은 카페가 있었다. 그곳에 자리를 잡으니 언덕 위에서 불어오는 시원한 바람이 땀에 젖은 옷을 가볍게 흔들어 주며 내 시야를 환하게 열어 주었다. 몸과 마음을 편히 누이고 맘껏 휴식을 취할 수 있는 곳이다.

■한쪽 벽이 성당의 언덕인 야외 카페(왼쪽) 주위에는 각종 테마를 가지고 실내를 장식한 레스토랑(오른쪽)이 많았다. 특히 하늘을 거꾸로 걷는 사람 모습의 장식이 인상적이다.

■빈의 재래시장(왼쪽). 빈 공과대학교 본관 건물(오른쪽)의 천사 조형물이 여행객의 눈을 끈다.

초로의 여인이 주문을 받기 위해 무거운 몸을 이끌며 부엌에서 천천히 걸어 나왔다. 절고 있는 한쪽 다리 때문에 손 쟁반 위에 놓인 물 컵의 물이 온통 쏟아질 것처럼 불안하게 보였던 그녀가 만들어준 파르페는 환상적인 맛이었다. 푸짐하게 얹은 과일과 크림소스의 달콤함이 브루노와 그 카페에 대한 기억을 오랫동안 향기 나게 만들어 주었다.

여름 해가 그 위세를 조금 숙일 때쯤, 체코의 국경을 넘은 기차는 괴델의 불완전한 도시 오스트리아 빈으로 들어섰다. 괴델의 이름만으로도 충분히 느낄 수 있는 중압감을 머리에 이고 나는 그의 조국 오스트리아를 찾았다. 이곳 사람들은 자신의 도시를 빈이라 부르지만 영어식 발음은 좀 더 낭만적 느낌의 '비엔나'로 오스트리아에서 가장 훌륭한 고딕 양식인 슈테판 성당과 쉰브룬 궁전, 빈 공원이 있는 곳이다.

빈의 밤도 프라하처럼 아름다웠다. 숙소 체크인을 위해 로비에서 대기하던 몇 명의 젊은 여자들의 대화 중 '빈과 사랑에 빠졌다'는 말을 우연히

■빈의 뮤지엄 쿼터의 야간(왼쪽) 모습과 한낮의 모습(오른쪽)은 완전히 달랐다. 낮에는 한산한 이곳이 자정이 넘은 시간이 되면 사람들로 가득해진다.

엿듣게 되고부터는 내 발걸음이 더욱 바빴다. 비록 밤이 깊었지만 그들을 반하게 만드는 이 도시를 서둘러 보고 싶었다. 베토벤과 모차르트를 배출한 예술의 도시답게 뮤지엄 쿼터에는 흰 대리석의 건축물이 그 기품을 한껏 뽐내고 있었고, 이탈리아 피사에서 들었던 웅성거림보다 더 큰 울림이 광장에 가득했다. 때로는 새들의 지저귐으로, 때로는 웅장한 오페라의 합창소리로, 사람들의 이야기 소리는 서로 엉키면서 아름다운 음악을 만들어 가고 있었다. 자정을 넘긴 시간인데도 사람들의 숫자는 늘어만 갔다. 광장에 침대처럼 놓여 있는 보라색 조형물에 앉고, 기대고, 누워서 맥주 한 잔과 즐거운 대화를 이어가는 이들의 모습을 보면서 나는 빈의 첫날밤을 보냈다.

불완전성 정리와 불확정성 원리

인류의 역사에서 20세기의 초반은 불확실하고 불완전했던 불안의 시대였을지도 모른다. 이런 사회적 상황이 수학의 기본을 되돌아보게 만드는 계기가 되었을 것이다. 1928년 국제 수학자대회에서 힐베르트는 수학에 대해 다음의 세 가지 질문을 던졌다.

1. 수학은 완전한가? (모든 명제는 참 또는 거짓인가?)
2. 수학에는 모순이 없는가? (한 방법으로 참이라 증명된 명제가 다른 증명에 의해 거짓이 될 수는 없는가? 또는 명제 p와 부정 $\sim p$가 동시에 증명 가능한 p가 존재하진 않는가?)
3. 수학은 결정 가능한가? (각 수학명제가 증명 가능한지를 결정해주는 보편적으로 적용가능한 방법이 있는가?)

그는 자신이 제시한 세 질문 모두가 참으로 결론지어질 것이라 추측했으나 불과 몇 년이 지나지 않아 첫 번째와 두 번째 질문에 대한 답이 '아니오'라는 사실이 젊은 수학자 괴델에 의해 증명된다. 괴델은 논쟁의 핵심을 수학 전체로 확대하지 않고 산술로만 한정지은 후, 여기서 사용되는 모든 증명규칙은 숫자로 나타낼 수 있다는 아이디어를 생각해냈다. 좀 더 구체적인 이해를 위해 수학자 부울(George Boole)로부터 시작된 숫자 0, 1로만 이루어진 이진법 연산규칙을 생각해보자.

+	0	1
0	0	1
1	1	0

×	0	1
0	0	0
1	0	1

명제 p가 참이면 1, 거짓이면 0의 값을 주는 경우 이들과 유사한 연산규칙을 명제의 추론에서도 찾아낼 수 있다.

$p \vee q$		q	
		0(거짓)	1(참)
p	0	0	1
	1	1	1

$p \wedge q$		q	
		0(거짓)	1(참)
p	0	0	0
	1	0	1

이와 같은 방법으로 산술에서 사용되는 어떤 문자나 단어, 문장도 자연수와 일대일 대응으로 나타낼 수 있다는 '괴델 수'의 도입으로 괴델은 증명을 정수로 부호화하는 데 성공했다. 곧, 산술 이론 전체를 산술의 내부로 끌어들여 부호화함으로써 기호 게임으로 만든 것이다. 괴델은 이 체계에 '이 명제는 증명할 수 없다'와 같은 주장을 집어넣고 시험에 본 결과 이 공리체계에서는 참 또는 거짓을 밝힐 수 없다는 사실을 증명했다. 결국 수학의 완전성은 산술에서조차 성립하지 않는 것이다. 이렇게 해서 탄생한 괴델의 불완전성 제1정리는 다음과 같이 요약된다.

"수학적 논리체계에는 참이라고 할 수도, 거짓이라고 할 수도 없는 명제가 반드시 존재한다."

앞의 '우리 동네 이발사 문제'나 '거짓말 문제'처럼 주어진 논리체계에서는 증명할 수도, 부정할 수도 없는 명제가 존재하게 되므로 수학의 논리체계가 불완전하다는 사실을 수학적으로 증명해낸 것도 참 아이러니하다는 생각이 든다. 너무나 신비하게 들리는 괴델의 이론은 제2정리에서는 한 발 더 나아가 앞의 괴델 수에 의한 산술체계가 무모순도 아님을 보여줌으로써 다음 결론에 도달한다.

■ 괴델이 배우고, 가르치고, 살았던 빈 대학교 물리 수학과 건물(왼쪽)과 입구(오른쪽)

"수학에 모순이 없다는 사실을 증명할 수 없다."

이즈음 수학자 코언(Paul Cohen)에 의해 실수 연속체 가설은 참인지 거짓인지 알 수 없는 명제임이 증명되어 괴델의 결과에 힘을 실어주었다. 수학의 논리체계가 완벽하다고 믿어왔던 믿음에 결정적 카운트펀치를 날린 것이다. 특히 당시는 독일 수학자 힐베르트를 중심으로 수학은 완전하며, 모든 수학적 문제들은 결국에는 참이나 거짓 중에 하나로 판명되고 만다는 확실성이 강조되던 시절이었다. 유클리드 이래로 수천년 동안 수학자들에게 신앙과 같던 수학의 절대성이 괴델의 두 정리에 의해 무너짐으로써, 수학은 그다지 완전하지도 철저하지도 않은 엉성한 학문으로 바뀌었다. 괴델의 결론으로 당대 최고의 수학자 러셀, 화이트헤드, 힐베르트 등이 수학의 기초와 원리를 이해하기 위해 시작한 논리와 집합론은 방향을 잃어버리게 되었다.

불완전성 정리가 수학을 뒤흔들고 있을 무렵, 물리학도 새로운 관점에 흔들리기 시작했다. 수학의 불완정성 정리와 여러 면에서 비슷한 불확정성 원리 때문에 학계가 온통 혼돈에 빠져들고 있었다. 괴델의 발표 4년 전, 독일 물리학자 하이젠베르크(Werner Heisenberg)가 제안한 불확정성의 원리는 앞서 살펴본 것처럼 다음과 같다.

'위치의 측정이 운동량을 변화시키고, 반대로 운동량의 측정이 위치를 변화시켜 오차를 증가시키기 때문에 어떤 입자의 위치와 운동량을 동시에 정확하게 측정할 수 없다.'

수학이나 물리적인 의미를 제거하고 단순하게 생각하면 이 세상에 확실한 것은 하나도 없다는 것이다. 괴델의 경우처럼, 이 원리가 발표되자 아인슈타인, 슈뢰딩거 같은 당대 최고의 물리학자들은 격렬하게 이를 비난했으나 이 원리는 이제 누구도 부정할 수 없는 현대 양자물리학의 기초가 되었다.

수학에는 오랫동안 해결되지 않고 현재까지 남아 있는 많은 문제들이 있다. 괴델이 나타나기 전까지는 대부분의 수학자들은 수학이 더 발전하면 언젠가 이 문제들이 반드시 해결될 거라 믿었다. 그러나 괴델의 불완전성 정리는 남아 있는 문제 중에는 절대로 해결될 수 없는 문제가 있음을 증명한 셈이다. 마찬가지로 불확정성 원리에 따르면 물리학과 측정기술이 아무리 발전해도 정확하게 알 수 없는 것이 존재한다. 괴델의 불완전성 정리, 하이젠베르크의 불확정성 원리, 아인슈타인의 상대성이론은 이후 수학과 과학의 범주를 벗어나서 20세기 지적 체계를 구성하는 세 개의 기둥이 되었다. 어떤 논리적, 물리적 체계도 안주할 수 있는 확고부동한 근거가 될

■오스트리아의 수도 빈은 매우 아름다운 건축물로 가득하다. 이 중에서도 특히 웅장함과 정교함을 자랑하는 슈테판 성당(왼쪽)과 합스부르크(Habsburg)왕가의 여름별궁으로 사용되었던 쇤브룬 궁전(오른쪽)이 관광객들의 시선을 끈다.

수 없다는 사실을 모든 지식인들이 받아들이게 된 계기가 되었다.

굶어 죽은 수학자, 괴델의 첫사랑

18세에 고향 브루노를 떠나, 빈 대학교 의과 대학에 재학 중이던 형을 따라서 이곳에 온 젊은 괴델은 이미 대학 입학 전에 대학 수준의 수학은 모두 이해하고 있었다. 한결 여유를 갖고 수학과 철학의 교과목을 자유롭게 선택할 수 있었던 그는 특히 칸트와 러셀의 수리철학에 흥미를 보였다. 수학뿐만 아니라 모든 과학의 공통 토대가 되는 원리와 아이디어가 있을 것이라 믿고 이를 연구하기로 결심한 괴델은, 박사학위를 받은 이듬해에 '불완전성 정리'를 발표했다.

빈 대학교의 입구는 세련된 오페라 하우스를 들어서는 느낌이었다. 학

■빈 대학교의 외부(왼쪽)와 내부(오른쪽) 모습. 마치 박물관이나 미술관에 들어온 듯한 착각에 빠질 정도로 잘 정돈된 곳이다.

교 내부 정원도 마치 박물관이나 미술관에 들어 온 듯한 착각에 빠질 정도로 잘 꾸며져 관리되고 있었다. 입구 안내원에게 괴델이 공부하던 흔적을 물으니 그는 금방 '수학자 괴델?'하면서 반문했다. 먼 길을 찾아 온 이에겐 환영인사처럼 들리는 반가운 반응이었다. 그의 안내에 따라 대학 본부로부터 전철로 다섯 정거장 떨어져 있는 물리수학과를 찾아 나섰다. 프랑스 문화원 인근부터 빈 대학교의 의과대학, 자연대학 건물들이 시작되었고, 도심 속에 조용한 공원처럼 위치한 물리수학과 건물도 이내 찾을 수 있었다. 안내인의 설명에 따르면 이 근처에 괴델의 동상이 있어야 했으나 아무리 찾아도 동상은 보이지 않았다. 그의 동상을 찾기 위해 나는 그가 수학을 공부하고, 학생들을 가르치고, 동료들과 함께 걸었을 건물 내부와 그 앞길을 수도 없이 반복적으로 돌고 있었다.

현대 수학에 큰 획을 그은 괴델은 어이없게도 굶어 죽었다. 젊은 시절부터 그를 괴롭혀오던 정신질환으로 인해 누군가 그를 독살하려 한다는 망상에 사로잡혀 있던 괴델은 1978년 1월 14일 굶주림에 의한 영양실조로 생을 마감했다. 당시 그의 몸무게는 30kg이었다.

그의 결혼부터 죽음에 이르는 모든 삶은 보통 사람의 상식을 넘는 것이다. 이곳에서 평생의 반려자가 된 아델(Adele Nimbursky)이라는 여인을 운명적으로 만날 당시, 그녀의 나이는 28세로 괴델보다 일곱 살 많았고, 이미 한 번 결혼했던 이혼녀로 나이트클럽의 댄서였다. 어울리지 않을 것 같은 두 사람의 관계는 10년이나 이어졌고 마침내 1938년 가족들의 반대에도 결혼은 감행됐다. 현재의 자유로운 유럽인들의 결혼 풍습을 생각해 보면 이해하기 힘들지만, 당시에는 유럽에서도 결혼은 두 사람의 사랑만으로는 이루어지지 못한 듯하다. 이 과정에서 괴델은 자신의 아버지와 매우 심한 정신적 갈등을 겪게 되는 데 이것이 후에 정신적 발작 증세와 편집증의 원인이 되었다고 전해진다.

불완전성 정리 발표로 명성을 얻은 괴델은 줄곧 빈 대학교에서 학생들을 가르치다, 1940년 무렵 나치 독일의 통치를 벗어나기 위해 미국으로 망명하여 프린스턴 고등과학원(IAS) 교수로 나머지 생을 보냈다. 미국에서 그의 유일한 친구는 IAS 동료 교수였던 아인슈타인뿐으로 간혹 그의 명성을 듣고 찾아오는 사람이 있어도 괴델을 만나고 돌아갈 수는 없었다. 어렵게 괴델과 연락이 닿아 약속을 정해도 번번이 그는 약속 장소에 나타나지 않았다.

아델에 대한 그의 사랑은 절대적인 것이었다. 그는 항상 아델과 함께 생활하고 여행했으며, 정신병이 발병한 이후에는 아델이 챙겨준 음식 이외에는 일절 거절했다. 아델도 나이가 먹어감에 따라 건강이 나빠져서 수술을 받기 위해 입원을 해야 하는 사건이 생겼다. 입원 전에 남편의 음식을 세심하게 준비해 두었으나 그녀가 없는 동안에 괴델은 음식물에 손을 대

■미국 뉴저지 프린스턴 공동묘지에 있는 두 사람의 공동비석(위쪽). 오스트리아 수도 빈의 박물관(아래쪽)

지 않았다. 주위 사람들 노력에도 불구하고 그녀가 퇴원해 집으로 돌아왔을 때는 이미 사태는 돌이킬 수 없게 되었다. 괴델이 죽은 후 채 3년이 되지 않아 아델도 세상을 떠났다. 프린스턴의 한 공동묘지의 비석 아래에 영원히 같이 잠들어 있다는 사실 만으로도 그들의 사랑이 아름다우면서 애달프다.

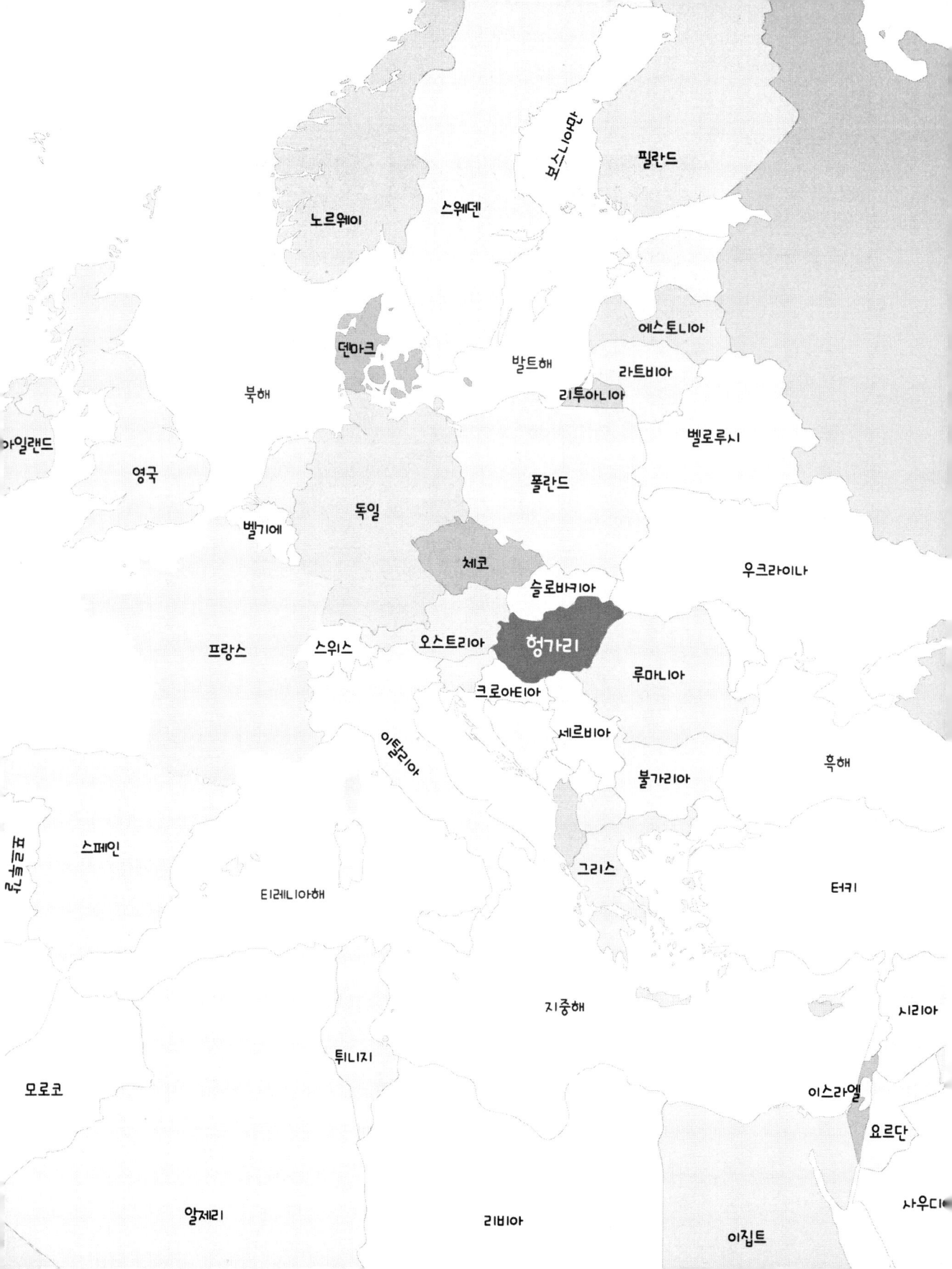

PART 06
헝가리

최선의 선택, 허공을 향해 쏴라
−폰노이만의 게임이론(1)

게임이론의 개척자 폰노이만

폰노이만(John von Neumann, 1903-1957)에 의해 정식으로 수학의 한 분야로 자리 잡은 게임이론(game theory)을 이해하기 위해 한 가지 예를 생각해 보자.

A, B, C 세 사람이 총을 한 자루씩 들고 한 사람만 살아남을 때까지 번갈아 가면서 총을 쏘는 게임을 한다. A, B, C 세 사람의 명중률은 각각 100%, 70%, 40%라고 하고 총을 쏘는 순서는 명중률이 낮은 순서 C, B, A순으로 한다면, 처음 시작하는 C는 누구를 쏘아야 하는가?

이 문제의 답은 허공을 쏘는 것이다. 직관적으로 생각하면 최선의 선택은 C가 둘 중의 한 사람을 죽이는 것이 옳아 보인다. 그러나 C가 B를 쏘아

명중시키면, 그는 최악의 선택을 한 셈이다. 다음에 쏘게 될 A의 적중률은 100%이므로 C는 A의 총에 죽게 될 것이기 때문이다. 또, C가 A를 쏘아 명중시켜도, 그는 명중률이 70%인 B의 총에 당할 입장에 서게 된다. 만약, C가 허공을 쏘면 이제 같은 선택을 B가 해야 한다. B의 입장에서도 C를 명중시키는 것은 A의 총에 맞게 되는 것을 의미하므로 최악의 선택이 된다. 결국 B는 A를 쏘게 될 것이고 그 결과에 따라 두 사람 중 한 사람은 죽게 된다. 이제 남은 사람을 C가 다시 쏠 수 있는 기회가 생기는 것이다.

이 예는 '치킨게임', '죄수의 딜레마'와 더불어 게임이론의 특성을 설명해주는 대표적인 예이다. 새로운 수학, 게임이론은 게임을 진행시키는 인간의 성향을 수학적으로 서술하기 위해 만들어진 것이다. 게임 참가자들이 상대의 결정에 따라 상호 작용하면서 변화해 가는 상황을 이해하고 매 순간 어떻게 행동하는 것이 더 이득이 되는지를 수학적으로 설명하기 위한 목적으로 시작되었다.

헝가리 부다페스트에서 폰노이만의 어린 시절을 만나다

게임 이론 개척자 폰노이만의 고향에 대한 첫인상은 다른 유럽 도시에 비해 허름해 보이는 역 앞 거리 풍경에서 시작되었다. 도시 전체를 한 설계자가 디자인한 것 같은 건물들의 조화로운 배치, 화려한 조명과 웅장한 기념탑 등에도 불구하고 헝가리 부다페스트는 관리되지 않은 가난의 느낌이 곳곳에서 베어 나왔다. 도나우 강, 세체니 다리(Chain Bridge), 부다 왕궁의 조합은 체코 프라하 밤 풍경과 닮아 있었으나 여행객으로서 내 감동은 훨씬 적었다. 언덕의 부다와 평야의 페스트 지역이 합해져 만들어진 도시 한가운데를 가로지르는 도나우 강을 사이에 두고, 서로 마주보는 왕궁과 국회 빌딩이 헝가리의 과거와 현재를 연상시키는 절묘한 조화라는 가이드

■도나우 강 건너편에서 올려다본 부다페스트 왕궁(왼쪽)과 부다페스트 왕궁에서 내려다본 시내의 모습(오른쪽)

북의 설명도 크게 공감하기는 어려웠다.

　해질녘부터 밤늦도록 강변 풍경을 보면서 음악이 나오는 카페 앞에서 시원한 강바람을 즐기다 숙소에 돌아오니, 제각기 다른 나라로부터 모여든 젊은이들이 식당에 모여 자신들의 언어로 여행담을 나누느라 건물 전체가 시끌벅적했다. 끼어들고 싶었지만, 여행의 피곤함이 나를 침대로 이끌었다. 다음날, 아침부터 이슬비가 내리기 시작하더니 숙소를 나선 지 얼마 되지 않아 굵은 빗줄기로 바뀌었다. 퍼붓는 소낙비보다 여행객의 발길을

■옛 부다페스트 대학교(위쪽)는 방학을 이용한 공사 때문인지 학생들이 거의 보이지 않았다(아래쪽)

■도나우 강을 가로 지르는 세체니 다리(위쪽)와 폰노이만의 모교 근처 한산한 시내(아래쪽)

어지럽게 한 것은 부다페스트에는 부다페스트 대학교가 없다는 숙소 직원의 대답이었다. 폰노이만이 졸업한 학교가 없을 수는 없다는 생각과 함께 불현듯 베를린에서 베를린 대학교를 찾아 헤매던 기억이 떠올랐다. 다행히 프런트 직원이 부지런히 인터넷 검색을 하더니 자기가 다니고 있는 학교, 에떼(Eötvös Loránd University)가 한때는 부다페스트 대학교로 불렸다고 말해 주었다. 왜 이렇게 자주 학교 이름을 바꾸는지. 유럽에서도 가장 전통 있는 대학 중 하나인 이 학교는 1921년까지는 부다페스트 대학교로 불리다가,

신학자 피터 파즈마니(Péter Pázmány)의 이름으로 대학 명을 바꾼 지 얼마되지 않아 1950년에 또다시 물리학자 로란드 에트보스(Loránd Eötvös)의 이름으로 명칭을 변경했다. 에떼는 약칭이다.

학교 여기저기 공사 인부들만이 분주하게 오갈 뿐, 여름방학을 이용한 공사 때문인지 건물 곳곳이 폐쇄되어 있었고 학생들도 보이지 않았다. 정문 수위실외 이곳저곳을 기웃거리며 폰노이만의 자취를 물어보아도 별 신통한 대답이 없는 이곳을 벗어나, 그가 다녔던 중고등학교를 찾아 나서기로 했다. 이름 앞에 붙는 폰(von)은 그의 가문이 귀족임을 알려주는 것으로, 부유한 은행가였던 그의 아버지는 독일어로 수업을 하는 사립 기숙학교에 그를 입학시킬 수 있을 정도의 재력을 가지고 있었다.

게임이론의 개척자 폰노이만

친구들과 중국음식점에 모여 주문한 음식값을 N분의 1로 내기로 한 저녁식사 상황을 한 번 떠올려 보자. 여럿이 식사하는 상황에서 값을 똑같이 나누어 내기로 했다면, 옆 친구는 비싼 탕수육을 주문하는데 나는 값싼 짜장면을 주문할 이유가 전혀 없다. 결국 모든 사람이 상대적으로 값비싼 메뉴를 주문하게 되고, 그 결과 혼자서 밥을 먹을 때보다 더 비싼 저녁식사를 하게 되는 것이 보통이다. 인간 상호작용으로 인해 발생하는 이런 '저녁식사의 딜레마'를 수학적으로 모형화하여 설명할 수 있고, 좀 더 나은 방법을 찾는다면 훨씬 사회적으로 이익이 되는 결론에 도달할 수 있을 것이라고 폰노이만은 생각했다.

게임은 참가자, 게임전략, 결과에 대한 보상이라는 세 요소가 결정적 역

■여럿이 식사하는 상황에서 값을 똑같이 나누어 내기로 했다면, 옆 친구는 비싼 탕수육을 주문하는데 나는 값싼 짜장면을 주문할 이유가 전혀 없다.

할을 한다. 1928년 폰노이만이 미니맥스 이론을 증명했을 때까지만 해도 그의 게임전략은 주로 두 사람 사이의 '제로 섬 게임(zero sum game)'에 초점이 맞추어져 있었다. 이는 게임에 참가한 사람들 사이에는 한쪽의 이익은 반드시 누군가에게는 불리함으로 작용한다는 원리를 기본으로 한 것으로, 집단 전체의 이익과 손해를 모두 더하면 항상 0이 된다는 원칙이다.

게임이론은 특히 여러 경제 주체의 이해관계를 조정하는 합리적 결정에 대한 경제문제에서 급속한 진전을 이루고 곧바로 당시 2차 세계대전에서 최소의 손실로 수행할 수 있는 전략폭격 계획 문제에 응용되었다. 1970년대에는 다른 학문과도 의사소통이 가능해짐으로써 게임이론을 매개로 학문적 융합이 급속도로 진척되는 계기가 되었다. 체스, 포커 등 도박게임을 비롯해 군 간부들의 전술훈련 교재로도 사용되기 시작했다.

조건을 바꾼 결투 게임

세 명 A, B, C가 결투를 벌이는 앞의 문제는 게임 이론에서 매우 다양한 모습으로 변형될 수 있다. 수학자들이 생각하는 게임 결과를 바꿀 수 있는 조건들은 다음과 같다.

- 세 명 명중률

  같은 경우, 서로 다른 경우, 또는 두 명만 같은 경우
- 세 명이 총을 쏘는 순서

  동시에 쏘는 경우, 세 명이 순서대로 발사하는 경우
- 세 명이 총을 순서대로 발사하는 때에 발사 순서

  무작위로 하는 경우, 발사 순서를 특별히 정하는 경우
- 결투 참가자의 총알의 개수

  한 발만 사용하는 경우, 두 발만 사용하는 경우, 무한히 사용하는 경우
- 허공을 쏘는 것을 허용할지 여부

  허용하는 경우, 허용하지 않는 경우

게임이론의 연구 결과에 의하면 대부분의 경우 명중률이 낮은 참가자는 첫 발을 허공을 향해 발사하는 것이 유리하다. 특히 상대 두 사람의 명중률이 모두 50% 이상인 경우에는 두 사람 중 한 사람이 죽을 때까지는 계속하여 허공을 쏘는 것이 유리하다. 이런 게임에서는 일반적인 예상과는 달리, 발사 순서에 관계없이 명중률이 제일 낮은 참가자가 최후 승자가 될 가능성이 높다. 다음의 예를 생각해보면 쉽게 그 결과를 이해할 수 있을 것이다.

명중률이 각각 100%, 70%, 40%인 A, B, C 세 사람이 각각 두 발의 총알이 장착된 총을 들고 결투를 벌인다. 모든 사람이 동시에 총을 발사할 때 누가 살아남을 확률이 가장 높은가?

A 입장에서는 C보다 명중률이 높은 B를 먼저 죽이는 것이 유리하다. 따라서 A가 첫 발사에서 쏠 상대는 B가 될 것이기에 B의 생존율은 0%이다. 마찬가지로 B는 명중률이 가장 높고 자신을 향하여 총을 발사할 것이 분명한 A를 겨누어 총을 발사하게 될 것이다. 결국 C만 남게 되는데 C의 입장에서는 첫 결투에서 반드시 죽게 될 B에게 굳이 총알을 낭비할 이유가 없다. 결국 C도 A를 향하여 발사를 하게 될 것이므로 A가 첫 발사에서 살아남을 확률은 $(1-0.4)(1-0.7) = 0.18$이 된다.

첫 발사에서 100% 확률로 살아남은 C가 두 번째 발사에서 죽을 확률은 명중률 100%인 A가 첫 발사에서 살아남을 확률과 같으므로 0.18이 된다. 곧, 그의 생존확률은 0.82이다. 한편 A가 두 번째 발사 후까지도 살아남을 확률은 $0.18(1-0.4) = 0.108$이 되므로 C의 생존율 A보다 7.6배나 높다.

폰노이만의 컴퓨터와 난수

컴퓨터는 전쟁을 위해 만들어졌다. 1946년 미국 펜실베이니아 대학교에서 만든 컴퓨터 에니악(ENIAC)도 포탄의 궤적을 계산하거나 수소폭탄의 폭발 결과를 예측하는 등 군사적 목적으로 개발된 것이다. 이것이 세계 최초의 컴퓨터로 널리 알려져 있지만 이미 5년 전인 1941년, 독일은 탄도 계산이나 암호해독 등에 이용하기 위한 군사 장비로 Z3라 불리는 컴퓨터를 개발했고, 영국에서도 이보다 조금 늦은 1943년에 독일군의 암호를 해독하기 위한 최초의 전자식 디지털 컴퓨터인 콜로서스 1호를 만들어낸 바 있다. 이 기계는 영국 수학자 앨런 튜링의 '붐베'라는 암호해독기를 속도 처리가 빨라지도록 개선시킨 것이다. 그럼에도 일반에게 이들의 존재가 알려지지 않은 이유는 2차 세계대전이라는 특수한 전쟁 상황에서는 존재 자체가 일급비밀이었기 때문이다.

대중에게 최초로 정체를 드러낸 컴퓨터 에니악은 18,000개의 진공관이 들어가 무게가 30톤에 이르는데다 가격은 당시 50만 달러(현재 가격 60억 원)에 이르렀기 때문에 일반인은 관심을 갖지 않았다. 게다가 연산이 달라지면, 이를테면 덧셈을 하다가 뺄셈을 해야 하는 경우에는 프로그램을 바꾸는 것이 아니라 사람의 손으로 배선을 바꿔줘야 하는 결정적인 약점도 가지고 있었다. 이 문제를 해결한 사람이 폰노이만이다. 중앙처리 장치 옆에 메모리를 만들어 놓고 실행 연산이 달라지면 이곳에 저장된 필요한 소프트웨어를 불러내 처리하는 방식을 도입한 그의 전자식 컴퓨터가 현대 컴퓨터의 원형인 셈이다. 폰노이만 스스로 '인간의 생각하는 능력'과 '뇌의 작동 원리'를 컴퓨터에 적응하려고 했다고 말했던 것처럼, 이 방식은 새로운 컴퓨터 개발에 사용되는 일반적인 원리가 되었다. 그러나 인간 두뇌의 구조를 연구하던 그가 너무 일찍 죽는 바람에, 진정으로 인간처럼 생각하는 방식(병렬식 연산 방식)의 컴퓨터 개발은 오랫동안 미루어지게 되고 말았다.

제2차 세계대전 동안 원자폭탄을 만드는 미국 정부의 비밀 계획은 맨해튼 프로젝트(Manhattan Project)라는 암호명으로 불렸다. 비밀을 유지하기 위해 미국은 뉴멕시코주 깊은 산속 로스앨러모스(Los Alamos)에 연구소를 세우고 세계 최고의 과학자들을 모아 격리시켜 연구하도록 했다. 이 연구에 참여한 폰노이만은 1945년 7월 16일 최초의 원자폭탄 폭파 실험의 목격자가 되었으며, 1947년 이 모임이 해체된 이후에는 더 강력한 수소폭탄의 개발에 적극적으로 관여했다.

수소폭탄의 개발에 꼭 필요한 것이 난수다. 폭발력 때문에 일반적인 실험이 불가능한 이 폭탄의 가상 폭파 결과가 현실과 같으려면, 실험실의 가상환경에서 만들어진 자연 환경이 필요했다. 이 자연을 만들기 위해서는 인간의 의지가 전혀 개입되지 않은 숫자, 난수가 필요했으므로 폰노이만은 이 난수를 컴퓨터 프로그램으로 만들어 내는 방법을 생각해 냈다. '중간수제곱법'이라 불리는 폰노이만의 난수 제조법은 다음과 같다.

첫 번째, 씨앗이 되는 n자리수를 임의로 택한다.

두 번째, 이 수를 제곱해 가운데에서 n자리 수를 택한다. 필요하다면 0을 수의 앞부분에 추가해서 자릿수를 맞춘다. 이렇게 택해진 n자리 수가

■ 맨해튼 프로젝트의 상징 엠블럼. 가운데 A는 원자폭탄(Atomic Bomb)를 상징하는 듯하다.

첫 번째 난수가 된다.

세 번째, 이 수를 다시 제곱하여 앞의 과정을 반복해 난수를 만들어 간다.

폰노이만의 방법에 따라 세 자리 숫자 난수를 만들어 보면 다음과 같다.

첫 번째, 임의 숫자 123을 택한다.

두 번째, 이를 제곱하면 15129가 되는데, 이중에서 가운데 3자리 수를 택한다(512).

세 번째, 512를 제곱해 얻은 수 262144는 가운데 3자리 수를 택하기 어려우므로 앞부분에 0을 추가해 0262144를 만든 후 가운데 3자리수를 택한다(621).

이 과정을 반복해 얻게 되는 난수는 다음과 같다.

512
621
854
293
584
410
681
637
057
324
……

가상현실의 재현에 유용하게 사용되었던 폰노이만의 난수에는 결정적 한계가 있다. 이 방법을 반복하다보면, 언젠가는 반드시 같은 숫자가 나타날 것이므로 이후부터는 같은 수가 반복적으로 나오게 된다는 사실이다. 곧, 앞의 난수 발생 과정을 999번을 반복하면 반드시 같은 수가 적어도 한 번은 나타날 것이고, 예를 들어 621이 다시 나타나면 그 다음 수는 854, 그 다음 수는 293…이 될 것이다. 이처럼 프로그램에 의해 발생된 난수는 아무리 정교한 프로그램이라도 같은 수와 패턴의 반복을 피할 수 없다. 다음 발생 수를 예견할 수 있다면 이는 더 이상 난수가 아니므로 폰노이만의 방법으로 얻은 이 같은 난수는 의사난수(pseudo-random number)라 불린다.

폰노이만의 난수 발생의 단점을 극복하고자 하는 노력은 아직도 진행 중이지만, 같은 패턴의 반복을 피할 수 있는 유일한 방법은 자연에서 찾을 수밖에는 없다는 것이 대체적인 결론이다. 전자 백색 소음이나 방사능물질의 퇴화 등과 같이 혼란과 무질서의 소스가 포함되어 있어야만 진정한 난수를 만들어 낼 수 있다고 현재까지 연구결과들은 말한다. 수소폭탄의 경우뿐 아니라 실제 실험에 비용과 시간이 많이 드는 신약 개발 등에도 가상현실에 대한 수요가 많이 있어, 난수 개발은 이제 제법 수지타산이 맞는 사업이 되었다.

폰노이만 고등학교

폰노이만의 십대의 추억이 담겨 있는 학교는 영웅광장에서 아주 가까운 곳에 있었다. 관광 지도에는 큰길을 제외하고는 도로 이름이 잘 표시되어 있지 않았기 때문에, 대강의 위치를 인터넷으로 찾아보고 갔지만 정작 근처에 도착해서는 정확한 건물을 찾을 수가 없었다. 장대 같은 한여름 장맛

■폰노이만이 졸업한 고등학교의 입구에는 학교를 빛낸 졸업생 3명의 이름이 나란히 새겨진 대리석이 있다. 이 한가운데에 폰노이만이 있었다.

비 때문에 길을 물어볼 수 있는 사람도 거의 보이지 않아 나는 한동안 이 곳저곳을 기웃거리며 헤매야 했다. 우산을 쓰고 있어도 세찬 빗줄기에 온몸이 흠뻑 젖은 내 모습을 본 한 남자가 길 건너 교회 건물로 나를 직접 데려다 주었다. 건물에는 파소리 에반젤리쿠스 짐나지움(Fasori Evangelikus Gimnázium)이라는 학교 이름이 또렷하게 쓰여 있었고, 입구에는 이름을 가린 학생들의 성적표도 게시판에 붙어있었다. 교회 부속학교라는 생각을 하지 못한 채, 교회 건물은 학교가 아닐 것이라고 미리 단정해 버린 내 성급함 때문에 이 건물을 눈앞에 두고도 그토록 허둥댔던 것이다. 큰 길에 접한 학교 건물 벽에는 이 학교를 빛낸 졸업생쯤으로 보이는 세 사람의 이름이 새겨져 있었고, 이 한가운데에 폰노이만의 이름이 있었다.

노벨경제학상 수상자는 수학자
-폰노이만의 게임이론(2)

노벨상을 받은 경제학자는 모두 수학자?

몇 년 전 노벨상 수상자 명단 발표가 이어지는 동안 한 신문 기사의 제목이 나의 시선을 끌었다. 노벨 경제학상의 수상자가 수학자라는 기사다. 나에게는 너무도 당연하게 여겨지는 이 제목이 일반인들에게는 매우 낯설 수도 있겠다는 생각이 들었다. 노벨 경제학상을 받은 사람이 모두 수학자는 아닐 것이다. 그러나 적어도 그들은 모두 수학에 대한 깊은 이해와 함께 수학을 이용하여 사회현상(경제)을 표현해 내려 한 사람들이었다. 노벨상 이전의 경제학은 수학적인 관찰 대상보다는 사상이나 정치 철학에 가까운 학문으로 여겨져 왔는데 '현대 경제학의 위대한 스승' 사무엘슨(Paul Samuelson, 1915-2009) 이후로는 모든 것이 달라졌다. 그는 재정학, 국제무역,

■ 미국 최초 노벨경제학상 수상자 사무엘슨과 미국 클린턴 대통령

국제금융 등 방대한 주제를 다룬 수많은 논문을 수학을 이용하여 전개했다. 추상적 문장으로 복잡하게 제시돼 왔던 수많은 경제이론을 수학방정식을 이용해 간명하게 체계화함으로써 경제학을 '과학'으로 만든 이유로 사무엘슨은 1970년 미국인 최초 노벨 경제학상 수상자가 되었다. 그는 불가능해 보이는 추상적인 개념조차 수량화하려 노력했고 이렇게 수량화된 것들 사이의 관계를 식으로 나타냈다.

하버드 대학의 리온티프(Wassily Leontief, 1905-1999) 교수도 그런 사람 중 한 명이다. 그는 1940년대 미국의 노동 통계국에서 발행하는 경제에 관한 25만 개의 정보를 2년간의 작업 끝에 500가지의 분야로 나누어 분류한 후, 이들 사이의 관계를 500개의 방정식으로 나타냈다. 이러한 일은 이전에는 엄두도 낼 수 없는 일이었고, 시도할 필요도 없는 일이었다. 당시 그가 이용할 수 있던 컴퓨터 마크2는 이 500개의 방정식을 감당할 수 없었기 때문에, 그는 500개의 방정식을 42개로 줄이는 작업을 한 후 56시간의 컴퓨터 작업을 거쳐 방정식의 답을 구할 수 있었다. 이것은 경제학에 행렬을 이용한 최초의 사건이었으며 수학적 모델링(Modeling)이라는 학문 분야의 시작으로, 규모가 큰 경제적 모델을 수학적으로 어떻게 다룰 수 있는지에 대한 본격적인 연구이기도 했다. 500개의 분야가 서로 방정식으로 연결되어 있으므로 한 분야를 통제하면 전체 경제를 통제할 수 있다는 것이 그의 결론이다. 예를 들어 전기료를 통제하면 석탄이나 철강의 가격도 저절로 통제가 가능하다는 것인데, 이런 관계만 이해한다면 모든 물건의 시장가격을 정부가 쉽게 조절할 수가 있게 된다. 1973년 리온티프는 노벨 경제학상을 받았다.

특히 게임이론은 역대 노벨 경제학상 수상자들의 단골 연구 분야이다. 미국 수학자 내쉬(John Nash, 1928-2015)가 1994년 게임이론을 발전시킨 공로로 노벨 경제학상을 수상한 이후로 2005년 이스라엘의 아우만(Robert Aumann)과 미국의 셸링(Thomas Schelling)도 '갈등과 협력의 게임이론'으로, 또 2007년에는 후르비치(Leonid Hurwicz) 등 미국 경제학자 3인이 '제도설계이론'으로 노벨경제학상을 공동 수상했다. 이들의 연구는 초기 게임이론을 한층 발전시킨 것으로, 이해당사자 간 이해관계 충돌로 정부 정책 입안이나 제도 개혁이 어려울 경우에 어떻게 제도를 설계하면 목표를 달성할 수 있는지를 이론적으로 설명한 것이다. 2012년에는 어떤 프로젝트에 여러 명이 참여했을 때 참가자들의 공헌도를 합리적이고 공정하게 나누는 '협력적 게임이론에 토대를 둔 분배이론'의 연구로 UCLA 섀플리(Lloyd Shaply, 1923-2016)도 같은 상을 받았다.

■ 부다페스트 공원 입구 호수에는 자동차 같은 여러 조형 작품들이 물 위에 떠 있듯 전시되어 있다(왼쪽). 영웅광장과 공원지역은 유네스코 세계 문화유산으로 지정된 곳이다.

폰노이만의 학창시절

영웅광장은 부다페스트에서 가장 많은 사람들이 방문하는 곳 중의 하나로 폰노이만 고등학교와 이웃하고 있다. 광장 한가운데 우뚝 솟아있는 흰색 기둥의 밀레니엄 기념탑 꼭대기에는 천사 가브리엘이 수호신처럼 도시를 내려다보고 있다. 1896년 헝가리 탄생 천년을 축하하는 행사의 중심지였던 이곳은 이후, 소련이 부다페스트를 점령했을 때에는 군대 퍼레이드나 공산주의 축하 행사를 개최하는 데 사용되었고 1956년에는 소련에 저항하는 헝가리인들의 봉기 장소이기도 했다. 이웃한 부다페스트 공원 입구 호수에는 전위적 느낌의 오두막이나 자동차 같은 여러 현대 조형 작품들이 물 위에 떠 있듯 전시되어 있었다. 영웅광장과 공원지역은 유네스코 세계 문화유산으로 지정된 곳이다.

폰노이만은 어렸을 때부터 매우 뛰어난 천재성을 보였다. 6세 때부터 고대 그리스어를 익혀 농담을 주고받을 정도였으며, 전화번호부를 외우고, 복잡한 계산을 암산으로 처리해 내는 능력을 갖고 있었다. 파티를 즐겼던

■폰노이만이 청소년기를 보낸 고등학교(왼쪽)에서 돌아오는 길에서 만난 두 얼굴의 석상(오른쪽). 석상의 한쪽은 우는 얼굴, 다른 쪽은 웃는 얼굴을 하고 있었다.

아버지는 종종 손님들 앞에 자신의 아들을 세워놓고 전화번호부 한 쪽을 몇 초 동안 읽어보게 한 후 이를 암송하게 했는데, 그는 전화번호뿐만 아니라, 이름, 주소까지 하나도 틀리지 않고 전체를 암송했다고 한다.

수학에서 보이는 그의 특별한 재능을 키우기 위해 가정교사를 따로 고용한 그의 아버지 덕분에 그는 15세에 이미 미적분학을 완전하게 이해할 수 있게 되었다. 부다페스트 대학에 진학할 때에는 졸업 후 여유로운 생활이 보장될 수 있다는 아버지의 권유를 받아들여 화학을 전공으로 택했으나, 틈나는 대로 자신이 가장 잘할 수 있는 수학 과목 강의 듣기를 게을리 하지 않았다. 그를 가르쳤던 수학교수 중에 한 명은 다음과 같은 기록을 남겼다.

"조니(폰노이만)는 내가 두려워했던 유일한 학생이다. 아직 풀리지 않은 문제라며 내가 강의 중에 제시한 문제들에 대한 풀이를 강의가 끝나자마자 몇 줄로 간략하게 적어 가져오곤 했다. 대부분 짧지만 완전한 풀이였다."

결국 수학으로 전공을 바꾼(부전공은 실험 물리와 화학) 그는 22세에 박사학위를 받았고 이와 거의 동시에 스위스 공과대학교(ETH Zurich) 화학공학 박사학위도 취득했다. 1926년 독일 베를린 대학교에서 23세는 역사상 최연소 기록으로 학생들을 가르치면서 '젊은 천재'로 그의 이름이 수학자들 사이에 회자되기 시작했다. 30세에 미국 프린스턴 고등과학원 교수로 임용되어 아인슈타인을 비롯한 당대 최고의 수학자, 과학자들과 같은 반열에 올랐고 죽을 때까지 이곳에 머물며 현대 수학의 전설이 되었다.

폰노이만 고등학교에서 돌아오는 길에서 만난 두 얼굴의 석상이 왠지 눈길을 끌었다. 한쪽은 우는 얼굴, 다른 쪽은 웃는 얼굴을 한 야누스 같은 석상을 보고 있으려니 갑자기 여행의 고단함이 밀물처럼 밀려와 내 마음을 차갑게 내려앉게 했다.

내쉬 균형

앞서 말한 것처럼 폰노이만 이래로 전통적 게임이론은 주로 '제로 섬 게임'에 초점이 맞춰져 있었으나 내쉬는 다른 경우도 수학적 표현이 가능하다고 믿었다. 그 연구의 핵심은 집단 전체적으로 이익이 되는 균형값에 대한 것으로, 한 금발 미녀를 얻기 위하여 경쟁하는 남자들의 예를 들어 설명한 영화 '뷰티플 마인드'의 한 장면을 보면 쉽게 이해할 수 있다.

우리가 저 금발 아가씨를 차지하기 위해 서로 피 흘리며 싸우면, 아무도 여자를 잡지 못해. 꿩 대신 닭이라고 그녀의 친구들한테 접근하면, 그녀들은 아마도 우릴 무시할 거야. 대타라면 좋아할 사람 아무도 없잖아? 그런데 말이야, 아무도

금발을 넘보지 않는다면? 싸움도 없고, 그녀 친구들도 기분 상할 일이 없겠지. 그게 다 같이 이기는 길이야. 애덤 스미스가 말하기를, "최고의 이익은 개개인이 그룹 안에서 자신을 위해 최선을 다할 때 생긴다"고 했어. 맞지? 근데, 완전한 답이 아니야. 불완전해. 불완전하다고 … 왜냐하면 최선의 결과는 자기 자신뿐만 아니라, 소속된 그룹을 위해서도 최선을 다해야 오기 때문이지. 애덤 스미스가 틀린 거야.

그의 균형 이론은 인간이나 동물들의 집단생활 방식이나 방향성을 설명해 주는 좋은 이론적 근거가 된다. 후에 한 번 더 다루겠지만 이 균형은 이기적 유전자의 이타적 행동의 설명에도 사용된다. 다음 두 문제, 죄수의 딜레마와 치킨게임은 내쉬 균형의 대표적 문제들이다.

〈죄수의 딜레마〉

1950년 미국 프린스턴 대학교의 수학과 교수 터커(Albert Tucker)는 스탠포드 대학교 심리학자들로부터 게임이론에 대한 강연을 요청받았다. 게임이론에 생소하고 수학적 기초가 거의 없는 심리학자들의 이해를 돕기 위해 그는 제로섬 게임에 대비되는 '죄수의 딜레마(prisoner's dilemma)'라는 사례를 만들었다. 게임의 조건은 다음과 같다.

사건 용의자는 A, B 두 명이며 이들 중에 범인은 있다. 경찰은 A, B를 체포한 후 자백을 받기 위해 서로 다른 취조실에서 격리 심문을 함으로써 상호간의 의사소통은 불가능하게 했다. 또한 이들에게 자백을 종용하기 위해 자백 여부에 따라 다음의 선택이 가능하도록 유인책을 만들었다.

- A, B 중 한 사람만이 죄를 자백하면 자백한 사람은 즉시 풀어주고 나머지 한 명에게 9년형을 부과한다.
- A, B 두 사람 모두 죄를 자백하면 두 사람에게 각각 5년형을 부과한다.
- A, B 두 사람 모두 죄를 부인하면 두 사람에게 각각 1년형을 부과한다.

	죄수 B의 부인	죄수 B의 자백
죄수 A의 부인	죄수 A, B 각각 1년형씩 부과	죄수 A 9년형 부과, 죄수 B 석방
죄수 A의 자백	죄수 A 석방, 죄수 B 9년형 부과	죄수 A, B 각각 5년형 부과

이런 게임 상황에서 각 죄수의 행동에 대한 보상을 이해하기 쉽도록 행렬로 나타낸 것을 보상행렬(pay-off matrix)이라고 하는 데, 죄수의 딜레마의 보상행렬은 다음과 같다.

	죄수 B의 부인	죄수 B의 자백
죄수 A의 부인	$-1, -1$	$-9, 0$
죄수 A의 자백	$0, -9$	$-5, -5$

보상행렬의 앞 숫자는 A가 받는 보상이고 뒤의 숫자는 B가 받는 보상으로, 각 보상을 (−)로 표시한 것은 징역형(손해)이기 때문이다. 예를 들어 범인 A가 자백하고 B는 부인하면 A는 석방되고 B는 9년 형(−9)이 부과되므로 (−9 0)으로 나타낸다.

이제 이 게임에서 A의 선택에 대해 생각해 보자. 최선의 선택은 무엇일까? 무엇보다도 A는 B의 선택이 무엇일가에 대해 생각하게 된다. B가 부인하는 경우 자신이 자백을 하면 자기는 석방될 것이므로 자백을 하는 것이 유리하다(0 −9). 또 B가 자백을 하는 경우에도 자신이 부인을 하는 경우(−9 0)보다는 자백을 하는 경우(−5 −5)가 더 유리하다. 상대의 선택이 무엇이든지 A에게 유리한 선택은 자백을 하는 것이다. 용의자 B의 입장도 마찬가지가 된다. 결국 죄수 A, B 는 모두 자백을 선택하고 각각 5년형을 부과 받게 된다. 이때 두 사람이 받은 형 (−5 −5)의 합을 살펴보면 그 결과는 10년이다.

문제는 이들 용의자들이 모두 혐의를 끝까지 부인했다면 두 사람 모두 1년 형(−1 −1)으로 형량을 줄일 수 있었다는 것이다. 참가자가 각자 자신의 이익을 추구하다보니 최악의 상태에 빠진 것이다. 한 사람은 부인하고 다른 한 사람은 자백한 경우에도 형의 합은 9년이므로, 두 사람이 최선이라고 생각한 선택(−5 −5)은 집단 전체의 관점에서 보면 최악의 선택이다.

〈치킨 게임〉

1950년대에 미국 젊은이들 사이에서 유행하던 자동차 게임 중에 '치킨(chicken)게임'이라는 것이 있다. 이는 어느 정도 거리가 떨어져 있는 두 사람이 상대방을 향해 자동차를 전속력으로 모는 게임이다. 한 사람 또는 두 사람 모두가 도중에 자기 차의 핸들을 꺾으면 두 차는 충돌을 면하게 되지만, 핸들을 꺾은 사람은 치킨(chicken: 겁쟁이라는 미국 속어)이라고 놀림을 받게 된다. 이 놀림을 피하기 위해 두 사람 모두 핸들을 꺾지 않는다면 그

■영화 '이유 없는 반항'에서 치킨게임을 하던 10대의 차가 서로 충돌을 하는 장면

결과는 죽음이 될 것이다.

이 게임의 보상행렬은 다음과 같다.

	B의 꺾기	B의 직진
A의 꺾기	0, 0	−1, +1
A의 직진	+1, −1	−10, −10

이 행렬의 각 숫자들은 시합결과를 숫자로 나타낸 것으로 그 원칙은 다음과 같다. 둘 다 핸들을 꺾으면 그 누구에게도 이득도 손해도 없는 상태(0 0)다. 또 한 사람은 직진 다른 사람은 핸들을 꺾게 되면 한쪽은 기분이 좋고 다른 쪽은 체면이 상하게 되는 정도이지 물리적 큰 손해는 없으므로 (+1 −1) 또는 (−1 +1)로 나타낼 수 있다. 그러나 양쪽이 충돌하는 경우에 발생하는 손해는 돌이킬 수 없을 정도로 큰 것이기에 (−10 −10)으로 나타내기로 한다.

이 경우 A가 취할 수 있는 최선의 선택에 대해 생각해 보자. 죄수의 딜레마처럼 모든 게임 참가들은 상대의 선택이 무엇일가에 대해 먼저 생각하게 된다. 만약 B가 매우 이성적인 사람이어서 절대로 충돌을 선택할 사람이 아니고 핸들을 꺾을 것이라는 확신이 들면 A는 직진을 하는 것이 최선이다(+1 −1). 그러나 만약 B가 시합 중에 자신의 핸들을 뽑아버리면서 자신은 절대로 꺾지 않을 것이라는 것을 보여 주면 A는 자신의 핸들을 꺾는 것이 최선이다. 물론 두 사람 모두 핸들을 꺾는 것도 좋은 선택이다(0 0). 치킨게임은 죄수의 딜레마와는 다르게 세 경우(+1 −1), (−1 +1), (0 0) 모두 게임 전체적으로 최선의 선택이 된다. 그럼에도 게임 참가자들은 종종 서로 충돌하는 최악의 경우(−10 −10)를 선택하기도 한다.

앞의 두 게임의 예를 통해 개인에게 최선의 선택이 전체적으로는 최선의 선택이 아닌 경우도 있음을 이해할 수 있을 것이다. 내쉬 균형은 때로는 자신에게 손해가 될 것처럼 보이는 선택을 함으로써 전체가 균형을 유지하며 이익을 얻을 수 있는 상태를 의미한다. 이 게임이론은 자본주의 시장 경제에서 비슷한 제품으로 경쟁하는 두 회사의 판매가격과 이익을 결정하는 결정적 원리가 단지 수요와 공급의 균형값에만 의존하지 않는다는 사실을 밝혀준다. 두 회사에게 가장 현명한 선택은 분명하다. 법에서 금지하고 있지만 서로 타협해 상품가격을 정하는 것이다. 이런 방법이 두 회사의 생존에 도움이 되지만 실제로는 상대의 배신에 대한 염려 때문에 잘 실행되지 않는다. 만약 상대가 배신하고 한 회사만 약속을 지키면, 공정거래 위반으로 이 회사가 큰 손해를 입게 되는 상황은 죄수의 딜레마로 설명이 가능할 것이다. 이처럼 경쟁자들 사이에서 벌어지는 다양한 갈등에 관한 내쉬이론은 일상생활에서부터 기업 간의 경쟁, 경제학, 심리학 혹은 국제 정치학 등 매우 광범위한 분야에 적용이 가능하다.

섀플리의 매칭

1996년 노벨 경제학상을 받은 내쉬와 2012년 같은 상을 받은 섀플리는 거의 같은 시대를 살았고, 동시에 같은 학교(미국 프린스턴 대학교)를 다니며 같은 게임이론을 연구했으면서, 앞서거니 뒤서거니 노벨상을 받았으니 아주 깊은 인연이 있는 것처럼 보인다.

■2012년 노벨 경제학상 수상장 섀플리는 수상소감을 묻는 기자들의 질문에 "난 경제학 강의 들은 적도 없는 수학자"라고 답했다.(경향신문 2012년 10월 16일)

새플리는 결혼을 원하는 미혼 남녀들을 모아두었을 때 가장 공정하고 완전하면서도 안정적인 방법으로 이들을 커플로 맺어줄 수 있는 수학적 방법 연구로 1953년 프린스턴 대학교 박사학위를 받았다. 남녀 매칭뿐 아니라 학교와 학생, 환자와 장기 기증자 등의 관계에 대한 그의 연구는 실제 미국 보스턴과 뉴욕 공립학교에서 학생을 학교에 배정하는 방법에 사용되기도 했다. 이 아이디어를 채택하기 전 뉴욕 공립학교 배정은 학생이 1~5순위 지망학교를 써내면 학교가 이를 보고 학생을 고르는 방식이었다. 이렇게 되면 어떤 학생은 두 학교로부터 입학 제의를 받기도 하고, 어떤 학생은 모든 학교에 떨어지기도 한다. 비효율적인 자원분배가 일어나는 것이다.

새플리의 새로운 알고리즘은 한 학생이 가장 가고 싶은 한 학교에만 지원하도록 한다. 각 학교는 지원자들을 평가하여 순위를 정한 후 정원을 넘지 않으면 전원을, 정원을 넘으면 정원만큼 잠재적 합격자를 정한 후 나머지를 불합격으로 처리한다. 불합격된 학생은 처음 지원한 학교를 제외한 다른 학교 중 가장 가고 싶은 학교를 하나 골라 지원한다. 다시 각 학교는 지원자를 평가하여 순위를 정한 후에 잠재적 합격자들과 비교하여 보다 우수한 학생을 새로운 잠재적 합격자로 발표하고 나머지는 불합격으로 처리한다. 이렇게 탈락한 학생들을 모아 본인이 이전에 지원하지 않은 학교 가운데 하나를 골라 지원하게 하는 과정은 마지막 한 사람이 입학할 때까지 반복된다.

이 아이디어는 각각의 학생이나 대학에게 최선의 결과를 가져다주지는 않을지 몰라도 사회 전체적으로는 공정한 자원 배분이 이뤄짐으로써 대학이나 학생이 상대적으로 불만족스런 상황을 피할 수 있는 방안으로 받아들여진다. 현재 미국 의대 졸업생들을 대상으로 하는 레지던트 선발 프로그램에도 이 방법은 적극 활용되고 있다. 미국 병원들이 레지던트를 뽑는 방법은 한때 너무도 혼란스러워서 학생이나 병원 모두 불만족스러운 결과를 갖는 경우가 많았으나, 새로운 방법 도입 후에는 모든 병원이 동시에 발표하는 레지던트 최종 결과에서 우수한 의대 졸업생이 잘못된 지원으로 레지던트 기회를 잃게 되는 경우는 사라졌다.

  1990년 중반부터는 이 방법은 콩팥과 같은 인간의 장기 기증 프로그램에도 활용되고 있다. 한 남자는 콩팥이 필요하고 그의 아내는 자신의 콩팥 중 하나를 기꺼이 기증할 의향이 있지만 불행히도 이 남자와 아내는 혈액형 등의 원인 때문에 직접적 장기 기증은 불가능하다고 하자. 그러나 나라 전체를 통틀어 보면 같은 입장에 있는 다른 커플이 있어 아내들의 콩팥은 서로 상대의 남편에게는 적절할 수 있다. 이 단순한 예에서는 서로의 콩팥을 교환하면 최선의 선택이 된다. 그러나 현실에서 이런 경우는 정말로 우연에 가까울 정도로 아주 드물다. 이런 입장에 있는 모든 커플들을 모두 한 시스템에 놓고 가능한 한 많은 환자들에게 적절한 콩팥 기증이 이뤄지도록 하면서도 최소의 교환이 발생하도록 도와주는 방법이 필요하다. 우선 의료적 편리성을 위해 혈액형이나 연령 등을 구분하여 소집단을 만들고 그 집단에서 첫 번째 기증이 이뤄지도록 한다. 각 집단에서 완전한 매칭이 되지 않을 수 있으나, 다음 그림처럼 그 집단에서 기증이 이뤄지지 않은 사람은 연결 기증자(Bridge Donor)로서 다른 집단에 유용하게 쓰일 수 있다. 이는 시장이나 게임이 영리한 소수에 의하여 조작되는 것을 막으면서 공

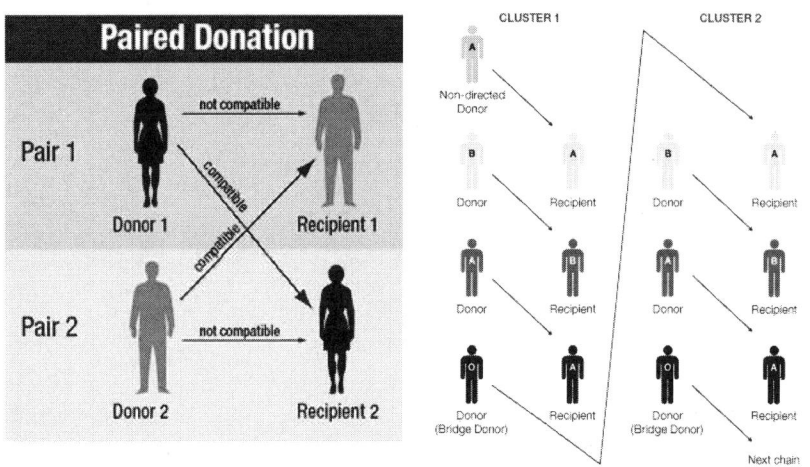

■ 장기 기증자와 환자들의 관계를 적절하게 연결해 주는 방법으로 섀플리의 매칭시스템이 이용된다.

동의 이익에 최선이 되도록 움직이게 하는 방법이다.

섀플리는 게임 참가자들의 공헌도를 합리적이고 공정하게 나누는 협력적 게임이론에 토대를 둔 분배 방식도 제안했다. 섀플리 값(Shapley Value)이라 불리는 협력게임 분배 방식은 '택시 합승자의 선택'이라는 다음의 예로 설명할 수 있다.

비슷한 방향으로 택시를 타려는 A와 B라는 사람이 있다. 각자 타고 갈 때 A는 2000원, B는 2400원의 요금을 내지만 합승하면 최종 도착지까지의 요금이 3000원이다. 둘이 합승하여 각자 목적지에 도착했다고 하면, A와 B는 각각 얼마의 택시요금을 부담하는 것이 합리적인가?

일반적인 선택은 택시요금에 초점을 맞추어 금액의 절반, 각각 1500원씩 부담하는 것이지만, 이러한 방법은 B에게 절대적으로 유리한 것임은 누구나 알고 있다. 페르마와 파스칼의 분배 확률계산처럼 섀플리는 공정한 게임을 위해 이익의 관점에서 게임 결과를 바라보았다. 각각의 택시요금의 합 4400원에 대한 이익은 1400원이므로 섀플리 값은 공평한 배분을 위해 이익의 절반씩을 배분한다. A는 2000원에서 700원을 뺀 1300원을 내고, B는 2400원에서 700원을 뺀 1700원을 내면 협력은 쉽게 이뤄질 수 있다.

부다페스트를 떠나 자그레브로

수소폭탄 제조 실험 과정에서 지나치게 많은 방사선에 노출된 폰노이만은 암으로 건강을 잃게 되었다.

"폰노이만은 (죽음에 대한 공포로) 자신의 정신이 더 이상 정상적으로 작동을 하지 않게 되자, 내가 본 그 어떤 사람보다도 고통스러워했다. 살고자 하는 그의 단순한 욕망은 바꿀 수 없는 운명과 투쟁을 했다."

53세 천재 수학자의 마지막에 대한 친구 텔러(Edward Teller)의 기록을 읽으

■ 부다 왕궁의 내부 정원(왼쪽)은 여름 꽃으로 화려했다. 세계 문화 유산으로 등록된 곳이다.

며, 피할 수 없으면서도 자연스럽게 받아들이기도 어려운 죽음에 대한 인간의 두려움이 울림으로 되돌아온다.

　헝가리 부다페스트를 떠나 크로아티아의 수도 자그레브로 가는 기차에 몸을 실었다. 이곳을 떠나면 더 이상 쓸모없어지는 화폐를 다 소진하기 위해 기차 역 스낵코너에서 빵, 피자, 콜라 등을 잔뜩 사서 한바탕 파티를

■크로아티아 국경을 넘는 기차 내부는 낙서가 가득했다(첫 번째, 두 번째). 자그레브 역은 크로아티아의 중심 철도역이다(세 번째).

■자그레브의 한 성당의 지붕은 매우 독특하게 장식되어 있었고, 왕궁 교대식에 참여하는 근위병들의 행렬도 특이했다.

벌이듯 요란하게 먹어치웠다. 배고픈 여행자의 공식처럼 배부른 한 끼 식사 후에는 언제나 행복감이 밀려온다.

온통 낙서로 가득한 기차 안과 밖을 보면서, 1등 칸이 이 정도라면 다른 곳은 더 말할 것도 없을 정도로 가난한 나라일 것이라는 생각을 하면서 잠시 졸음에 빠져 들었다. 한참을 달리던 기차가 국경에서 분리되어 한쪽만 크로아티아로 향한다. 나에게 자리를 옮기라고 말해 준 친절한 차장이 없었다면 나는 저쪽 기차를 타고 완전히 다른 나라로 가버렸을지도 모르겠다.

도나우 강의 지류인 사바 강이 도심을 가로지르는 자그레브는 오랫동안 오스트리아-헝가리제국의 지배를 받았기 때문에 게르만 문화가 잘 보존된 곳으로, 언덕 구시가에는 고딕 양식, 바로크 양식의 성당과 수도원, 궁전 등 13~15세기의 건축물이 많이 남아 있다.

이 낯선 도시의 길거리 레스토랑과 카페는 유럽 각지의 여행객으로 넘쳐나고 있었다. 길거리 악사들이 연주하는 음악이 잘 들리는 야외 주점에 앉아 맥주 한잔으로 여행의 피로를 달래 보았다. 악사들의 음악에 맞춰 포크 댄스를 추는 흥 오른 러시아 관광객들의 웃음소리로 주위는 시골 장터처럼 흥겨웠다. 예전에 몇 번 여행 온 듯한 익숙한 기분으로 저녁식사를 하고 집 앞 산책 나온 사람처럼 가벼운 걸음으로 하루를 마무리할 수 있는 곳이다. 한여름 밤은 깊어 가도 사람들은 잠들 줄을 몰랐다.

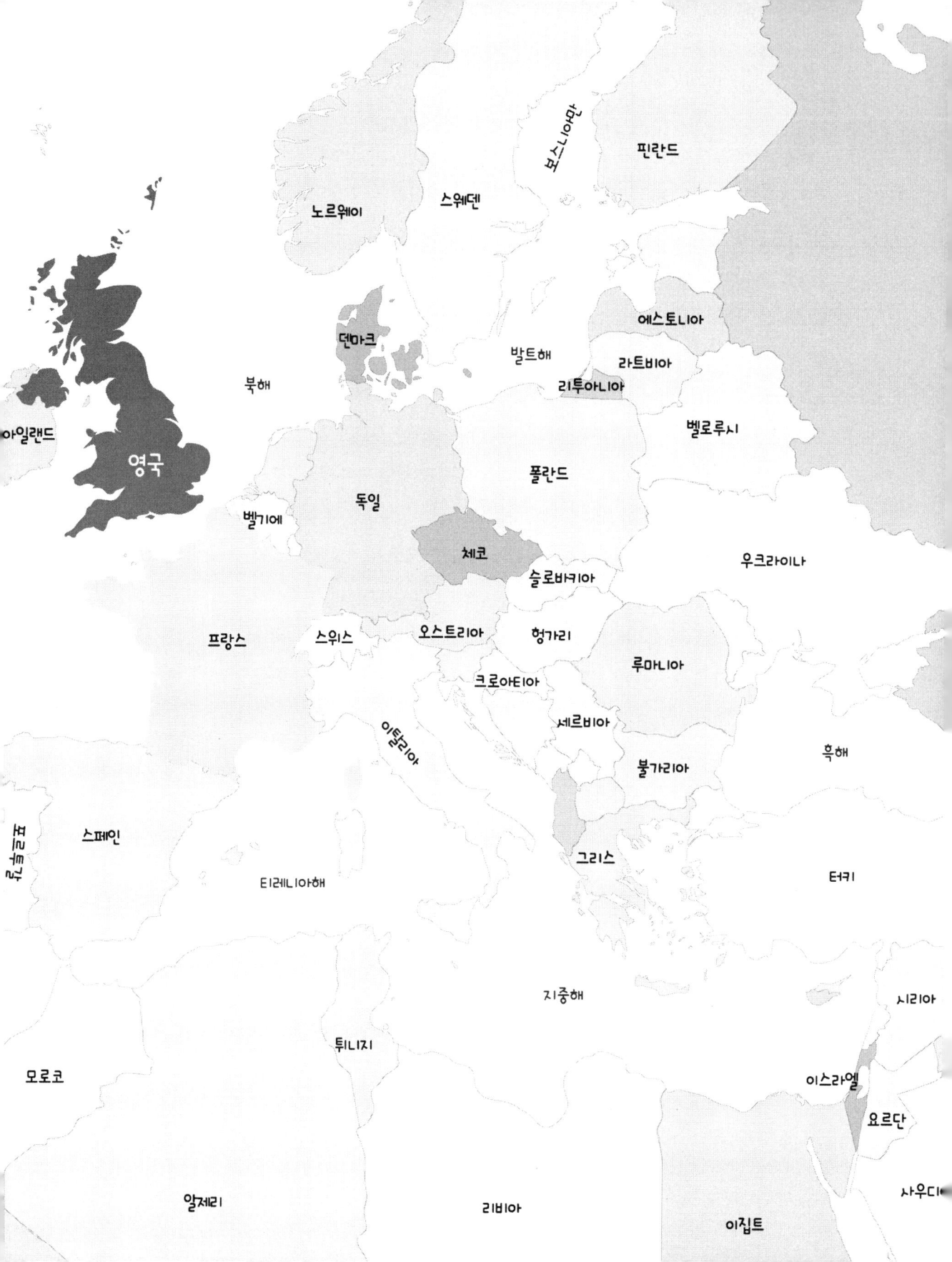

PART 07
영국

E N G L A N D

너무도 잘 알려진 수학의 영원한 수수께끼
-4색 문제

4색 문제의 시작

1852년 10월, 런던 유니버시티 칼리지(University College London) 학생 한 명이 수학과 교수 드모르간(Augustus De Morgan)의 연구실을 두드렸다. 그는 자신의 형 거스리(Francis Guthrie)가 오락으로 제시한 문제에 대한 답을 구하기 위해 당시 영국에서 명성이 높은 수학자를 찾은 것이다. 문제는 아주 단순한 것이었다.

"이웃한 지방은 서로 다른 색을 사용해 영국의 각 지역을 구분할 때, 최소 4가지 색이면 충분하다."

거스리는 자신의 몇 가지 실험과 놀라운 수학적 직관으로 이 명제가 참

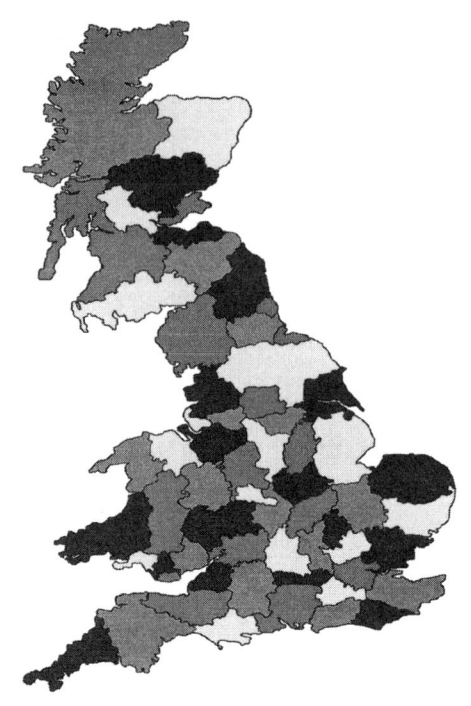

■영국 지도에서 이웃한 지방을 서로 다른 색으로 구분해 칠하려면 4가지 색이면 충분하다.

일 것이라고 추측했으나, 지도가 복잡해져도 4가지 색으로 이웃한 지역을 서로 다르게 색칠할 수 있는가에 대한 확신이 없었다. 이렇게 시작된 문제가 4색 문제이다.

　이미 자신의 분야에서 명성을 얻고 있던 드모르간은 단순해 보이는 이 문제를 풀지 못하자 몹시 당황했던 것 같다. 바로 당일 자신의 친구이자 더블린 대학교 교수 해밀턴(William Rowan Hamilton, 1805-1865)에게 편지를 써서 도움을 요청했다.

"내 학생 중에 한 명이 오늘 단순해 보이는 한 문제를 가져왔습니다만 나는 그 답은 물론, 수학적 사실조차(참인지 거짓인지)도 아직 잘 모르겠습니다. 임의로 나눠진 평면도형을 이웃한 구역들이 서로 다른 색으로 칠할 때 4가지 색이면 충분하다는 명제입니다. 만약 당신이 아주 단순한 예를 보여서 이 문제를 반박한다면 나는 스핑크스의 이야기처럼 바보가 될 것이지만 …"

전설의 스핑크스가 오이디푸스와 겨뤘던 수수께끼*를 언급한 것을 보면, 드모르간은 이 단순한 문제를 풀지 못한 이유를 자신의 통찰력 부족 때문으로 이해한 것 같다.

3일 후 해밀턴 자신도 답을 모르겠다는 답장을 보냄으로써 이 문제는 당대의 수학 대가들도 풀지 못한 문제로 알려지면서 전 유럽으로 빠르게 퍼져나갔다. 문제는 아주 단순해서 수학에 특별한 지식이 없는 사람들조차도 쉽게 이해할 수 있는 장점이 있다. 수학자 중에는 '3류'들이 도전했기 때문에 풀리지 않은 것이라고 말했다가 후에 자신도 '3류' 중에 한 명일 뿐이라고 고백하는 해프닝이 생길 정도로 거의 모든 수학자가 이 문제에 관심을 보였다.

프로와 아마추어 수학자의 수많은 도전으로 4색 문제는 점점 유명해져 갔지만 25년 동안 아무도 의미 있는 진전을 내놓는 사람은 없었다. 그 사이 이 문제를 처음 제시한 거스리는 대학원을 졸업하고 남아프리카 공화국 케이프타운 대학교 수학과 교수가 되었다.

---

* 아침에는 네 발, 낮에는 두 발, 저녁에는 세 발인 동물

버킹엄 교대식

런던에서 가장 큰 볼거리는 버킹엄 궁전 앞에서 치러지는 근위병 교대식이다. 교대식을 보기 좋은 장소에는 이미 발 디딜 틈이 없었다. 검은색으로 보일 정도의 짙은 남색 깃으로 장식된 붉은색 상의에 흑색 곰 털로 만든 둥근 통 모자를 착용한 멋진 근위병의 모습은 제법 위엄 있어 보였다. 다른 나라 교대식과는 비교하기 어려울 만큼 큰 규모의 근위병 부대 뒤를

■미적분학의 발명자 뉴턴, 진화론의 창시자 다윈, 우주의 시작점 빅뱅 이론가 호킹이 잠들어 있는 웨스트민스터 사원(위). 템스 강변에는 런던 아이(아래)라 불리는 관람차가 아주 큰 원을 그리고 있다.

요란한 북과 트럼펫 소리의 군악대가 따르며 뮤지컬 '오페라의 유령' 주제가를 연주한다. 관광객 누구도 실망하지 않았을 화려한 쇼가 끝난 후에 근위병들은 눈동자 하나 움직이지 않고 초소에 서서 관광객들의 사진 배경이 되어주었다. 여왕이 궁전에 있을 때에는 정면에 왕실기가 게양된다고 하는데 오늘은 깃발이 보이지 않는다.

궁전에서 조금만 걸어 내려오면 어느덧 영국 수상 관저 다우닝가 10번지에 이른다. TV로 보이던 평화롭고 서민친화적 모습과는 달리 무장경비병들과 경찰들이 철문을 굳게 지키고 있어, 실질적인 영국 헤드쿼터임을 실감한다. 이곳 지하벙커에서 독일과의 치열한 전쟁을 지휘하여 승리를 이끌어낸 처칠의 동상이 멀지 않은 곳에 있다. 한때 영국의 적이라고 불러도 좋을 인도의 간디, 남아프리카 공화국의 만델라 동상이 처칠과 이웃해 있다는 사실만으로도 영국인들이 세계를 어떤 시선으로 바라보고 있는가를 충분히 짐작할 수 있는 곳이다.

4색 문제의 증명

4색 문제는 수학자들에게는 아주 매력적인 문제다. 금세기 최고 수학자로 알려진 힐베르트(David Hilbert, 1862-1943)조차 많은 시간을 이 문제 해결에 투자했으나

'도넛(Torus) 위에서는 7가지 색이면 이웃나라를 구분해 칠하는데 충분하다.'

는 사실을 증명했을 뿐, 평면 위의 4색 문제에 대해서는 손을 들고 말았다. 현대 수학의 미해결 문제로 알려지면서 많은 사람들이 관심을 가지기 시

작하자 한때는 이 문제 풀이에 현상금이 걸리기도 했다. 수많은 아마추어 수학자들의 풀이가 현상금을 내건 파리 대학에 제출되어 업무가 마비될 지경이었다는 소문도 있었다.

이 문제에 대한 의미 있는 증명은 영국 수학자 켐페(Alfred Kempe, 1849–1922)가 1879년 미국 수학회지에 발표한 논문으로부터 시작된다. 명성이 높아 영국 수학회 회장을 역임하기도 했던 켐페는 본래 직업적인 수학자는 아니었다. 그의 생업은 배리스터(barrister, 영국의 상급법원에서 변론을 할 수 있는 변호사)로서, 영국 더럼(Durham) 대학교에서 명예박사를 받기는 했지만 체계적으로 수학을 공부한 적은 없다. 이 한 편의 논문으로 그는 왕립학술원 회원으로 선출되기도 하고 기사 작위도 받게 되었지만, 10여 년 후에 더럼 대학교의 히우드(Percy Heawood)에 의해 그의 증명엔 결정적 오류가 있음이 발견되었다. 그렇다고 이 논문이 완전히 쓰레기통에 던져진 것은 아니다. 이어진 연구에 의해 켐페의 증명은 적어도 5가지 이상의 색이면 충분하다는 증명에는 유용하다는 사실도 알게 되었다. 비록 오류가 있어 완전하게 4색 문제를 풀지는 못했지만 두 사람의 연구과정을 통해 새로운 수학 분야인 '위상수학'이 급속도로 발전하는 기대치 않은 성과를 거두었다.

그 후 다시 80여 년의 세월이 흐른 1976년, 미국 일리노이 대학교의 하켄(Wolfgang Haken, 1928–)과 아펠(Kenneth Appel, 1932–2013)은 슈퍼컴퓨터를 사용해 수학문제의 증명을 시도하는 혁명적인 방법으로 이 문제에 마침표를 찍었다. 그들은 1482가지의 경우를 모두 확인하면 이 문제를 증명할 수 있다는 결과를 얻었으나, 사람의 힘으로 1482가지 경우를 일일이 확인하는 것은 불가능한 일이었기 때문에 컴퓨터의 힘을 빌린 것이다. 1200시간

동안 쉬지 않고 돌아가던 슈퍼 컴퓨터는 마침내 4가지 색이면 이 모든 경우도 색칠이 가능하다는 결론에 도달했다.

그러나 이들의 증명 방법에 무엇인가 불편해하는 수학자들이 아직도 많이 있다. 그들의 엄청난 노력에는 공감의 박수를 보내면서도 '우아하고 단순한 방법'에 대한 미련이 남아 있는 것이다. 더구나 당시에는 컴퓨터의 계산 결과가 옳은지를 인간의 힘으로는 검증할 방법이 없었다. 이 결과가 옳은지를 검증하기 위해 다른 컴퓨터를 사용하는 것은 수학적으로 완전해 보이지 않고, 그렇다고 인간의 힘을 빌려 모든 과정을 확인하는 것은 엄청난 시간이 필요할 것이기 때문이었다. 그 뒤로 세월이 많이 흘렀지만 아직 이 증명에 오류가 발견되었다는 소식이 없는 것을 보면 이들의 증명이 완벽한 것임에는 틀림없어 보인다. 최근 컴퓨터와 프로그래밍 방법의 발달로 증명방법이 좀 더 단순해지기는 했지만 본래의 증명에 사용된 아이디어는 변한 게 없다. 그럼에도 컴퓨터에 의해 이루어진 증명은 사람의 손으로 이루어진 증명보다는 평가 절하되는 경향이 있다. 아니 아직 풀리지 않았다고 믿는 수학자도 있다. 그들의 주장은 이렇다.

"좋은 수학적 증명은 한 편의 시와 같은 것이다. 그런데 이 증명은 전화번호부처럼 생겼다."

20년 전 내가 이 문제를 '흥미있는 수학 이야기'의 맨 첫 번째 주제로 정할 때만 해도 이 문제에 대한 대중적 인지도에 비례해 또 다른 수학적 풀이에 대한 기대감이 높았다. 수학자들이 좋아하는 완전한 연역적 추론 방법에 의한 증명을 기대하고 있었으나 2019년 현재까지도 새로운 증명에

■1975년 4월 1일, 가드너는 적어도 5가지 색이 필요하다는 문제의 그림을 한 학술지에 발표했다. 많은 수학자들이 드디어 4색 문제에 대한 반례를 찾았구나 하고 생각했지만 이 문제는 만우절 농담이었다.

대한 소식은 없다. 그동안 우리나라에서도 몇몇의 수학자들이 이 문제를 해결했다고 언론에 발표하기도 했으나 아직도 새로운 증명법에 대한 논문이 권위 있는 학술지에 한 편도 실리지 않는 것을 보면 이들의 모든 노력도 헛된 것인 듯하다.

4색 문제에 대한 새로운 도전

증명이 이뤄지기 전, 1975년 4월 1일 수학자 마틴 가드너(Martin Gardner, 1914-2010)는 아래 그림의 문제를 한 학술지에 발표하면서, 이웃하는 구역이 서로 다른 색이 되도록 이 지도를 색칠하려면 적어도 5가지 색이 필요하다는 주장을 했다. 많은 수학자들이 드디어 4색 문제에 대한 반례를 찾았구나 하고 생각했지만 이 문제는 만우절 농담이었다.

실제 지도 제작에는 4색 문제 해결이 그리 큰 의미는 없어 보인다. 이를테면 그림의 A라는 나라처럼 국토가 두 영역으로 나뉘어 있으면 적어도

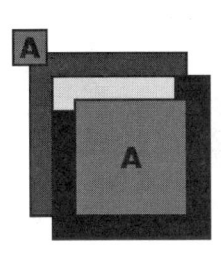 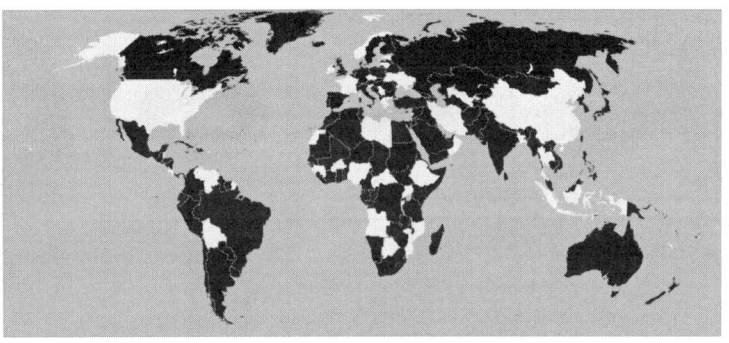

■ A라는 나라처럼 국토가 두 영역으로 나뉘어 있으면 적어도 5가지 색이 필요할 뿐만 아니라, 호수나 바다처럼 지구의 큰 영역을 차지하는 부분도 구분이 필요하므로 이 경우도 5가지 색이 필요하다.

5가지의 색이 필요할 뿐만 아니라, 호수나 바다처럼 지구의 큰 영역을 차지하는 부분도 구분이 필요하므로 이 경우도 5가지 색이 필요하다.

4색 문제는 영역의 경계선에 대한 어떠한 조건도 없다. 따라서 다음 그림과 같이 무한한 경계선으로 구역이 나누어진 문제를 생각해 볼 수 있다. 2002년 철학자 허드슨(Hud Hudson)은 그림과 같이 지그재그 형태의 경계선을 갖는 6개의 영역을 만들어 냈다. 이 영역들은 중앙이 세로 경계선에 가까워질수록 크기가 점점 작아지고 결국은 경계선에 수렴하게 된다. 이제 그림처럼 중앙에 아주 작은 원을 그려보자. 6개의 나라는 모두 이 안에 들어오게 되므로 서로 이웃하는 나라가 된다. 따라서 이 지도는 6가지 색이 필요하다. 유한 영역일지라도 무한한 경계선을 갖는 지도에서는 4가지 이상의 색이 필요한 경우가 있음을 보여주는 아주 멋진 예다. 이런 도형이 매우 특수한 상황에서 억지로 만들어진 것으로 생각될 수 있어 첨언을 한다면, 수학에는 '눈송이 곡선'처럼 유한한 넓이를 가지면서도 무한한 둘레를 가지는 프랙털 도형이 아주 중요한 연구 대상이다.

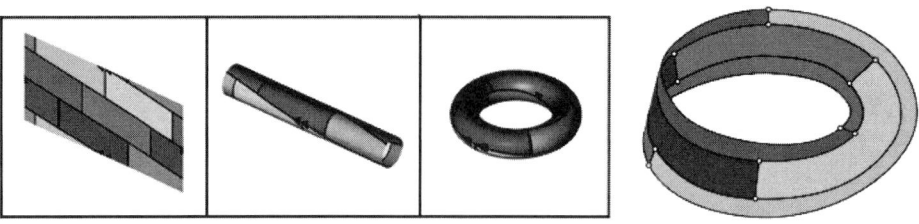

■영역을 구분하여 색칠하기 위해서 도넛은 7가지 색이 필요하고 뫼비우스 띠는 6가지 색이 필요하다.

4색 문제는 단순 평면을 넘어서 공간에 존재하는 입체 표면의 색칠 문제로 확장될 수 있다. 비교적 최근에 증명된 공식에 의하면 공간에 존재하는 방향을 보존하는 표면을 구분해 색칠하는데 필요한 색의 수 p는 다음과 같다.

$$p = \left[\frac{7 + \sqrt{1+48g}}{2} \right]$$

이때 g는 구멍(genus)의 개수이다. 이를테면 힐베르트가 이미 증명한 아

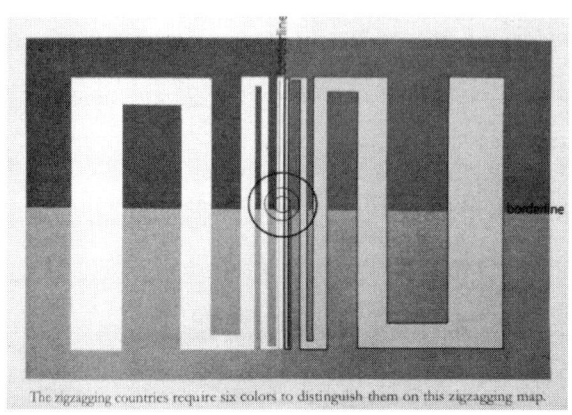

■무한한 경계선을 갖는 지도에서는 4가지 이상의 색이 필요한 경우가 있음을 보여주는 예

래 도넛은 $g=1$이므로 각 영역을 구분하는 데 필요한 최소 색의 개수는 7이 된다. 이 공식의 유일한 예외가 클라인 병이다. 또, 아래 그림의 뫼비우스 띠는 6색이 필요하다는 증명이 1984년에 이뤄졌으나 3차원 입체로의 확장은 아직 큰 성과를 거두지 못하고 있다.

런던 대영박물관

드모르간의 흔적을 찾아 유니버시티 칼리지에 들어선 내 집중력을 자꾸 흐트러뜨리는 것은 웅장한 대리석 건물로 그 위용을 한껏 뽐내고 있는 대영 박물관이었다. 이런 대형 박물관에 들어설 때마다 나는 숨이 막히고 조금만 걸어도 허리가 뻐근하게 피로를 느끼면서 산소가 부족한 듯 연신 하품을 해댄다. 박물관뿐 아니라 미술관이나 과학관을 들어설 때도 내 신체 반응은 크게 다르지 않다. 여러 나라를 여행하다보면 어쩔 수 없이 자주 들르게 되는 박물관과 미술관에 대한 이런 반응이 한심해 스스로를 심하게 질책하며 몰아세워도 보았지만 내 신체적 반응은 크게 달라지지 않았다. 이런 거부감은 어디서 시작된 것일까? 오랫동안 자신에게 묻던 이 물음에 대한 답은 미국 스미스니언 박물관에서 찾을 수 있었다. 미국 워싱턴 DC에 위치한 조지타운 대학교에서 두 학기 강의를 맡게 되어 가족 친구들과 떨어져 온전히 혼자 지낼 기회가 있었다. 특별히 할 일도 없으니 무료한 시간을 보내기 위해 중심부에 위치한 스미스니언 박물관에 자주 들렀다. 2시간 동안 무료주차가 허용되는 까닭에 내 관람 시간은 항상 두 시간을 넘지 않았다. 입장료를 낼 필요도 없으니 오늘 보지 못한 것은 내일 보면 되는 일이었다. 그저 시간이 닿는 대로 짬을 내면 항상 모든 전시물을 맘껏 보며 즐길 수 있었다. 17개의 박물관 중 특히 항공우주와 자연사 박물관, 미술관에 자주 가면서 박물관에 대한 내 신체 거부 반응이 사라진 것을 발견했다. 거부감은 아마도 어마어마한 양의 전시물을 주어진 시간 안에 모두 봐야 한다는 중압감에서 비롯된 것일지도 모른다는 생각이 들었다. 이렇듯 짧게 보면서 자주 오는 박물관에서는 내 몸은 거부 반응 대신 새로운 지식에 대한 충만감으로 흥분 호르몬을 내뿜고 있었다. 주어진 일뿐 아니라 스스로 만든 일조차도 그 해결 과정을 즐기기보단 숙제하듯 살아온 내 삶의 방식에 무의식적으로나마 거부감을 표시하는 나 자신에 대한 연민의 감정이 들었다.

런던 대영박물관에 들어설 때도 마찬가지로 숨이 막혀왔다. 그들이 자랑하는 8백만 점의 소장품이 얼마나 많은 것인지 현실감은 없지만 그 규모만으로도 나는 이미 기가 죽어 있었다. 이 많은 전시물을 어떻게 둘러보아야 중요한 것을 빠뜨리지 않고 효율적으로 볼 수 있을까? 생각만으로도 허리가 아파오면서 졸음이 쏟아졌다. 게다가 오늘은 이동을 하는 날이라 어쩔 수 없이 여행 물품을 잔뜩 넣어 가져온 배낭은 너무 커서 보관함에 넣기도 어려웠다. 그렇다고 이 무거운 배낭을 짊어진 채로 하루 종일 박물관을 돌아다닐 순 없었다. 보관함이 있는 방 한쪽 구석에 배낭을 내려놓고 몸을 가볍게 해야 하는 것밖에는 선택이 없었다. 이런 내 선택 때문에 박물관에서 한바탕 소동이 벌어졌다. 내가 전시물을 둘러보는 동안 주인 없는 가방을 발견한 박물관 직원은 폭발물 탐지 팀에 연락을 했고, 그들은 비상 출동하여 내 배낭을 회수하고 검사했다. 그 과정이 얼마나 긴장되고 요란스러웠는지 몰랐던 나는 돌아와 그저 배낭이 보이지 않는다는 사실에 당황했다. 그들은 배낭을 공공장소에 놔두면 안 되는 이유를 수십 번 강조하며 설명한 후 돌려주었다. 대영박물관도 입장료가 없으니 이곳에 머물 시간만 충분했다면 이런 소란을 일으키지 않고 관람을 즐길 수 있었겠다는 아쉬움과 생각이 깊지 못했던 자신에 대한 부끄러움이 동시에 몰려왔다.

케임브리지의 자랑
-라마누잔과 하디, 패러데이와 맥스웰의 닮은꼴 인생

19세기 최고 전기 과학자 패러데이와 맥스웰

19세기 가장 뛰어난 전기 과학자 두 사람을 선택한다면 단연코 패러데이(Michael Faraday, 1791-1867)와 맥스웰(James Clerk Maxwell, 1831-1879)을 들 것이다. 이 두 사람의 관계를 들여다보면 수학자 라마누잔(Srīnivāsa Ramanujan 1887-1920)과 하디(Godfrey Harold Hardy, 1877-1947)의 관계를 자연스럽게 떠올릴 정도로 많은 점이 유사하다. 패러데이도 라마누잔처럼 정상적인 학교 교육을 받지 못했지만 뛰어난 물리학자가 되었고 맥스웰은 하디처럼 이런 천재의 가치를 알아보고 수학적인 언어로 그 기록을 남겨놓았다. 맥스웰은 패러데이보다 40여 년 늦게 태어나 짧은 삶을 살다갔기 때문에 이 점은 라마누잔과 유사하다. 두 사람의 관계를 조금씩 서로 뒤섞어 놓은 듯한 두 쌍의 과학자, 수학자의 삶은 여러 면에서 감동적이다.

패러데이는 가난한 대장장이의 아들로 태어나 간단한 읽기, 쓰기, 산수의 기초적인 정도의 정식 교육만을 받은 채 14세 때 한 서점의 견습생이 되었다. 당시 서점은 출판을 겸하는 일이 많아서 그는 제본 일을 배워나가며 시간이 허락하는 대로 자신이 제본한 책들을 읽어갔고, 이러한 책들은 과학에 대한 그의 호기심을 일깨웠다. 특히 그는 예술과 과학에 대한 글을 읽으면 노트에 적기 시작했는데, 이 습관이 그의 인생의 방향을 바꿔주었다. 1812년 영국 왕립학회 대중 강연에서 화학자 데이비(Humphry Davy, 1778–1829)의 염소 특성에 대한 강연에 마음을 사로잡힌 그는 습관대로 이 강연 내용을 그림과 함께 기록해 책으로 묶은 후 데이비에게 보냈다. 때 마침 실험실 사고로 부상을 입은 데이비는 자신의 강의를 잘 기록해준 젊은 패러데이를 잠시 동안 조수로 채용한다면, 치료기간 동안 자신의 실험을 충실하게 기록해 줄 수 있겠다고 생각했다. 며칠의 기간 안에 일이 잘 마무리되자 데이비는 왕립학회 조수 자리에 주당 1기니 조건으로 패러데이에게 일을 제안하였고, 1813년 3월부터 그는 서점 점원이 아닌 과학자로서의 새로운 삶을 시작한다.

왕립학회의 조수로 고용된 것은 그에게 큰 행운이었다. 실험실 조수는 학회 건물에서 생활하며 실험실의 장비를 관리하고 동시에 회원들의 연구 분석업무를 보조하며 각종 사무 업무들을 처리해야 했다. 실험실, 숙소, 도서관이 모두 제공된다는 이점과 뛰어난 여러 과학자들의 업적을 모두 살펴볼 수 있다는 특성 때문에 이후, 약 40년을 이곳에서 보내면서 패러데이는 수많은 실험을 맘껏 할 수 있었고 뛰어난 업적도 남길 수 있었다.

패러데이는 그의 생각들을 매우 명료하고 간단한 언어로 표현할 수 있는 능력을 갖춘 훌륭한 실험 과학자였다. 이런 장점 때문에 미국 발명가 에디슨 같은 사람에게 그의 저서는 훌륭한 참고서가 되었지만, 그의 수학 실력이 문제였다. 과학은 수학이라는 언어로 기록하지 못하면 그 의미나 역할이 제한적일 수밖에 없기 때문이다. 이 한계를 젊은 수학자 맥스웰(James Clerk Maxwell)이 메워 주었다.

맥스웰은 스코틀랜드 에든버러에서 부유한 변호사 가정의 외아들로 태어났다. 어릴 때부터 수학천재 소리를 듣던 그는 14세 때 이미 이차곡선의 성질을 연구한 결과를 내놓았을 정도였다. 두 핀으로 고정된 끈과 연필로 그릴 수 있는 곡선은 타원이 되는 것처럼, 끈의 길이 차이나 핀의 위치를 조절하여 다른 이차곡선을 얻는 실험 결과를 모은 것이었다. 그의 연구 결과에 대한 주위 사람들의 격려를 계기로 맥스웰은 과학에 더욱 큰 관심을 가지고 공부하게 된다.

1847년, 16세의 나이로 에든버러 대학에 입학한 맥스웰은 3년 후에는

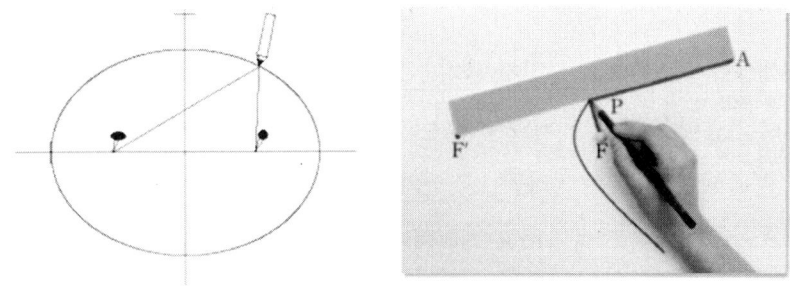

■두 핀으로 고정된 끈과 연필을 사용해 종이 위에 타원(왼쪽)과 쌍곡선(오른쪽)을 그리는 방법

■케임브리지 대학교 중앙도서관(위쪽)과 킹스 칼리지(아래쪽)

스코틀랜드를 떠나 과학 분야 최고 대학교인 케임브리지에 재입학했다. 24세에 학사 학위소유자로는 드물게 케임브리지 특별연구원으로 선발되어 전기와 자기에 대한 실험을 주관했고 색채 이론에 관한 연구도 했다. 29세에는 런던의 킹스칼리지 물리학 교수가 되었고 34세에는 모교인 케임브리지 대학의 교수가 되었다. 그는 한 뛰어난 물리학자가 수학적 표현력이 부족해 겪고 있는 어려움을 자신의 재능으로 보완해 줄 수 있다면 자신에게도 영광이라고 생각하고 패러데이의 업적을 수학으로 표현하는 일에 나섰다.

일년 만에 다시 찾은 케임브리지

현대의 유리성 같은 건물들로 구성된 케임브리지 대학교 수학과는 교수진만 100명이 넘는데다 연구원이 220명, 박사과정 학생이 180명에 이르기 때문에 단일학과로는 상상하기 어려울 정도로 엄청난 규모를 갖고 있다. 수학과의 명예 학장 격인 루카시안 교수로 오랫동안 뉴턴이 일했으며, 최근까지는 스티븐 호킹이 재직했다. 수학과는 두 전공으로 구분되어 '응용

■케임브리지 대학교 수학과 건물(위)은 현대의 유리성 같은 느낌의 여러 건물들로 구성되어 있다. 이곳에서 나는 수학과 학과장 헤인즈 교수(아래)를 만나 뉴턴이 발견한 미분의 의미를 들을 수 있었다.

수학 및 이론물리학'과 '순수수학 및 통계학'으로 나뉜다. 수학과 이론물리, 통계학을 분리하지 않고 수학이라는 한 지붕 안에 둠으로 인해 재학생은 수학을 전공해도 반드시 물리학이나 통계학 과목을 수강하도록 되어있으니 케임브리지 졸업생은 학문간 소통에는 부족함이 없어 보인다.

아직도 밖에는 비가 내리고 있었다. 수많은 전설이 있는 케임브리지 대학교에서 교수와 학생들을 직접 만날 수 있다는 사실이 전설 속으로 내가 뛰어든 것처럼 비현실적으로 느껴졌다. 사전 약속을 했음에도 학과장과의 약속시간은 뒤로 미뤄져서, 한참을 기다린 끝에야 막 회의가 끝나고 나오는 헤인즈(Peter Haynes) 교수를 만날 수 있었다. 50대 중반 정도의 나이에 매우 활기차고 젊어 보이는 그는 뉴턴의 여러 업적 중에 최고가 미적분의 발견이라고 말했다. 내가 뉴턴이 개발한 미적분학을 '자연의 언어'라고 말했더니 그는 '수학이 자연과 과학의 언어'라고 내 말을 정정해 주었다. 패러데이와 맥스웰의 관계에서도 알 수 있듯이 우리가 수학을 포기할 수 없는 명백한 이유가 여기에 있다. 자연과 과학은 수학이라는 언어로 기록되어 전해지므로 수학을 말할 수 없으면 자연과의 대화는 원천적으로 불가능하다.

수학과 건물 구석구석을 살피다 보니 라마누잔의 흉상이 눈에 들어왔다. 옆에는 그의 사진과 함께 이력이 소개되어 있는 게시판이 있어 이들이 얼마나 라마누잔을 자랑스럽게 생각하는가를 미루어 짐작할 수 있게 했다. 학교를 빛낸 위인들의 명패가 새겨져 있는 케임브리지 대학교 채플에도 라마누잔과 하디의 명패가 몇 줄 건너 나란히 붙어 있었다.

신이 선물한 통찰력의 소유자 라마누잔

1887년 12월 인도가 영국의 지배를 받고 있을 때, 타밀나두 지방(주)의 독실한 힌두교 신자로 브라만 계급의 가정에서 태어난 라마누잔은 당시 대부분의 인도 어린이처럼 가난한 어린 시절을 보냈다. 외가나 친가 조부모의 집에서 보살핌을 받아야 될 형편이었기 때문에 그는 여러 초등학교를 전전하였고 때로는 몇 달씩 학교를 빠지며 집에 머물기도 했다. 라마누잔이 수학을 제대로 접할 기회는 중학교 입학 후에 왔다. 자신의 집에 하숙하던 두 대학생의 영향으로 수학에 흥미를 갖게 된 소년은, 얼마 되지 않아 대학생들이 상대하기 버거울 수준이 되어 그들의 수학책을 빌려 보며 자신만의 수학적 발견을 완성해 나가야 했다.

그러나 수학적 재능만으로 삶의 모든 것이 해결되지는 않는 것 같다. 여러 번에 걸쳐 대학생활에 도전했지만 번번이 졸업에 실패한 그는 23세에 자신의 수학 연구 노트를 들고 직업을 구하기 위해 지역 세무서 부소장이지 수학자였던 아이어(V. Ramaswamy Aiyer)를 찾아감으로써 놀파구를 찾았다. 라마누잔의 천재성을 알아챈 아이어는 인도 최고의 수학자들에게 그를 추천했을 뿐 아니라 인도수학회 저널에 그의 논문이 실릴 수 있도록 도와주었다.

1913년 1월 라마누잔은 일면식도 없는 영국 케임브리지 대학교 하디 교수에게 9쪽의 연구노트를 보냈다. 영국의 다른 두 유명교수에게 보냈지만 아무런 반응도 없었던 것이다. 다른 수학자들처럼 하디도 처음에는 유명 수학자의 발견을 자신의 것처럼 꾸며낸 사기일 거라 생각하며 무심코 노트를 넘기다 다음 3개의 식에 깜짝 놀랐다.

$$\int_0^\infty \frac{1+\frac{x^2}{(b+1)^2}}{1+\frac{x^2}{a^2}} \times \frac{1+\frac{x^2}{(b+2)^2}}{1+\frac{x^2}{(a+1)^2}} \times \cdots dx = \frac{\sqrt{\pi}}{2} \times \frac{\Gamma\left(a+\frac{1}{2}\right)\Gamma(b+1)\Gamma(b-a+1)}{\Gamma(a)\Gamma\left(b+\frac{1}{2}\right)\Gamma\left(b-a+\frac{1}{2}\right)}$$

$$1 - 5\left(\frac{1}{2}\right)^3 + 9\left(\frac{1\times 3}{2\times 4}\right)^3 - 13\left(\frac{1\times 3\times 5}{2\times 4\times 6}\right)^3 + \cdots = \frac{2}{\pi}$$

$$1 + 9\left(\frac{1}{4}\right)^4 + 17\left(\frac{1\times 5}{4\times 8}\right)^4 + 25\left(\frac{1\times 5\times 9}{4\times 8\times 12}\right)^4 + \cdots = \frac{2\sqrt{2}}{\sqrt{\pi}\,\Gamma^2\left(\frac{3}{4}\right)}$$

가우스나 오일러의 비슷한 적분 계산보다 진전된 이 결과를 하디는 믿을 수 없었다.

"충격적이었다. 이런 식이 가능하리라고는 조금도 생각해 보지 못했다. 이 식은 아마도 참일 것이다. 참이 아니라면 누구도 이런 멋진 식을 발명해낼 정도의 상상력을 갖고 있지는 못할 것이다."

하디는 즉시 케임브리지 초청장을 하디에게 보냈고, 이 편지가 마드라스에 있는 라마누잔에게 도착하기도 전에 인도교육당국과 접촉하여 그의 해외유학을 진행하도록 협조를 구했다. 그러나 종교적 이유*로 그가 영국행을 거절하자 하디와 그의 동료들은 인도 수학회에 추천장을 보내 라마누잔의 연구를 도와줄 것을 부탁했다. 인도 수학회는 매달 75루피씩 2년 동안의 장학금을 약속하며 라마누잔에게 인도 수학회 저널에 논문게제를 계속하도록 요청했다. 계속된 하디와의 편지 왕래 및 다른 수학자들의 설득, 가족의 동의†로 하디의 초청 후 거의 일 년 만에 두 사람은 영국 케임

---

* 브라만은 자신의 고국을 떠나 해외로 가는 것을 금지하는 규율이 있다고 한다.

브리지에서 비로소 대면할 수 있게 되었다. 걸어서 5분 거리의 집에 살면서 공동 연구는 이어졌지만 라마누잔과 하디는 완전히 대조되는 문화, 종교, 생활방식을 가지고 있었다. 무신론자이면서 수학적 증명의 가치를 우선했던 하디와는 달리 라마누잔은 자신의 종교에 심취해 있으면서 자신의 수학적 직관이나 통찰에 더 가치를 두고 있었다. 때로는 라마누잔의 교육 공백을 메우면서 때로는 그의 결과에 형식적인 수학적 증명의 필요성을 더하기 위해 하디는 최선을 다했다. 영국에 머무는 5년 동안 정수론 및 타원곡선 분야에서 큰 성공을 거둔 라마누잔은 케임브리지 (박사)학위를 받기도 하고 1918년에는 인도인으로는 두 번째 왕립학회 회원이 되었으며, 마침내는 인도인 최초로 케임브리지 트리니티 칼리지 펠로우(교수대우)로 선출되었다.

우울증‡ 악화로 자신의 고향으로 돌아간 이듬해 32세의 젊은 나이로 숨진 라마누잔은 생전에 37편의 논문을 발표했고 3편의 연구 노트와 미발표 논문·원고들을 남겼다. 특히 7의 연구노트 중 1976년에야 발견된 '라마누잔의 잃어버린 노트'(Lost Notebooks) 내용은 일부 잘못된 것도 있고, 이미 다른 사람이 연구 결과로 발표해 놓은 것도 있지만 대부분 후세의 수학자에 의해 '뛰어난 통찰의 결과로 얻은 참인 명제'로 판명이 되면서 그 의미와 가치를 새롭게 인정받으며 수학의 주류로 흡수되었다. 보통의 경우 수

---

† 라마누잔의 어머니가 꿈에서 가족의 수호신으로부터 '아들 인생의 발전에 장애가 되지 마라'는 생생한 음성을 들었다고 한다.

‡ 천재들의 특징 중 하나는 때로는 정신적 문제로 고통을 겪는다는 것인데, 1918년 런던의 어느 기차역에서 달려오는 열차를 향해 철로에 몸을 날린 라마누잔은 기차가 급정거를 하면서 목숨을 잃지는 않았지만 경찰에 체포되었다가 하디의 보증으로 석방될 수 있었다.

■하디와 라마누잔이 공동 연구를 하던 케임브리지 대학교 수학과 건물(왼쪽)과 위인들의 명패가 있는 학교 채플(오른쪽)

학자들의 연구는 앞선 연구를 기초로 하는 데 비해, 라마누잔의 연구에는 매우 직관적이고 독창적인 것이 많다.

전자기학의 발전

1820년 외르스테드(Hans Christian Ørsted)는 배터리에서 나오는 전류를 연결하거나 차단할 때면 근처의 나침반이 움직이는 현상을 학계에 소개했다. 전기로부터 자기가 생기는 이런 신비한 현상을 거꾸로 생각하면서 심각하게 고민한 사람이 패러데이다. '진리의 냄새를 맡을 수 있다'는 평을 들을 정도로 직관적 감각이 뛰어났던 패러데이는 순간적으로 일어나는 이 전자 유도 현상이 중대한 의미를 가진다고 생각했다. 전기로부터 자기가 생길 수 있으면 거꾸로 자기로부터 전기가 생길 수 있지 않을까? 자기로부터 전기를 만들 수 있다면 배터리 없이 전기를 만들 수 있는 새로운 방법이 있지 않을까?

자기로부터 전기를 만드는 것을 오늘날에는 발전이라고 부른다. 패러데이의 발전에 대한 연구는 이후로 12년 동안 지속되면서 거의 매일 유사한 실험이 반복되었고, 1831년 8월에 이르러서야 성공적인 결과에 이르렀다

■학교 채플에 라마누잔(위쪽)과 하디(아래쪽)의 명패가 몇 줄 건너 나란히 붙어 있다.

최초로 배터리 없이 전기를 만들어냈을 뿐 아니라 이 실험을 더욱 발전시켜 몇 년 후에는 자기로부터 전기가 만들어지는 원리(전자기 유도 법칙)를 명확하게 설명하기 위해 전자기장*이라는 개념도 완성했다. 그는 전류의 전자 유도 현상을 다음과 같이 정리했다.

① 한쪽 코일을 흐르는 전류가 변할 때, 다른 쪽 코일에 전류가 유도된다.
② 한쪽 코일에 정상적으로 전류가 흐르도록 한 후 두 개의 코일을 상대적으로 운동시켜도 다른 코일에 전류가 유도된다.
③ 자석을 코일에 대해 움직여도 코일에 전류가 유도된다.

---

* 패러데이는 자석의 힘이 전달되는 범위인 장(場, 마당, field)이 있어 전기가 생긴다는 것이 자연스럽다고 생각했다.

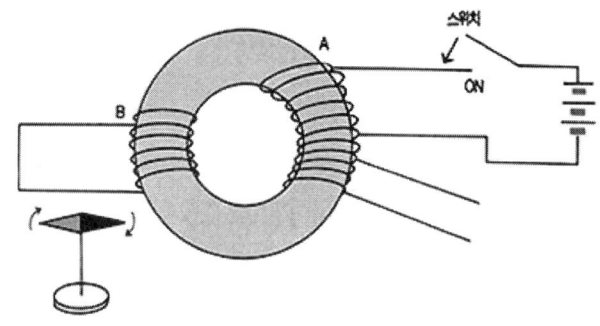

　수학적으로 표현되지 않은 패러데이의 전자기장 개념을 무시하던 일반 물리학자들과는 달리, 젊은 과학자 맥스웰은 의미 있게 받아들였다. 그는 자신이 고민하고 있던 전기와 자기 현상의 통합 문제를 패러데이의 장 개념이 해결할 수 있을지도 모른다고 생각했다. 사실, 눈에 보이지 않는 무언가가 공간을 가득 메우고, 또 그것이 에너지를 가지고 있다는 아이디어는 당시로서는 뛰어난 과학자들도 받아들이기 어려운 획기적인 생각이었다. 무선통신이 대중화된 현대 생활의 한 예를 살펴보자. 방송국 안테나에서는 전자기파의 일종인 전파를 발생하는데 이때 전파로 가득 찬 안테나 주변의 공간을 전자기장이라고 부른다. 이 전자기장 내에 있는 전파가 라디오나 TV에 달려 있는 수신 안테나 속의 전자를 진동시켜 약한 전류를 만들어냄으로써 우리는 TV를 보거나 라디오를 들을 수 있다. 전파가 에너지를 가지고 있다는 증거다. 전기나 자기를 띤 물체 주변에 전자기파로 이루어진 장이 존재한다면 이 전자기장의 세기(에너지)는 수학으로 표현할 수 있어야 한다고 맥스웰은 생각했다. 이렇게 해서 눈에 보이지 않는 세계의 물리법칙, 즉 전기와 자기에 관한 4개의 맥스웰 수학 방정식이 만들어졌다. 본래 열 개가 넘었던 맥스웰의 방정식을 재능 있는 맥스웰의 제자들이 4개로 정리한 것이다.

이름	미분형	적분형
가우스 법칙	$\nabla \cdot \mathbf{D} = \rho$	$\oint_S \mathbf{D} \cdot d\mathbf{A} = \int_V \rho \cdot dV$
가우스 자기 법칙	$\nabla \cdot \mathbf{B} = 0$	$\oint_S \mathbf{B} \cdot d\mathbf{A} = 0$
패러데이 전자기 유도 법칙	$\nabla \times \mathbf{E} = -\dfrac{\partial \mathbf{B}}{\partial t}$	$\oint_C \mathbf{E} \cdot d\mathbf{l} = -\dfrac{d}{dt}\int_S \mathbf{B} \cdot d\mathbf{A}$
앙페르-맥스웰 회로 법칙	$\nabla \times \mathbf{H} = \mathbf{J} + \dfrac{\partial \mathbf{D}}{\partial t}$	$\oint_C \mathbf{H} \cdot d\mathbf{l} = \int_S \mathbf{J} \cdot d\mathbf{A} + \dfrac{d}{dt}\int_S \mathbf{D} \cdot d\mathbf{A}$

빛은 전자기파

여기까지만 이야기하면, 마치 맥스웰은 특별한 발견이나 아이디어도 없이 그저 패러데이의 연구 결과를 수학적 언어로 바꾼 일만 한 듯 보인다. 그러나 그의 업적은 여기서부터 더 놀라워진다. 패러데이도 이미 비슷한 생각을 가지고 있긴 했지만 빛이 전자기파라는 사실을 맥스웰이 증명한 것이다.

맥스웰은 자신이 만든 방정식을 풀다 자연스럽게 전자기는 파동의 일종이라는 결론을 얻었다. 전자기파는 진행할 때 전기장의 변화가 자기장의 변화를 일으키고 자기장의 변화가 다시 전기장의 변화를 일으켜 전기장과 자기장의 진동이 번갈아 가면서 에너지를 전달한다. 파의 진행방향은 전기장과 자기장의 진동 방향에 수직이며 횡파로서 진행한다. 더 나아가 전자

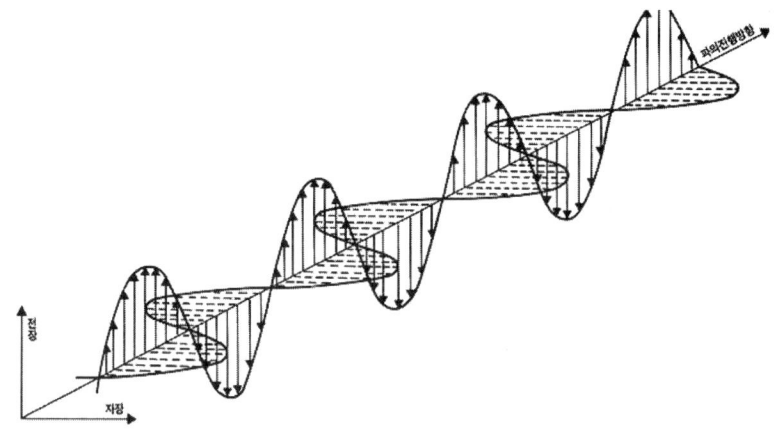

■맥스웰이 발견한 전자기파가 공간으로 퍼지는 모양. 전자기파가 진행할 때 전기장의 변화가 자기장의 변화를 일으키고 자기장의 변화가 다시 전기장의 변화를 일으켜 전기장과 자기장의 진동이 번갈아 가면서 에너지를 전달한다. 파의 진행방향은 전기장과 자기장의 진동 방향에 수직이며 횡파로서 진행한다.

기파의 속도가 빛의 속도 30만km/초라는 결과를 얻은 맥스웰은 빛은 전자기파의 일종이라고 확신할 수 있게 되었다. 더욱 놀라운 발견은 전자기파의 속도는 관찰자의 운동 속도와 상관없이 항상 일정한 값을 갖는다는 사실의 발견이다. 빛의 속도가 유한하고 일정하며 이보다 빠른 것은 없다는 아이디어도 맥스웰부터 시작된 것이다. 빛이 파동이라는 맥스웰의 수학적 증명은 과학계의 거장 뉴턴의 주장을 무시하는 것이므로 당시 영국의 학계에서 거의 인정을 받지 못했지만, 아인슈타인은 이 발견을 아주 심각하게 받아들였고 새로운 갈등이 과학에서 시작되었다. 우주의 운동원리와 전자기의 원리가 서로 일치하지 않는다는 사실에서 아인슈타인의 상대성이론과 양자 역학의 아이디어가 시작된 것이라 할 수 있다.

참고로 빛과 동의어로 사용할 수 있는 전자기파는 파장에 따라 전파(단파,

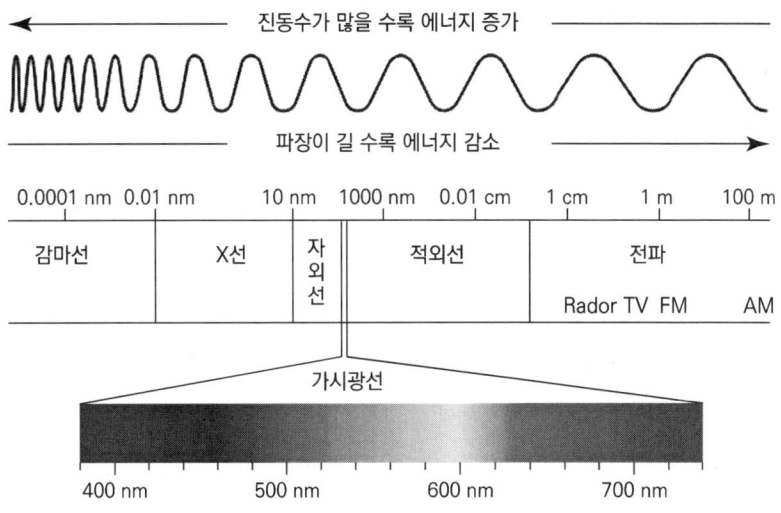

장파), 마이크로파, 적외선, 가시광선, 자외선, X선, 감마선 등으로 나뉜다. 이러한 전자기파 중에 사람이 감지할 수 있는 부분은 두 종류로, 가시광선은 눈에서 색으로 적외선은 피부에서 열로 감지할 수 있다. 전파를 감지하는 TV나 라디오 안테나로 비유하면, 사람의 눈과 피부도 가시광선과 적외선을 감지하는 안테나라고 생각할 수 있다.

패러데이와 맥스웰에 대한 후학들의 존경

48세부터 기억 상실 증상을 보인 패러데이는 친구에게 보낸 편지에서 "내 기억이 사라진다면 그 때문에 즐거움뿐만 아니라 고통도 잊겠지요. 결국은 행복하고 만족할 것입니다."라고 농담할 정도로 자신의 병을 여유롭게 받아들이며 연구와 강연을 이어갔다. 그는 지적인 노력에 대해 상을 준다면 그 가치가 떨어진다고 생각했기 때문에 세속적인 부와 명예에는 관심이 없었다. 왕립학회 회장직을 거절했으며 기사 작위 수여도 거절했다.

패러데이는 위대한 과학자일 뿐만 아니라 과학이란 학문을 대중화한 사람이기도 하다. 1826년 그가 만들고 자신도 20회 가량 참여했던 '아이들을 위한 크리스마스 강연회'는 지금까지도 왕립학회의 전통으로 내려올 정도로 대중의 사랑을 받고 있다. 영국의 20파운드 지폐에는 이 강연을 하는 패러데이의 모습이 그려지기도 했다. 소년시절 강연을 들으며 과학에 대한 열정을 키우고 과학의 세계로 가는 통로를 찾았던 일을 잊지 않았기 때문일 것이다. 1861년 크리스마스 강연을 마지막으로 과학계에서 은퇴한 그는 집에서 평온한 여생을 보냈다.

한편 케임브리지 대학교의 교수가 되어 캐번디시 연구소에서 활동하다가 1879년 48세의 젊은 나이에 위암으로 생을 마감한 맥스웰의 업적은 아인슈타인이나 뉴턴과 견주고 있다. 자신의 연구실 벽에 뉴턴과 패러데이

■1993년 발행된 영국의 20파운드 지폐에는 강연을 하는 패러데이의 모습이 그려져 있다.

의 초상화와 함께 맥스웰의 사진을 걸어두었다는 아인슈타인은 맥스웰을 이렇게 평가했다.

"물리학은 맥스웰 이전과 이후로 나뉜다. 그와 더불어 과학의 한 시대가 끝나고 또 한 시대가 시작되었다."

맥스웰은 1861년 삼원색의 혼합으로 모든 색을 표현할 수 있다는 사실을 응용해 컬러 사진을 최초로 만든 사람이기도 하다.

케임브리지 대학교 복도 칠판

강의실의 배회하다 복도에 걸린 칠판에 수학문제가 빼곡히 적혀 있는 것을 보면서 1998년 아카데미 수상작 '굿 윌 헌팅'(Good Will Hunting)의 첫 장면이 떠올렸다. 영화는 다음과 같이 시작한다.

미국 MIT수학과 교수이자 필즈 메달리스트인 램보 교수는 자신의 수업을 듣는 대학원 학생들의 수학적 재능을 시험하기 위해 강의실 복도 칠판에 수학 문제를 적어놓는다. 어느 날 누군가에 의해 이 문제에 대한 천재적인 풀이가 칠판에 쓰여 있었지만, 강의실 안에서 누구도 자신이 한 일이라고 나서지 않는다. 모두가 그 주인공을 궁금해하자, 교수는 또 다른 문제를 칠판에 적어 놓고는 이 비밀의 수학천재를 기다린다.

기다림이 무르익을 무렵, 교수와 함께 강의실을 나서던 조교는 복도 칠판에 낙서하고 있는 한 청소부를 발견하고 장난을 멈추게 하기 위해 달려간다. 놀라 도망간 청년이 남긴 낙서는 또 다른 문제의 풀이임을 알아챈

■영화 '굿 윌 헌팅'(왼쪽)은 강의실 복도의 칠판에 쓰인 수학 문제를 푸는 것으로 시작한다. 실제로 외국의 많은 대학교는 강의실 복도에 칠판을 걸어 놓고 여러 수학문제의 토론장소로 사용한다. 영국 케임브리지 대학교 강의실 복도의 칠판에 쓰인 수학문제(오른쪽)

교수는 수소문 끝에 학교 청소부로 있는 월 헌팅을 찾아낸다. 월 헌팅은 빈민가에 태어나서 정식으로 대학교 교육을 받은 적이 없지만 현대 수학의 어려운 문제들을 싱거울 정도로 간단하게 풀어버리는 천재적인 두뇌를 갖고 있었던 것이다.

실제로 외국의 많은 대학교는 강의실 복도에 칠판을 걸어 놓고 여러 수학문제의 토론장소로 사용한다. MIT뿐 아니라 미국 프린스턴 대학교나 영국 케임브리지 대학교에서 강의실 복도 칠판에 쓰인 수학문제를 발견하는 것은 전혀 낯선 일이 아니다. 이 영화에 대한 직접적 아이디어가 어디서부터 시작되었는지 알 수 없지만, 영화를 본 수학자들은 라마누잔을 떠올린다. 시대와 배경은 다르지만 라마누잔 이야기는 수학자들 사이에서는 영화와 같은 전설로 남아 있기 때문이다. 수학에서의 자신의 최대 업적이 라마누잔의 발견이라고 말한 하디, 패러데이의 수학번역가가 되어준 맥스웰, 모두 뛰어난 학자일 뿐 아니라 다른 사람의 재능을 소중하게 생각하고 도움의 손길을 기꺼이 내밀 줄 아는 훌륭한 성품의 사람들이라는 생각이

■특별한 안내판이나 설명문이 없어 입구에서 왕립학회(Royal Society)라는 사인을 확인하기 전까지는 이곳이 전자기의 원리를 찾아내고 매년 아이들을 위한 크리스마스 강연회가 열리는 장소인지 의심이 들 정도였다.

든다.

패러데이가 40년을 보내며 그의 과학적 재능을 맘껏 시험해 보았다는 왕립학회를 빠뜨릴 수는 없는 일이다. 일요일 한낮, 트라팔가 광장에서는 웨스트엔드 뮤지컬 최고 장면만을 보여주는 특별 무대가 진행되고 있었다. 서로 뽐내 듯 질러내는 고음 가수들이 엄청난 성량의 노랫소리, 화려하게 분장한 배우들과 자동차들의 부산한 움직임, 뜨거운 여름 태양조차 순간에 녹일 듯한 관중들의 함성소리로 정신을 차릴 수가 없었다.

트라팔가 광장에서 몇 걸음 벗어나 골목으로 들어서니 단정한 4층 높이의 대리석 건물이 보였다. 특별한 안내판이나 설명문이 없어 입구에서 왕립학회(Royal Society)라는 사인을 확인하기 전까지는 이곳이 전자기의 원리를 찾아내고 매년 아이들을 위한 크리스마스 강연회가 열리는 장소인지 의심이 들 정도였다.

상상을 초월하는 라마누잔의 통찰력을 말해주는 일화로 이 글을 매듭짓기로 하자. 병원에 입원해 있던 그의 병문안을 위해 하디가 타고 온 택시 번호판 숫자 1729를 보고

두 세제곱수의 합으로 나타내는 방법이 두 가지인 수 중 가장 작은 수
$$1729 = 1^3 + 12^3 = 9^3 + 10^3$$

라고 병실 문을 밀고 들어오는 하디에게 말했다. 이후로 이러한 종류의 수를 현대 수학자들은 택시수(Taxicab number)라고 부른다.

폰노이만의 컴퓨터에 영감을 준 튜링머신
-힐베르트의 세 번째 물음에 답하다

수학 기초론에 대한 논쟁

수학의 기초를 흔드는 위기 상황이 19세기에 수학의 여러 분야에서 발생하기 시작했다. 힐베르트(David Hilbert, 1862-1943), 브라우어르(Luitzen Brouwer, 1881-1966), 바일(Hermann Weyl, 1885-1955) 등을 중심으로 벌어졌던 논쟁은 현대 수학의 발달과 그것으로부터 파생된 철학적 방법론에서 비롯된 매우 자연스러운 현상일 수도 있다. 특히 1870년경에게는 비유클리드 기하의 수학적 수용문제, 실수의 기초론, 칸토어의 무한집합 및 집합론, 연속체 가설 등 수학적 논쟁거리가 줄을 이었다. 뿐만 아니라 수학에서 전통적인 가치로 신봉해 왔던 논리 및 공리적 방법의 역할과 직관의 역할에 대한 논쟁도 있었다. 그야말로 전통적인 모든 수학 내용과 방법론에 대한 반성과 회의가 바닥부터 천장까지 이르렀던 시기였다.

고전적인 수학을 정당화하려는 입장에 섰던 힐베르트와 납득할 만한 수준의 직관으로 재구성된 수학의 도입을 주장했던 브라우어르 논쟁의 한 예가 배중률이다. 모든 수학문제를 해결할 수 있다고 믿었던 힐베르트의 주장의 기저에는

'어떤 명제 p에 대해 명제 $(p \lor \sim p)$는 항상 참'

이라는 논리학의 기본 공리가 전제되어 있었다. 그러나 브라우어르는 이는 유한집합에서 성립하는 원리일 뿐, 무한집합에 적용하는 것은 잘못이라고 생각했다. 모순에 의한 증명이 타당하지 않다는 도전에 수학의 많은 증명의 유효성이 의심받게 된 것이다. 그러나 이 논쟁은 길게 이어지지는 않았다. 직관주의가 처음 출발처럼 단순성을 유지하지 못하고 복잡해져서 감으로써, 수학을 간결하고 아름답게 표현해 줄 수 있을 거라는 희망이 점점 사라져갔다. 몇몇 결정적 전투에서 무게 중심이 힐베르트 쪽으로 옮겨져갔다.

힐베르트는 자신의 승리에도 불구하고 여러 수학자들이 제시한 의심을 영원히 제거할 방법을 찾아야 한다고 생각했다. 1904년 그의 제안으로 시작된 이 연구는 논리와 증명을 형식적인 계산으로 변형해 기계적으로 점검할 수 있게 하고자 하는 시도로 발전하기 시작했다. 이 계획을 우리는 힐베르트 프로그램이라고 부른다. 모든 비판들로부터 수학의 완전성을 지켜내기 위한 그의 계획은 수학의 모든 논증과 증명을 기호로 변형하고 형식적인 추론규칙을 유한 번 반복 적용함으로써 얻어지는 결론에 대한 정

당화인 셈이다. 1928년 국제 수학자대회에서 힐베르트는 이 프로그램의 형식적 접근법으로 재구성된 수학에 대해 다음의 세 가지 물음을 던졌다.

1. 수학은 완전한가?(모든 명제는 참 또는 거짓인가?)
2. 수학에는 모순이 없는가?(한 방법으로 참으로 증명된 명제가 다른 증명에 의해 거짓이 될 수는 없는가? 또는 명제 p와 부정 $\sim p$가 동시에 증명 가능한 p가 존재하진 않는가?)
3. 수학은 결정 가능한가?(각 수학명제가 증명가능한지를 결정해주는 보편적으로 적용가능한 방법이 있는가?)

사실 힐베르트는 이보다 28년 앞선 국제 수학자 대회에서 20세기를 열면서 수학자들이 풀어야 할 중요한 23가지 미해결 문제를 제시했는데, 이 중 다음 세 문제를 논리, 철학적으로 일반화한 것으로 보인다.

1. 연속체 가설은 참인가?
2. 산술의 공리는 무모순인가?
10. 유한차 디오판토스 방정식(다항 방정식)의 해를 구하는 일반적 알고리즘이 존재하는가?

앞서 살펴본 것처럼 처음 두 물음에 대한 답은 괴델의 불완전성 정리로 참이 아님이 밝혀졌다. 아직 세 번째 물음에 대한 답은 남아 있었고, 이에 도전한 수학자가 튜링(Alan Turing, 1912-1954)이다.

케임브리지 대학교 뉴턴 수리과학 연구소

백설 공주의 이야기가 아니다. 실제로 독이 든 사과를 먹고 죽은 수학자의 이야기이다. 1954년 자신의 43번째 생일을 보름 앞두고 젊은 수학자 튜링이 죽었다는 뉴스는 주위 동료나 가족들에게 큰 충격이었다. 그가 자살할 만한 징후나 사건은 없었다. 자신의 동성애 성향에 관련된 재판으로 고통받기는 했지만 이미 이 일도 2년 전의 일이었고, 동성애에 대한 정신병 약물 치료도 1년 전에 끝나 있었다. 사체가 놓인 그의 침대 머리맡에는 한 입 베어 먹은 사과와 청산가리 용액이 발견되었을 뿐 어떤 유언이나 메모도 남아 있지 않았다.

경찰은 이 사건을 신속하게 해결하려고 서두르는 것 같았다. 사과를 제대로 검사하지도 않은 상태에서 사인을 청산가리 독물중독에 의한 자살로 결론 내렸다. 많은 수학자들과 가족들은 그가 정부의 비밀첩보조직에 의해

■독극물에 의한 사망이라는 튜링의 검시 보고서(왼쪽)와 케임브리지 대학교에 전시되어 있는 튜링과 관련된 여러 가지 책(오른쪽)

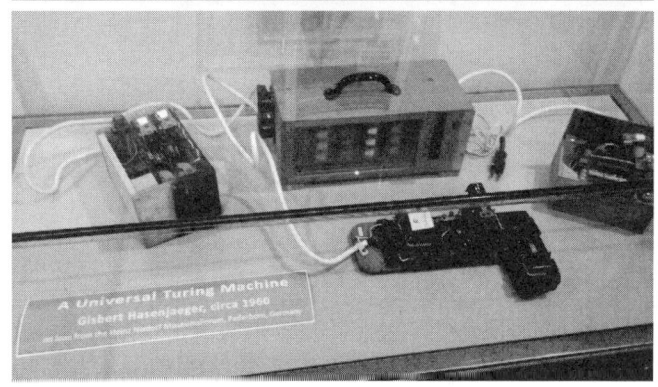

■ 케임브리지 대학교 곳곳에는 튜링을 기념하는 학술회의 안내 포스터(위쪽)와 튜링머신(아래쪽)과 같은 그의 기념물이 전시되어 있었다.

살해되었을지도 모른다고 생각했다. 전기 작가 리빗(David Leavitt)은 튜링이 1937년에 만들어진 백설 공주 영화를 특히 좋아했으며 마녀가 사과를 독극물에 담그는 장면에서는 희열을 느꼈다고 말했다. 자살 방법을 영화에서 따온 것이라는 주장이다.

케임브리지 대학교 수학과 건물과 아이작 뉴턴 수리 과학 연구소는 온통 앨런 튜링으로 장식되어 있었다. 마침 내가 이곳을 방문한 시점이 튜링 탄생 100주년이 되는 해이기도 했지만 지나친 것이 아닌가 하는 생각이 들 정도였다. 수학과 건물 복도나 휴게실 곳곳에는 그를 기념하는 학술대회 안내 포스터가 붙어 있었고, 아이작 뉴턴 수리 과학 연구소 입구에는 그의 일대기를 구체적으로 기록해 놓은 게시물도 있었다. 1936년에 튜링이 고안한 추상적 계산 기계로 현대 컴퓨터의 원형이 된 튜링 머신도 전시되어 있었다. 그는 이 기계는 순서에 따라 계산이나 논리 조작을 행하는 장치이므로 적절한 기억 장소와 알고리즘만 주어진다면 어떠한 계산이라도 가능하다고 믿었으나 실제를 이 기계를 구현해낸 것은 아니다. 그의 큰 업적을 충분히 감안해도, 튜링을 이렇게 세심하게 기억하고 있는 케임브리지 대학교는 놀라울 정도였다.

튜링 기계에 의한 수학 기초론의 증명

튜링의 1936년 논문은 해결되지 않고 남아 있던 힐베르트의 세 번째 물음 '각 수학적 명제의 증명 가능성 여부를 결정해 줄 수 있는 기계적 방법의 존재'에 대한 답이다. 실제로 튜링은 '기계적 방법'에 주목했다. 괴델에 자극받은 많은 당대의 수학자들이 수학의 결정 가능성을 결정할 규칙에 대해 말하기는 했지만 실제로 이런 기계를 설계하려고 시도하는 사람은 없었다. 그는 이런 자동 기계의 아이디어를 당시 널리 쓰이던 타자기에서 얻었다고 알려져 있다. 실제 그가 설계한 기계를 살펴보면 좌우로 움직일 수 있는 종이테이프, 한 기호만 들어갈 수 있는 빈칸, 인쇄 등에서 타자기와 작동원리의 유사점이 발견된다. 물론 기호를 읽어들이고, 지우며, 기억하는 행동은 타자기에서는 찾아볼 수 없는 그만의 독특한 아이디어다. 튜링은 이 기계로 결정가능성에 답하기 위해 '계산 가능한 수'를 도입한다. 1936년 그의 논문 첫 문장에서 다음과 같이 그 개념을 정의한다.

" '계산 가능한 수'는 몇 가지 유한 방법으로 계산해 (소수로) 나타낼 수 있는 실수라고 말할 수 있다."

계산 가능한 수는 명확한 몇 개의 규칙에 의해 정의된 실수이므로 튜링 기계의 유한개의 명령을 통해 인쇄가 가능한 수를 의미한다고 할 수 있다. 그의 계산에 의하면 모든 대수적인 수(유리수를 계수로 갖는 다항 방정식의 해)는 계산 가능한 수이다. 또한 다음처럼 규칙적인 무한급수로 주어지는 π, e의 값도 유한번의 알고리즘만으로 결정되므로 계산 가능한 수이다.

$$\pi = 4\left(1 - \frac{1}{3} + \frac{1}{5} - \cdots\right)$$
$$e = 1 + 1 + \frac{1}{2!} + \frac{1}{3!} + \cdots$$

그렇다고 모든 수가 계산 가능한 수는 아니다. 튜링은 칸토어의 무한집합 분류법을 이곳에서 사용했다. 0과 1 사이의 계산 가능한 수를 모두 나열해 아래와 같은 수열을 얻었다고 하자.

$$a = 0.999999999999999999999\cdots$$
$$b = 0.333333333333333333333\cdots$$
$$c = 0.121212121212121212121\cdots$$
$$d = 0.200200020000200000200\cdots$$
$$\cdots\cdots\cdots\cdots\cdots\cdots\cdots\cdots\cdots\cdots\cdots\cdots\cdots$$

이렇게 나열된 수에서 대각선에 있는 숫자를 뽑아서 다음과 같은 수 A를 만든다.

$$A = 0.9312\cdots$$

이 수의 소수점 아래 각 자리에 1을 더한다. 이때 10이 되면 0으로 나타낸다.

$$B = 0.0423\cdots$$

이렇게 만들어진 수 B의 첫째 자릿수는 a와 다르고, 둘째 자릿수는 b와 다르고, 셋째 자릿수는 c와 다르다. 이를 반복하면 B는 여기에 배열된 계산 가능한 어떤 수와도 일치하지 않는다. 계산 가능한 모든 수를 이용해 계산 불가능한 수를 찾아낸 것이다. B의 존재성을 찾는 이 방법을 괴델 논법에 적용함으로써 튜링은 드디어 힐베르트의 세 번째 물음에 대한 답은 '아니오'로 결론 내렸다. 계산 불가능한 수는 풀 수 없는 문제 중에 하나일 것이기 때문이다. 물론 모든 실수는 소수로 나타낼 수 있으며 계산 가능한 수는 가산집합이라는 전제하에 이와 같은 논리가 가능하다.

처치-튜링 테제

튜링보다 몇 달 앞서서 미국 프린스턴 대학교 수학과 교수 처치(Alonzo Church, 1903-1995)는 튜링 기계와는 다른 아이디어로 이미 힐베르트의 세 번째 문제의 답을 얻었다. 처치는 그의 논문(A Note on the Entscheidungsproblem)을 통해, '효율적인 계산 가능성'(effective calculability)을 표현하기 위해 재귀함수(Recursive Function)와 람다 대수(Lambda Calculus)를 사용했다. 1936년 논문에서 튜링은 '효율적 계산 가능성'이라는 아이디어가 정의는 다르지만 자신의 '계산 가능성'과 동치인 것으로 힐베르트의 문제에서도 유사한 결과를 얻게 되었다고 말하고 부록에서 이를 간략하게 증명하고 있다. 처치의 앞선 연구가 튜링으로 하여금 케임브리지를 떠나 프린스턴 대학교에서 박사 학위 과정을 밟도록 만든 한 원인이 되었을 것이다.

처치 논문이 먼저 출간되었기 때문에 튜링 연구의 차별성이 인정되지 못했다면 그의 논문은 세상의 빛을 보지 못했을 것이다. 처치의 논문은 비록 튜링 기계에 비해서 완전한 기계적 방법이라는 측면에서는 훨씬 불분명했지만 그 수학적 구조는 놀라울 정도로 간략하다는 이점이 있었다. 튜링은 자기의 입장을 좀 더 자세하게 서술할 필요가 있었다. 이런 필요에 의해 제시된 가설이 처치-튜링 테제(증명된 정리가 아님)로

"모든 계산 가능한 문제는 튜링 기계로 계산할 수 있으며, 그 역 역시 성립한다."

는 명제이다. 이 가설은 기계적인 방법으로 수행될 수 있는 모든 계산은 튜링 기계에 의해 실행될 수 있다는 것을 뜻한다. 참이라는 확신이 있지만 증명될 수는 없는 부분이 있으므로 컴퓨터 과학의 기본 공리와 같은 성격을 갖는다.

이 가설을 순수 수학적 관점으로 해석하면, 자연수에서 정의된 함숫값을 인간이 두뇌(종이와 연필을 사용)만으로 계산될 수 있다면 튜링 기계로도 계산 가능하고 그 역도 성립한다는 주장이다. 이때의 함수를 '계산 가능(튜링의 정의)' 또는 '효율적으로 계산 가능(처치의 정의)'이라 부르며, 계산에 공급되는

■ 현대 컴퓨터는 처치-튜링 테제에서 영감을 얻어 튜링 기계를 구현한 것이라 할 수 있지만 메모리의 한계 때문에 완전한 튜링 기계로는 부족한 부분이 있다.

자료의 제한은 없는 것으로 간주한다. 이는 괴델이 형식화한 '일반 재귀 함수(general recursive function)'와 같은 의미로 사용할 수 있음도 밝혀졌다. 따라서 아주 비형식적인 정의이긴 하지만 '효율적으로 계산 가능'하다는 의미는 인간의 두뇌로 계산 가능하다는 뜻과 같으며 흔히 우리가 알고리즘이라고 부르는 형태로 재귀적 프로그램이 가능한 것을 통칭하는 것이다. 컴퓨터가 발견되기 전에 이미 만들어진 알고리즘이 무엇인가에 대한 공리인 셈이다. 알고리즘으로 풀 수 있는 문제와 없는 문제를 구분하여, 알고리즘화할 수 있으면 컴퓨터(튜링머신)로 풀 수 있고 컴퓨터(튜링머신)로 풀 수 있는 모든 문제는 알고리즘화할 수 있다는 명제가 처치-튜링 테제의 현대적 해석일 수 있다. 폰노이만식 컴퓨터(현대 컴퓨터)는 처치-튜링 테제에서 영감을 얻어 튜링 기계를 구현한 것이라 할 수 있지만 메모리의 한계 때문에 완전한 튜링 기계로는 부족한 부분이 있다.

이 가설에 반대하는 학자들도 있다. 펜로즈는 인간의 뇌는 기계적 컴퓨터보다 뛰어난 것으로 처치-튜링 테제는 잘못된 전제라는 사실이 양자컴퓨터의 개발로 확인될 것이라 주장했지만 주류학계에서 진지하게 받아들이진 않고 있다.

스티브 잡스의 베어 먹은 사과

스티브 잡스(Steve Jobs, 1955-2011)는 1976년 4월 1일 '애플(사과)'이라는 컴퓨터 회사를 설립하고 이 회사가 만든 최초의 컴퓨터의 이름도 '애플 I'로 지었다. 왜 이들이 사과를 회사의 이름과 상표로 사용하기 시작했는지에 대한 정확한 기록은 없지만 여러 주장 중에는 전화번호부 앞쪽에 위치하기 위한 의도, 주변에 많았던 사과 농장, 비틀즈의 음반을 팔던 애플 레코드회사 등의 이야기가 있다. 잡스나 애플의 창립자들조차도 인터뷰를 할 때마다 회사 이름의 유래를 다르게 설명했기 때문에 확실한 이유는 알 수 없다.

이름과 더불어 특히 베어 먹은 사과가 애플 컴퓨터의 로고가 된 이유도 궁금하다. 이에 대해서도 여러 추측이 있는데 그 중 하나는 뉴턴의 사과에서 왔다는 주장이다. 실제로 회사 초기의 광고 기획자는 뉴턴이 사과 나무 아래 앉아 있는 모습을 선전에 사용하기도 했다. 또 다른 강력한 주장은 독이 든 사과를 먹고 죽은 수학자 튜링을 기억하기 위한 것이라는 설명이다.

뉴턴 때문인지 튜링 때문인지 모르겠지만 사과나무와 사과 기념물을 영국 시골 마을 곳곳에서 볼 수 있었다. 이런 소소한 발견의 즐거움을 위해

■뉴턴의 고향에 있는 사과나무(왼쪽)와 뉴턴의 고등학교 킹스 스쿨이 있는 그랜섬의 한 공원에 있는 사과 조각상(위쪽)

■창업 당시부터 1998년까지 사용한 애플의 로고(왼쪽)와 1998년부터 등장한 애플의 현재 로고(오른쪽)

■영국 수상 관저 다우닝가 10번지(위쪽)를 무장경비병들과 경찰들이 지키고 있다. 처칠 동상(아래쪽) 뒤로는 인도의 간디, 남아프리카 공화국의 만델라 동상이 이웃해 있다.

택시를 이용할 때마다 영어 때문에 어려움을 겪었다. 대학교나 대도시를 조금만 벗어나도 택시 기사와의 대화가 어려웠다. 미국 영화나 드라마를 통해 영어를 배운 우리는 미국식 영어 악센트에 익숙한 편일 것이다. 세계 모든 나라가 이런 영향 아래 있으니 비록 서툰 영어지만 대부분의 나라에서는 그런대로 알아듣고 말할 수 있었으나 유난히 영국 시골 마을에서는 그들의 발음을 알아듣기 어려웠다. 영어의 발상지에서 영어가 더 통하지 않으니 이런 아이러니가 있는가.

에니그마의 해독과 에러 방지 암호
-앨런 튜링의 암호해독과 그래이 암호

전통적인 암호문 작성법

2차 세계대전을 통해 명성이 높았던 독일 암호 장치 에니그마에서 가장 원시적 암호 체계인 로마 영웅 카이사르(Gaius Julius Caesar) 암호를 떠올리게 되는 것은 수천 년 동안 발전되어온 암호연구를 무력화시키는 느낌이 든다. 카이사르 전기 작가 수에토니우스(Suetonius)의 기록에 의하면 카이사르는 자신의 정적이자 친구였던 키케로에게 보낸 편지에 다음과 같은 암호 제작 방법을 사용했다고 한다.

a	b	c	d	e	f	g	h	i	j	k	l	m	n	o	p	q	r	s	t	u	v	w	x	y	z
E	F	G	H	I	J	K	L	M	N	O	P	Q	R	S	T	U	V	W	X	Y	Z	A	B	C	D

본래의 알파벳 밑에 쓰인 새로운 알파벳이 암호가 되는 것이다. 이를테면 다음 문장을 암호화하면

he loves me more
LI PSZIW OI OSVI

로 바뀌게 된다. 이와 같이 알파벳을 단순히 옆으로 몇 칸 이동해 만든 암호의 해독법은 이미 오래전부터 잘 알려져 왔음에도 암호화와 복호화 과정이 다른 암호체계에 비해 단순하다는 이유 때문에 오랫동안 선호되어 오던 방법이다. 이 암호를 다이얼 형태의 원판으로 만들면 에니그마의 기본적인 형태가 된다.

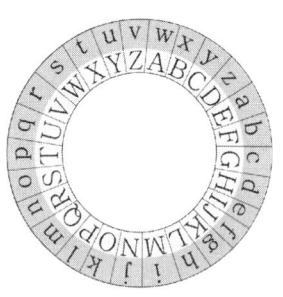

나란히 맞물린 원판 두 개 중 안쪽 부분이 암호문, 바깥쪽 부분이 평문이 되는데, 이때 안쪽 암호판을 다이얼처럼 돌려가며 매번 위치를 바꿀 수 있다면 앞의 카이사르 암호문과는 비교할 수 없을 정도로 해독하기 어려운 암호가 된다.

■암호 업무를 다루는 미국 정보기관 국가안보국(NSA)의 상징물

이렇게 만들어진 암호의 기본적인 해독 원리는 알파벳의 출현횟수를 통계로 분석한 방법에 의존한다. 실제로 영어 문장을 분석해 각 알파벳의 출현빈도를 조사한 표는 다음과 같다. 물론 독일어와 영어는 다른 언어이므로 각 알파벳의 출현 빈도는 차이가 있으나 공통적으로 철자 e를 가장 많이 사용한다는 공통점이 있으며 웬만한 길이의 암호문은 이 규칙을 벗어나지 못한다. 앞의 암호문에서 가장 출현 빈도가 높은 철자는 I이므로 평문의 e로 대체할 수 있을 것이다. 이런 방법을 조금만 반복하면 카이사르 임호는 금방 해녹이 된다.

a	8.04%	n	7.09%
b	1.54	o	7.60
c	3.06	p	2.00
d	3.99	q	0.11
e	12.51	r	6.12
f	2.30	s	6.54
g	1.96	t	9.25
h	5.49	u	2.71
i	7.26	v	0.99
j	0.16	w	1.92
k	0.67	x	0.19
l	4.14	y	1.73
m	2.53	z	0.09

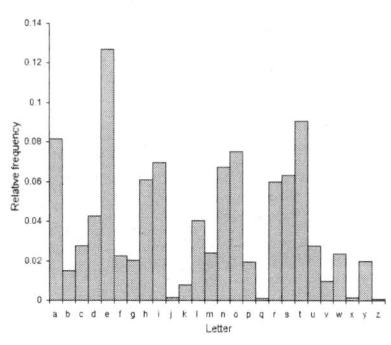

튜링은 2차 세계대전을 승리로 이끈 전쟁영웅

괴델 이론을 바탕으로 형식언어 사용이 가능한 튜링머신을 고안해 냄으로써 수리논리학자로서 명성을 쌓던 튜링은 1940년 9월 갑자기 정부의 암호연구소에 징집되면서 큰 변화를 겪게 된다. 스스로 의도하진 않았지만 2차 세계대전의 암호전쟁의 선두에 서게 된 것이다.

처음에는 정부 통신 암호 학교(Government Code and Cypher School)에서 파트타임으로 일을 시작했다. 당시 독일은 기존 방법으로는 거의 해독하기 불가능한 암호 체계 에니그마(Anigma)를 사용하고 있었기 때문에 영국 정부는 이를 무력화할 수 있는 방법을 찾고 있었다. 에니그마는 기계장치로 암호를 만들어 냈다. 회전자의 위치를 수시로 바꾸는 이 기계에 의해 생성된 암호를 해독하는 일은 엄청난 시간이 요구되는 일로, 시간이 많이 걸리는 암호해독은 의미가 없는 경우가 많았다. 이를테면 적의 공습이 끝난 후에 그 암호가 해독되었다면, 이 공습에 대비하지 못한 쪽은 엄청난 피해를

■ 케임브리지 대학교 수학과 학생들의 휴게실. 징집 전 튜링도 이곳에서 이 학생들처럼 생활하였다.

■2차 세계대전 당시 독일군이 사용하던 암호기계 에니그마

고스란히 입을 수밖에 없다.

물리적으로 계산 가능한 모든 문제를 튜링 기계로 풀 수 있다면, 복잡한 기계장치로 악명 높은 에니그마도 튜링에게는 예외일 수 없었을 것이다. 당시, 가장 진보된 암호체계로 여겨지던 에니그마는 회전자(rotor) 3개의 알파벳 배열 방식 $26 \times 26 \times 26 = 17576$가지, 회전자의 순서를 바꾸는 방법 $3! = 6$가지, 플러그보드 연결 방법 $1,305,093,289,500$가지가 있으므로 이들을 모두 곱한 경우의 수를 갖게 된다. 더욱이 전쟁 후반부에 들어서는 회전자 선택 방법을 5개 중 3개를 뽑아 쓰는 방법으로 바꾸어 10배의 경우의 수를 추가했기 때문에 모든 경우의 수를 확인하는 것은 불가능해 보였다.

에니그마 해독을 위해 그는 연합군 암호해독 정보기관 사령부로 이용되던 영국 버킹엄셔 블레츨리에 기거하면서 당대 최고의 정수론 수학자 9명으로 이루어진 팀을 이끌었다. 그 결과 '폭탄'(Bomb)이라는 암호 해독기를 만들어 낼 수 있었고 이 기계가 성공적으로 작동함으로써 영국은 독일군

■ 영국 버킹엄셔에 있는 블레츨리 공원. 2차 대전 시에 연합군 암호해독 정보기관사령부로 이용되던 곳이다. 이곳에서 독일군 암호 에니그마가 해독되었다.

의 암호를 빠르고 완벽하게 해독할 수 있었다. 영국의 승리에 중요한 역할을 한 것이다. 독일군은 전쟁에 끝날 때까지도 자신들의 암호가 노출되고 있다는 사실을 알지 못해 영국군이 자신들의 공격계획을 사전에 알고 있었던 이유는 스파이들의 첩보행위 때문이라고 믿고 있었다. 2차 세계대전은 군인들의 전쟁이었을 뿐만이 아니라 수학자들의 전쟁이기도 했던 셈이다. 이 공로로 1945년 대영제국훈장을 수여받음으로써 튜링은 전쟁영웅이 되었다.

튜링이 활동하던 정보기관 사령부를 찾아가려면 렌트카를 이용하는 것이 여러 면에서 편리할 것 같았다. 차량 통행이 반대 방향이고 신호등 대신 로터리를 이용하는 교통시스템이 걱정되긴 했지만, 산이 거의 없는 영국 지형의 넓은 초원을 경험해 보려면 이런 도전이 필요했다. 차 운전 방향에 대한 영국인들의 농담 "Cars in England have the steering wheels on the right side"(직역하면 '영국 차는 운전대가 오른쪽에 있다'지만 유머로 풀면 '영국 차는 운전대

■현장학습을 나온 초등학생들이 스톤헨지의 모습을 그리고 있다(왼쪽). 스톤헨지의 돌을 옮기는 방법 및 필요한 힘을 측정할 수 있도록 만든 모형(오른쪽)

가 올바른 쪽에 있다'가 된다)를 유쾌하게 떠올리며 영국 고대인들의 기하적 상상력의 완성판 스톤헨지도 목적지에 추가하기로 결심하고 렌트카 회사를 찾았다.

기원전 2,300년경에 건립된 스톤헨지는 두 동심원 위에 4계절이나 태양의 변화를 나타내는 돌기둥들을 배치한 선사유적이다. 건설 목적은 분명하지 않으나 여러 가설 중에는 죽은 사람들 의례에 사용된 것이라는 주장도 있으니 우리나라의 고인돌과 많이 닮아있다는 생각이 들었다. 7월 한여름에도 넓은 초원에서 불어오는 바람은 거칠 것이 없어, 한겨울 파카를 입어야 견딜 수 있을 정도의 한기가 몰려왔다. 휴게소의 따뜻한 차 한잔으로 몸을 녹이며 현장학습을 나온 초등학생들이 그려내는 스톤헨지의 모습을 지켜보았다.

소, 양들이 점점이 흩어졌다 모이는 언덕 위로 펼쳐진 푸른 풀밭에 나 있던 마차 길은 이제 자동차가 달리기에는 폭이 너무 좁아 보였다. 왕복

2차선을 겨우 만들어낸 도로에서도 속도를 늦추지 않는 자동차가 서로 마주 보며 부딪칠 듯 달려오다, 30cm 정도의 간격으로 아슬아슬하게 비껴가는 느낌으로 운전을 한다.

암호 해결에 필요한 인재들의 원활한 공급을 위해 옥스퍼드와 케임브리지 사이, 버킹엄셔의 블레츨리 공원에 자리했던 사령부는 이제는 관광객과 학생들의 현장 실습장소로 변해 있었다. 전쟁 당시에 사용되던 건물 일부는 보존되어 튜링의 암호해독기 '폭탄'과 최초의 컴퓨터 '콜로서스'의 실물이 재현 전시된 박물관으로 활용되고 있었다. 튜링을 기억하기 위해 먼 곳에서 찾아온 이른 아침 방문객에게 큰 호감을 보여준 자원봉사자의 설명에 의하면 튜링의 암호해독이 적어도 2년 반에서 4년 정도 전쟁 기간의 단축을 이뤄냈다고 한다.

에니그마 해독 원리

다시 다이얼식으로 되어 있는 회전자형 암호문으로 돌아가서 생각해 보자. 안의 원판과 바깥 원판이 고정되어 있으면 카이사르 암호와 다를 게 없겠지만, 매 철자마다 검은 원판이 시계방향으로 한 칸씩 이동한다고 하면 이제 완전히 다른 암호가 된다. 곧, 알파벳 a는 경우에 따라서는 b가 되기도 하고 c가 되기도 하고 d가 될 수도 있다. 따라서 통계적 분석으로는 이런 암호는 해독할 수 없을 것처럼 보인다.

실제의 에니그마는 한 개의 원판을 한 개의 회전자로 만들고 전기를 통해 암호를 생성하도록 한 것으로 다이얼식 암호체계를 그대로 수용한 것이다. 이해를 돕기 위해 26개의 알파벳 대신에 a, b, c, d 4개의 알파벳만

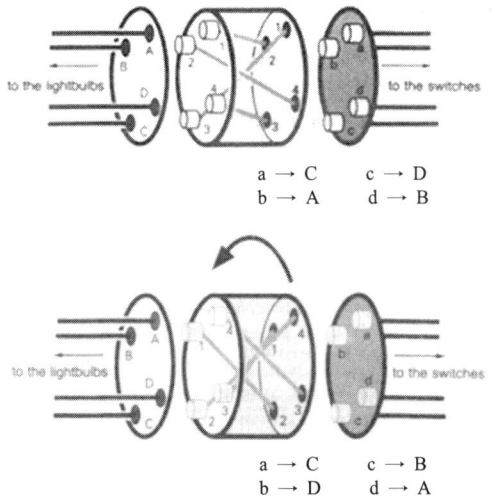

사용한 회전자형 에니그마의 입체적 회로 체계를 살펴보면 다음 그림과 같다. 그림에서 스위치 b를 누르면 b-2-1-A의 회로에 의해 암호문 A가 만들어진다. 다음에 가운데 회전자를 시계 방향으로 돌려 한 칸 이동시킨 후, 스위치 b를 누르면 b-1-3-D의 회로에 의해 암호문 D가 만들어진다. 회전자가 고정되지 않고 한 철자에 한 칸씩 회전한다면 26번 위치가 달라지므로 평문 a는 26가지의 다른 방법으로 암호화될 수 있다.

　독일군이 사용한 에니그마는 암호 회전자 3개와 반사 바퀴 한 개, 플러그보드로 구성되어 있었다. 플러그 보드나 반사 바퀴는 암호 회전자와는 달리 회전할 수 없도록 고정되어 있을 뿐만 아니라 절대로 평문과 같은 글자가 암호문으로 출력되지 않도록 설계되었다. 또한 반사 바퀴 때문에 한 기계에서 암호화와 복호화가 가능한 장점이 있었다. 때문에 a를 암호화해 B를 얻은 경우, B를 다시 이 기계에 넣으면 a가 인쇄되었다. 암호는 기본적으로 적에게 암호문이 노출되어도 그 의미를 알 수 없도록 만들어지면서 수신자 입장에서는 아주 쉽게 해독할 수 있어야 한다. 이런 요구에 맞는 편리성 때문에 에니그마는 독일군 암호체계의 기둥이 되었다.

약간 복잡하긴 하지만 좀 더 흥미를 갖는 독자를 위해 회전자 3개, 플러그보드, 반사판이 장착된 실제의 에니그마를 a, b, c, d의 4 알파벳으로 단순화한 회로도를 제시해보면 다음과 같다. 그림에서는 c를 입력하면 D가 인쇄되도록 되어 있으며 한 철자를 입력할 때마다 각 바퀴는 한 칸씩 회전하므로 $26 \times 26 \times 26$가지의 경우가 생기게 된다.

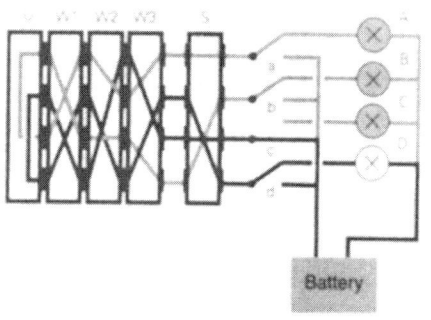

5개의 회전자 중 어느 3개가 선택되었는지, 선택된 회전자의 배치 순서는 어떠한지, 플러그보드의 배치형태는 어떤지를 모르기 때문이기도 하려니와 이들의 순서를 매일매일 바꾸었기 때문에 에니그마는 매우 안전해 보였다. 그러나 암호문을 충분히 많이 입수할 수만 있다면 에니그마도 이론적으로는 해독 가능하다. 서로 다른 암호문의 첫 번째 알파벳은 모두 같은 암호체계에서 인쇄된 것일 터이니 앞의 통계적 분석법을 적용할 수 있다. 실제로 첫 번째 알파벳들을 모아 해독해 내기 위해 폴란드 수학자들이 고안해 낸 장치가 봄바(Bomba)다. 독일군은 암호문을 작성할 때마다 회전자의 배열 등에 대한 개별열쇠를 송신문의 앞에 3개의 알파벳으로 만들어 두 번씩 반복했다. 이런 규칙성과 복호의 편리성을 위해 만들어 넣은 반사바퀴 때문에(C를 입력하면 절대로 C가 인쇄될 수 없다는 한계성 때문에) 에니그마 체계가 무너져 내리게 된다. 당시 수학의 메카였던 독일 괴팅겐에서 학위를 받은 폴란드 수학자 레예프스키(Marian Rejewski)와 그의 암호학 강의 수강생이었던 2명의 학생이 모여 에니그마의 세 약점(반사바퀴, 반복되는 세 자리 알파벳, 적어도 하루 동안은 유지되는 암호체계)을 기계적으로 분석해 해독할 수 있는 방법을 연구했다. 자신들의 조국이 독일의 침략으로 멸망하자 이들은 프랑스로 망명해 아지트를 마련했고, 이즈음부터 영국 암호연구자들과 교류가 시작되었다. 1940년 튜링도 이곳을 방문해 암호해독기의 기본원리를 배운 것이 틀림없다. 영국 팀은 기계의 이름을 폭탄(Bomb)으로 명명하고 더욱 발전시켜 나갔지만, 자존심 때문인지 한동안 폴란드인 3명의 발명에서 아이디어를 얻었다는 사실을 별로 밝히진 않았다.

1940년 5월부터는 힌트를 주던 여섯 개의 알파벳이 사라져 버림으로 인해 가능한 모든 기계설정을 시험해 보아야 하는 어려움이 생겼다. '폭탄'은 매일 입수되는 암호문 수천 통을 분석하면서 군사상 반드시 자주 등장해야 하는 사령부, 사령관, 총통 등의 단어를 집중적으로 조사했다. 반사바퀴의 태생적 한계를 이용함으로써 미리 준비된 단어와 암호 알파벳이 겹치지 않게 단어를 배열하여 조사범위를 획기적으로 축소할 수 있었다. 이를테면 '하일히틀러'라는 단어와 암호문을 나열한 뒤 한 알파벳이라도 겹치면 이 단어가 아님을 확신할 수 있었다.

영국에서는 중요한 군사시설을 폭파해 특별한 단어가 독일암호문에 나오도록 유도하기도 하여 '폭탄'의 작동시간을 줄여보려고 노력했다. 1941년 말에는 12대로 늘어난 '폭탄'은 만 명 가까운 보조 인력들의 도움을 받으면서 암호문을 수집하고 해독했으며 1942년 말부터는 거의 모든 독일 암호를 완전하게 해독해 내기 시작했고 '폭탄'도 60대로 늘었다. 또, 해독 시간을 단축하기 위해 브레츨리 파크에서는 미리 평문을 에니그마 형식으로 암호화해 리스트를 만들어 두었다. 이 리스트와 같은 것이 무선 통신문에 나타나면 이를 만들 때 사용한 '폭탄'의 설정이 그날의 독일 일일열쇠와 일치하는 것이다. 이런 효율성 때문에 그들은 군대조직에서 많이 등장하는 용어, 이를테면 계급명, 수신 부서명, 하나(eins) 등의 단어를 다양한 형태의 암호 리스트로 만들어 놓고 있었다.

에러를 찾고 수정하기─그래이 암호

암호는 자체의 안정성도 중요하지만 입력과 전송과정의 에러를 최소화하는 것도 중요하다. 에러는 인간의 실수로 만들어지는 경우도 있겠지만 전송과정에 발생할 수 있는 잡음(노이즈)이 원인이 될 수도 있다. 특히 컴퓨터 네트워킹, 통신, 디지털 TV방송 등에서는 송수신되는 언어, 그림 등 모든 것이 이진법으로 전송되므로 정확성이 무엇보다 중요하다. 0과 1뿐인 디지털 신호의 변환과 전송 과정의 에러를 자동적으로 찾아내고 이를 자체적으로 수정할 수 있도록 하는 방법이 있다면 보다 안전한 통신이 될 것이다.

독자의 이해를 돕기 위해 먼저 간단한 모스 암호(Morse Code)부터 생각해 보기로 하자. 이 부호는 점기호 • 와 대시기호 − 두 종류만으로 만들어진 암호*로 1844년 미국 화가 모스(Samuel Morse)가 워싱턴에서 볼티모어로 메시지를 보내며 시작되었다. 이 부호 중에 하나라도 빠뜨리거나, 잘못입력하거나, 잡음이 삽입되어 점과 대시가 바뀌게 되면 전혀 엉뚱한 메시지가 전달되게 된다. 이보다 더 안전한 전달 방법이 없을까?

모스 암호를 수학적으로 이해하기 쉽게 0과 1 이진법 수로 바꾸어 00은 성공, 11은 실패라는 뜻이라고 가정해 보자. 성공이라는 단어 00를 전송할 경우 주로 에러는 01 또는 10이 될 것이다. 00을 11로 전송하는 것은 두 번의 에러가 겹쳐 발생하는 것으로, 확률이 낮아 자주 발생하지 않을 것이기 때문이다. 그런데 01이나 10은 우리가 약속한 이진법에는 존재하지 않는 기호이므로 수신자는 메시지에 뭔가 에러가 있음을 쉽게 알아챌 수 있다.

좀 더 나아가, 단순이 에러를 찾기에 머물지 않고 이를 자동적으로 수정할 수 있는 방법도 생각해 보자. 이제 성공은 000, 실패는 111이라고 가정하자. 이 경우 수신자가

$$001, 100, 010, 110, 101, 011$$

등의 약속에 없는 메시지를 받을 수 있다. 어딘가 이 문장에 에러가 있는 것이다. 앞서처럼 한 단어에 에러가 한 번만 발생한 것이라면 위의 메시지는 각각

---

* A는 • − B는 − • • • C는 − • − •이므로 발신자가 CAB라는 암호를 보내는 방법은 다음과 같다.
− • − • / • − / − • • • (기호 /는 독자 이해를 돕기 위해 넣은 것이다.)

000, 000, 000, 111, 111, 111

로 자동 수정해도 좋을 것이다. 에러가 겹쳐 발생하면 이 방법이 쓸모 없지 않을까 걱정이 되는 경우, 중복에러가 발생할 확률은 각각 $\frac{1}{2}$, $\left(\frac{1}{2}\right)^2$, $\left(\frac{1}{2}\right)^3$, $\left(\frac{1}{2}\right)^4$, … 처럼 기하급수적으로 작아지기 때문에 00, 000, 0000, … 처럼 0을 한 자리씩 더 첨가하면 더욱 안전하고 정확한 메시지를 전송할 수 있다.

이처럼 무한정 자리수를 높여가는 방법 외에 다른 방법을 생각한 사람이 미국 벨 연구소(Bell Labs)의 물리학자 그래이(Frank Gray. 1969 –)다. 1953년 그가 미국 특허청에 통신 과정에서 발생하는 에러를 찾아내는 방법 '반사 2진 코드(reflected binary code)'에 대한 특허를 출원한 이후, 많은 과학자들은 이 방법을 그래이코드라고 부르게 되었다. 그래이코드의 수학적 구성법은 매우 간단한 다음 규칙에 있다.

2진법으로 표현된 수에서 1 다음 수는 바꾸고, 0 다음 수는 그대로 둔다.

(단, 모든 수는 항상 0으로 시작하는 것으로 생각한다.)

이를테면 이진수 1011의 그래이코드를 생각해보자. 이 수의 시작은 1이므로 그 앞자리에 0을 첨가해 01011이라고 생각한다. 이제 규칙에 따라 숫자를 바꾸면 01110이 되어, 첫 숫자 0을 제외하면 구하는 그래이코드는 1110이 된다.

1011
01011 (맨 앞에 0을 첨가)

01110　(0 다음 수는 그대로 두고, 1 다음 수는 바꾼다)

1110　(맨 앞에 0을 삭제)

구체적으로 컴퓨터가 처리하는 정보의 기본 단위 1바이트의 구성이 되는 8개의 숫자 0, 1, 2, 3, …, 7을 그래이코드로 바꾸어 보면 다음과 같다.

십진수	이진수	그래이코드
0	000	000
1	001	001
2	010	011
3	011	010
4	100	110
5	101	111
6	110	101
7	111	100

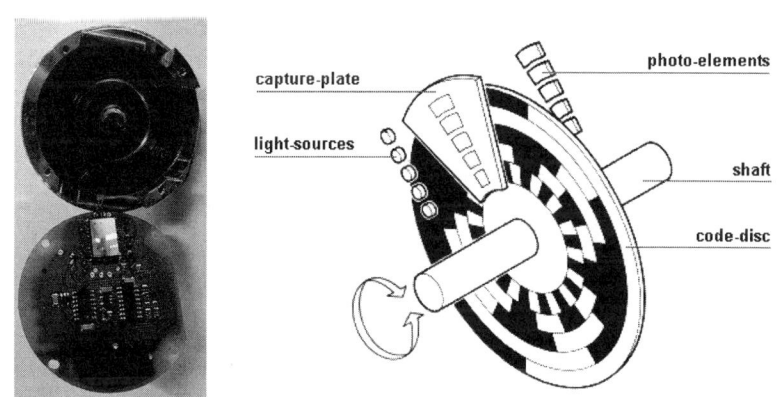

■통신에서 실제로 사용되는 13트랙의 그래이코드 변환기

여기에 제시되어 있는 그래이코드를 잘 살펴보면 특허를 얻어낼 수 있었던 중요한 특징을 알아낼 수 있다. 인접한 두 자연수를 그래이코드로 바꾸면 단 한 자리의 숫자만 달라진다는 사실을 알 수 있다. 이를테면 인접한 두 수 3과 4의 그래이코드는 각각 010, 110으로 오로지 첫 번째 자리의 숫자만이 다를 뿐 다른 자리의 수는 모두 일치한다. 따라서

'이웃한 3번과 4번 스위치를 열어라'

는 전자 신호를 전송하는 명령을 단순히 이진법을 이용해 '이웃한 011번과 100 스위치를 열어라'라고 보내면 전송과정에서 노이즈와 같은 전파 방해로 인해 숫자가 변형되어도 2진법에서는 그 에러를 확인할 수가 없다. 구체적으로 전송과정에서 어떤 전기적 쇼크가 발생해 100(십진수 4)이 101(십진수 5)로 바뀌면 수신자는 3번과 5번 스위치를 열게 되는 사고가 발생하게 된다. 그런데 이 명령을 그래이코드로 바꾸면 '이웃한 010번과 110 스위치를 열어라'가 된다. 이때 수신자는 두 수를 단순히 비교해 오직 한 자리(첫자리 수)의 숫자만이 다른가를 확인할 수가 있다. 곧, 전송과정에서 노이즈로 인해 110(십진수 4)이 111(십진수 5)로 바뀌었다면 수신자는 두 수를 비교해 두 자리 숫자(두 번째와 세 번째 수)가 다름을 확인함으로써 정확한 메시지가 아님을 발견해 사고를 방지할 수 있는 것이다.

전쟁영웅의 추락

1952년 튜링은 한 남자(Arnold Murray)를 맨체스터의 한 극장 앞에서 만났다. 점심 데이트 후에 튜링은 이 남자를 자신의 집으로 초대했고 둘은 밤을 같이 보냈다. 그런데 이날 튜링의 집에 도둑이 들었다. 당시 영국정보부는 튜링이 영국의 군사기밀을 너무 많이 알고 있어 적국의 스파이로부터 협박이나 유혹을 받을 가능성이 크다고 판단하고 그의 행동을 감시하고 있었다. 도둑이 정보요원일 거라는 추측도 이 때문이다. 신고를 받은 경찰은 도난 물품을 조사하던 과정에서 튜링이 동성애자라는 사실을 알게 되었다.

당시 영국에서 동성애는 범죄였다. 두 사람은 동성애 금지법으로 형사 입건되었고 튜링에게는 두 가지 선택만이 가능했다. 감옥에 가거나 집행유예 상태에서 호르몬 치료를 받는 것이었다. 치료를 선택한 그는 이 사건으로 모든 것을 잃었다. 일급비밀 취급자격은 취소되었으며 정부 통신 암호학교의 고문 자격도 박탈당했다. 당시 영국에서는 공산주의 국가의 스파이가 정보기관에 침투하는 것에 대한 공포가 절정에 달하던 시절이었다. 2차 세계대전 동안 그를 격려하고 지원하던 정부는 이제는 튜링이 알고 있는 국가 암호 비밀이 적국에 새나가지 않을까 걱정하기 시작했다. 스파이 혐의로 그를 체포한 적은 없지만 극단적인 방법으로 그를 감시하고 일반인과 격리했다. 얼마 후 튜링은 독이 든 사과를 먹고 자살을 선택했다.

오늘날 동성애를 정신병이라고 말하는 사람이 있다면, 그 말을 한 사람이 정신병자인지 의심을 받을지도 모른다. 동성애는 자연스럽다고는 할 수 없을지는 몰라도 이제는 받아들여야 하는 삶의 한 형태라는 인식이 자연

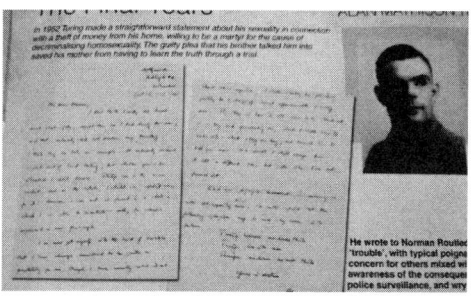
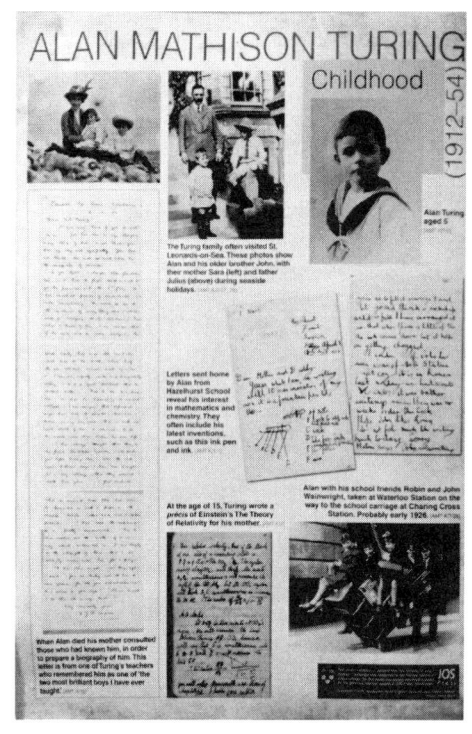

■ 케임브리지 대학교에 게시된 튜링의 생애(왼쪽)와 그의 친필 원고(오른쪽)

스럽다. 매년 동성애자들을 위한 축제가 각국에서 열리고 미국 샌프란시스코와 같은 도시에서는 이들이 집단적으로 모여 살며 정부에서 합법적인 결혼을 인정받기도 한다. 동성애의 원인을 밝히려는 연구 및 주장도 많이 있다. 호르몬의 부조화나 성 정체성에 영향을 미치는 유전자 등 생물학적 요인에 기인한다는 이론도 있고, 성의 발달과정에서 일어난 심리적 갈등의 결과나 사회적 환경에 의해 학습된 결과로 보기도 한다. 동성애 인권 운동가들은 이렇듯 동성애의 원인을 설명하려는 시도 자체가 동성애를 비정상적인 것으로 보는 시각에서 출발한다고 비판한다. 1973년 미국을 시작으

■ 영국 맨체스터의 사크빌 공원에는 2001년 만들어진 튜링 기념동상이 있다(왼쪽). 이곳에는 "컴퓨터 과학의 아버지이며 수학자, 논리학자. 전쟁 암호 해독가이며 편견의 희생자"라고 기록되어 있다(오른쪽).

로 정신질환의 목록에서 동성애가 삭제되기 시작했고 유럽 대부분의 국가 및 미국에서는 동성애자에 대한 차별을 법으로 금지하고 있지만, 튜링이 커밍아웃을 할 당시에는 전혀 다른 분위기였다. 동성애는 정신병이었고 동성애자는 매우 위험한 사람으로 취급되던 시대였다.

이제 튜링의 성 정체성을 문제 삼던 사람은 사라졌고, 그의 명예는 회복되어 컴퓨터 과학의 기초를 세운 사람으로 존경받는다. 1966년부터 컴퓨터 협회에서는 튜링 상(Turing Award)을 제정해 매년 컴퓨터의 발전에 기여한 사람에게 수여하고 있다. 이 상은 컴퓨터 분야의 노벨상으로 불리는 권위와 영예를 갖는다. 영국 맨체스터의 사크빌 공원에는 2001년 만들어진 튜링 기념동상이 있다. 이곳에는 "컴퓨터 과학의 아버지이며 수학자, 논리학자. 전쟁 암호 해독가이며 편견의 희생자"라고 기록되어 있다.

영국여행기 05

유전자와 프랙털
- 도킨스의 이기적 유전자

우주와 생명에 대한 이해가 과학의 목적

현대 과학의 연구 목적은 '우주와 생명에 관한 전반적 이해'라고 생각할 수 있다. 인공지능을 연구하는 과학자는 '인간 두뇌의 생각하는 원리'를 이해하려고 노력하고, 로봇을 개발하는 연구자는 '지렁이가 꿈틀거리며 땅을 기고, 새가 허공을 날개로 휘저으며 나는 원리'를 이해하려고 노력한다. 주식 시장의 우연성을 연구하는 경제학자들은 '자연속의 꽃잎 개수가 3, 5, 8인 원리'를 이해하려고 하며 우주를 연구하는 물리학자는 '미래로의 시간여행은 가능하지만 과거로의 시간 여행은 불가능한 이유'를 이해하려고 한다. 나는 이들의 이런 노력이 현대를 사는 교양 있는 일반 시민의 지적 호기심과 크게 다르지 않다고 생각한다.

내가 몸담고 있는 우주의 모양은 어떻게 생겼을까?

　　우주는 시작과 끝이 있는가? 아니면 영원한가?

　　우주를 이루는 가장 작은 알갱이는 무엇인가?

　　나(생명체)는 누구인가?

　　나는 어디서 왔으며 어디로 가는가?

　　부모는 왜 자식을 사랑하는가?

"세상에 어떤 이는 재물을 구하는 일에 몰두하고, 어떤 이는 명예와 영광을 얻으려는 야망에 빠지기도 한다. 그러나 이런 세상을 주의 깊게 바라보면서 이해하려고 애쓰는 사람도 있다. 삶 자체의 의미를 탐구하고 숨겨진 비밀을 찾으려는 이런 사람들을 우리는 철학자라고 부른다."

철학자에 대한 피타고라스의 이 정의에 따르면 수학, 철학, 과학, 종교가 한 덩어리였던 2500년 전 고대 그리스 시대 이후로부터도 학자들의 호기심의 방향은 달라진 적이 없어 보인다. 이런 물음에 관심을 보이지 않고도 행복하게 인생을 살 수 있다. 아니 오히려 내 가족의 한 끼 먹을거리와 함께 숨 쉴 공간이 더 중요하다고 생각하는 사람들에게는 실생활과 관련 없는 이런 문제에 해답을 얻고자 하는 일은 쓸데없는 일일 수 있다. 유클리드 제자의 물음 '이것을 배워서 어디에 쓰는가?'의 관점에서 본다면 당장에는 정말로 쓸데없는 일이라는 생각이 든다. 그러나 외국으로 입양된 많은 어린아이들이 성인이 되면 한국으로 돌아와서 자신의 친부모를 찾고 출생의 사연을 알고자 노력을 하듯, 한 끼 해결만으로 만족할 수 없는 것이 인간의 속성인 듯하다. 부모를 찾은 후에 그들의 생활이 이전보다 더

윤택해질 가능성도 없다, 그럼에도 이들은 자신이 누구로부터 시작된 존재인가에 대한 정체성 확인이 필요하다고 말한다. 친부모를 만나는 것만으로도 잃어버린 어린 시절을 찾은 느낌을 갖는 것이 인간이라면, 우주와 생명의 기원에 대한 여러 의문에 해답을 찾는 노력은 오히려 교양인으로 당연하다는 생각이 든다.

도킨스의 이기적 유전자

도킨스(Richard Dawkins, 1941 –)의 저서 《이기적 유전자》와 호킹(Stephen Hawking)의 저서 《시간의 역사》는 교양 과학의 대표적인 명저이다. 거의 동년배인 두 사람은 옥스퍼드 대학교 동문이자 영국 대표적 명문 옥스퍼드와 케임브리지 교수로 각자 재직하면서 1976년, 1988년 각 책의 초판을 출간하여 순식간에 대중적 관심을 생명과 우주의 신비로 집중시켰다. 초판 발행 이래 세계적으로 1000만 부 이상 팔렸다고 하니 인간과 우주에 대한 관점의 변화뿐 아니라 문화, 사상, 생활에 두 책이 지대한 영향을 미친 것은 분명해 보인다.

케냐 나이로비에서 태어난 도킨스는 자신의 어린 시절을 전형적인 평범한 영국 소년이었다고 말하고 있지만 9세 무렵부터 신의 존재에 대해 의구심을 가지기 시작했고, 생물 진화과정을 더 많이 이해하게 되었을 때는 초자연적인 신의 존재 없이도 진화론의 자연선택이 생명의 복잡성을 잘 설명할 수 있다고 생각했다고 한다. 그는 평생을 옥스퍼드 대학교에서 보냈다. 옥스퍼드 대학교의 베일리얼 칼리지에 입학해서 동물학 전공으로 1966년 박사학위를 받은 후 2년 동안 미국 UC버클리 대학교 동물학과 조교수로 재직한 기간을 제외하고는 2009년 은퇴까지 줄곧 옥스퍼드 교수로 재직했다.

인간은 왜 존재하는가?

오랫동안 많은 철학과 과학의 주제가 되었던 이 물음에 도킨스의 《이기적 유전자》는 무모할 정도로 과감하게 답을 내놓는다. 그에 따르면 인간의 모든 행동은 궁극적으로 유전자가 결정하므로, 인간은 유전자 단위로 분해된다. 마치 모든 물질의 속성은 분자 수준에서 결정되고 모든 자연수는 소인수로 유일하게 분해되는 것과 같은 원리가 생명에게도 적용되는 것이다. 경쟁과 속임수 그리고 끊임없는 이기심으로 가득 차 있는 유전자 세계에서, 생존 기계일 뿐인 인간에게 집단은 물론 개인도 중요하지 않다. 다윈 진화의 원리인 자연선택의 기본단위가 집단도 개체도 아닌 유전자라고 보는 것이 그의 주장이다. 우연하게도 복제의 기능을 얻게 된 유전자는 자신을 복사하면서 수억 년 이상 긴 시간 동안 살아남지만 개별 생명체, 인간 수명은 100년을 넘기 어렵기 때문이다.

137억 년 전 - 우주가 태어난다.
57억 년 전 - 태양계가 태어난다.
46억 년 전 - 지구가 태어난다.
40억 년 전 - 생물이 처음 출현한다.
35억 년 전 - 북극에 가장 오래된 화석이 출현한다.
27억 년 전 - 광합성 생물이 출현한다.

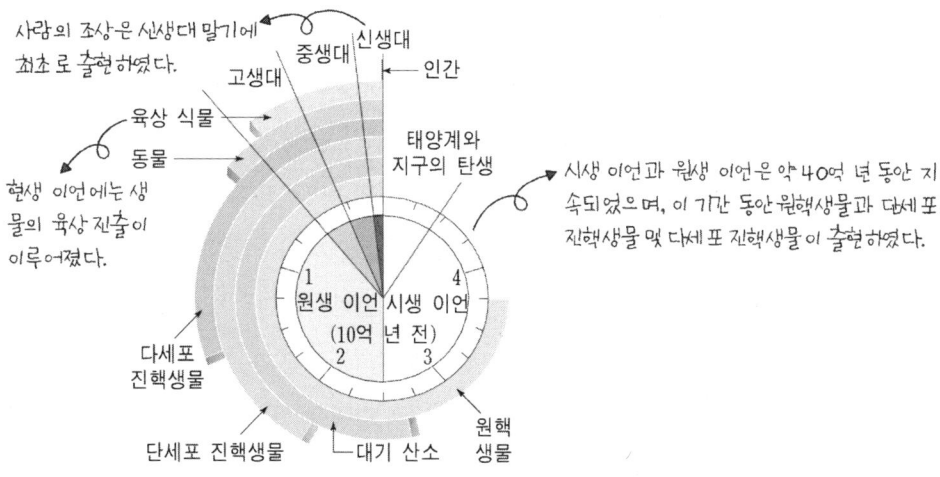

21억 년 전 - 약 2센티미터 지름의 코일 모양의 화석 진핵생물이 출현한다.

12억 년 전 - 다세포 생물이 출현한다.

5억 년 전 - 어류가 출현한다. 식물과 절지동물이 육지로 올라온다.

4억 년 전 - 양서류가 육지로 올라온다.

3억 년 전 - 공룡 시대가 시작한다.

2억 년 전 - 포유류, 조류가 출현한다.

6500만 년 전 - 공룡이 멸종한다.

400만 년 전 - 오스트랄로피테쿠스가 출현한다.

160만 년 전 - 호모 에렉투스가 출현한다.

30만 년 전 - 호모 사피엔스가 출현한다.

오랜 시간을 거쳐 생명은 조금씩 그 모습을 바꿔왔다. 복제 과정이 완벽하지 않기 때문에 복제 오류가 생기고 그것이 누적되면서 같은 조상으로부터 유래한 몇 가지 변종 복제자의 개체군들이 발생했을 것이다. 이 변종 중에서 수명, 다산성, 복제의 정확도 면에서 우수한 존재들이 더 많이 살아남는 것이 생물학자가 말하는 생명의 진화이며, 그 메커니즘이 자연선택이다. 유전자는 박테리아에서 코끼리에 이르기까지 기본적으로 모두 동일한 종류의 분자이며 다양한 변종은 그 표현의 미세한 차이일 뿐이다.

생존 과정은 다윈이 강조했던 '경쟁'이다. 공통의 조상을 가지지만 다른 복제자들과 먹이나 짝짓기를 위한 생존 경쟁을 벌이면서, 이중에는 경쟁자를 파괴하거나 자신을 효율적으로 방어하는 방법을 발견하는 개체도 있었을 것이다. 이들은 먹이를 얻음과 동시에 경쟁 상대를 제거할 수 있었다. 이 과정에서 어떤 복제자는 화학적으로 자신을 보호하거나 둘레에 단백질 벽을 만들어 스스로 방어하는 방법을 찾아냈다. 살아남은 복제자는 자기가 들어앉을 수 있는 '생존기계'를 스스로 축조해 갔으며, 이렇게 발전된 기계 중 하나가 인간이라는 것이 도킨스의 정의다. 인간의 몸을 구성하는 세포 각각에는 그 인체에 대한 완전한 DNA설계도 원본이 들어 있다는 것이 도킨스의 주장을 뒷받침한다. 이 DNA는 인간 몸이 노쇠하거나 죽기 전에 그 몸을 버리면서 세대를 거쳐 몸에서 몸으로 옮겨간다. 인간은 유전자로 알려진 이기적인 분자들을 보조하기 위해 맹목적으로 프로그램된 로봇 운반자일 뿐이라는 것이 도킨스의 주장이다.

자기 복제기능이 있는 유전자는 덜거덕거리는 거대한 로봇 속에서 바깥세상과 차단된 채 안전하게 집단으로 떼 지어 살면서, 복잡한 간접 경로로 바깥세상과 의사소통하고 원격 조정기로 바깥세상을 조종한다. 그들은 인

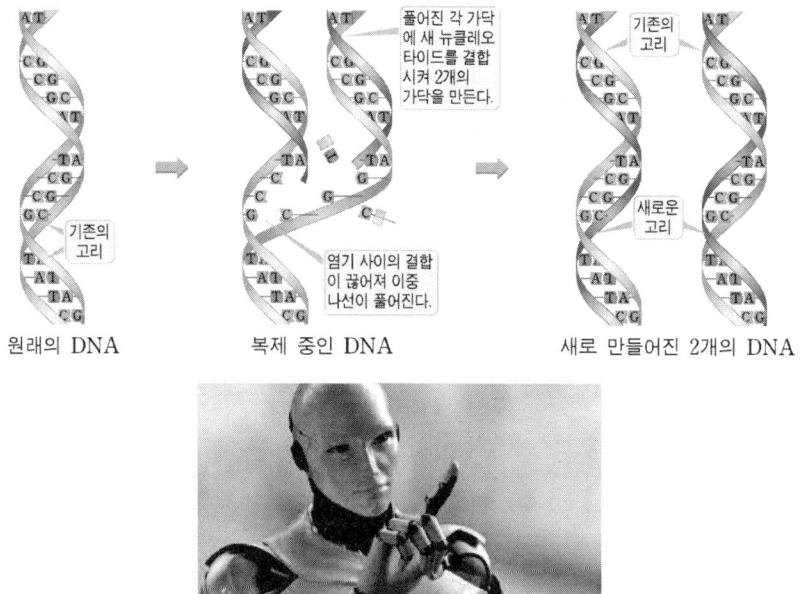

■인간은 유전자로 알려진 이기적인 분자들을 보조하기 위해 맹목적으로 프로그램된 로봇 운반자일 뿐이라는 것이 도킨스의 주장이다.

간 안에 있으면서 인간의 몸과 마음을 창조했다는 것이다.

"우리는 생존 기계다. 즉 우리는 유전자로 알려진 이기적인 분자들을 보조하기 위해 맹목적으로 프로그램된 로봇 운반자들이다."

그는 동물의 행동에 주목해 유전자와 뇌의 관계도 설명한다. 유전자가 생존 기계의 행동을 제어한다고는 하지만 그 시간적 차이 때문에 간접적 조정일 수밖에 없으므로, 유전자를 대신하여 응급 상황 시 신속하게 기계를 통제할 수단이 필요하다. 동물의 뇌가 감각기간의 신호 제어와 근수축의 조정을 통해 생존 기계의 성공에 기여하고 있다는 것이다. 식물도 햇빛이 비추면 이웃한 세포들이 유기적으로 반응하면서 광합성을 하는 데 이 경우는 유전자에 의해 모든 것이 조정되는 것으로 이해할 수 있다. 식물은 동물처럼 재빠른 움직임이 필요한 경우가 드무니 굳이 뇌의 통제를 받지 않아도 좋은 것이다.

특별히 주목해야 할 도킨스의 주장은 '밈'이라는 개념의 인간 문화에 대한 설명이다. 일반 생명체와 다른 인간의 특이성을 '문화'라는 한 단어로 요약한다면 인간의 유전자와 비교될 수 있는 문화 전달의 단위 또는 모방의 단위를 밈이라고 그는 정의했다. 이를테면 '신의 존재에 대한 믿음' 같은 것이 밈의 한 예가 된다. 밈은 유전자처럼 더 작은 단위로 분할되어 전승되기도 하고, 그 과정에서 새롭게 해석되어 변형되기도 한다. 유전자는 단백질을 만드는 지침이지만 밈은 행동을 일으키는 지침이다. 또 유전자는 세포의 DNA에 저장되고 생식으로 전달되지만 밈은 뇌에 저장되고 모방을 통해 전달된다. 인간이 만든 자본주의나 종교처럼 우리가 만든 밈이 때로는 우리를 옥죄기도 하고 소외시키기도 하고 생명을 앗아가기도 한다. 인간이 만들었지만 이 밈에 의해 인간이 다시 영향을 받는 것이다.

때로는 이타주의를 보이는 특별한 유전자들도 있으나 그건 '한정된', '특별한' 것으로 이러한 이타성조차 사실은 이기성을 더욱 극대화하기 위한 전략이라고 도킨스는 생각한다. 한정적 이타주의 예로 '길든 짧든 생명체의 다리를 혼자 힘으로 만드는 유전자는 없다. 다리 만들기는 많은 유전자의 협력 사업'이라고 설명한다. 아무리 그 반대라고 믿고 싶어도 보편적 사랑이나 종 전체의 번영과 같은 것은 진화적으로 있을 수 없다는 것이

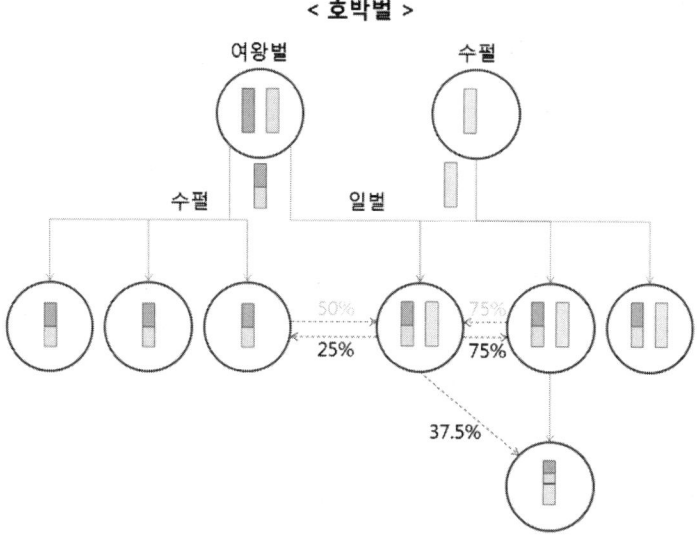

■ 호박벌의 사회성도 유전자의 공유도로 설명할 수 있다. 유전자 입장에서 보면 인간은 자신의 자식과 50%의 유전자를 공유하지만 일벌은 자신의 자매와 75%의 유전자를 공유한다.

그의 설명이다. 죄수의 딜레마를 통해 이미 실명한 것처럼 '배신'과 '침묵'의 게임에서 상대의 선택을 알 수 없으므로 결국 자신의 이익을 위해 '배신'을 선택하면 최종적으로 두 경기자 모두에게 나쁜 결과를 낼 가능성이 높다. 그러나 의리를 지키면서 침묵을 지키는 마음씨 좋은 전략은 사회 전체적으로는 배신보다 성공적인 결과를 낳는다. 이는 유전자가 때로는 나눔과 협력을 선택할 수도 있다는 좋은 예가 된다.

호박벌의 사회성도 유전자의 공유도로 설명할 수 있다. 이들의 세계를 들여다보면 일벌들은 여왕벌이 새끼를 낳고 기를 수 있도록 돕는 일만 한다. 자신의 후손이나 생명에는 관심이 없어 보이니 인간의 관점에서 지나치게 이타적이라 생각할 수 있다. 그러나 유전자 입장에서 보면 인간은 자신의 자식과 50%의 유전자를 공유하지만 일벌은 자신의 자매*와 75%의 유전자를 공유한다. 도킨스는 자식을 돕고 친족을 돕는 것은 이처럼 유전자의 친밀성에서 시작된 것이라고 말한다.

그의 주장에 대한 반박은 두 가지 관점에서 살펴볼 수 있다. 첫째는 은유적 표현이긴 하지만 생물학적 관점에서 보면 이기적 유전자는 비인격적인 존재의 부당한 인격화의 문제가 있다. DNA는 의지적인 인격적 결단과 행동의 주체가 될 수 없기 때문에 도킨스의 논리에는 가정의 오류가 있다는 주장이다. 둘째는 유전자의 이기적 속성을 그대로 인정하는 순간부터 자연스럽게 '불평등 해소는 진화 법칙에 어긋난다'는 결론에 도달하게 되는데, 이는 신자유주의에 바탕을 둔 현재 사회 상황을 수용하려는 의도가 있다는 비판이다. 비판의 대상이 되기도 하지만 '이기적 유전자'의 성공은 생물학과 인간에 대한 사회, 정치, 경제의 주류 개념의 변화에 기폭제가 되었다.

부분이 전체의 정보를 가지고 있는 플랙털과 DNA

'코흐의 눈송이'는 정삼각형에서 시작해 각 변을 삼등분하여, 가운데 선분을 밑변으로 갖는 정삼각형을 덧붙여 가는 방법으로 얻을 수 있다.

얼핏 무질서해 보이지만 이런 도형을 만들어내는 원리는 앞서 말한 단순한 한 개의 규칙뿐이다. 이 도형의 둘레의 길이는 무한대이며 1차원이

---

* 여왕벌과 일벌은 암컷은 2배체(diploidy)지만 수펄은 유전자 수가 짝이 아니다. 수정되지 않은 난자에서 발생하면 그대로 수펄이 된다.

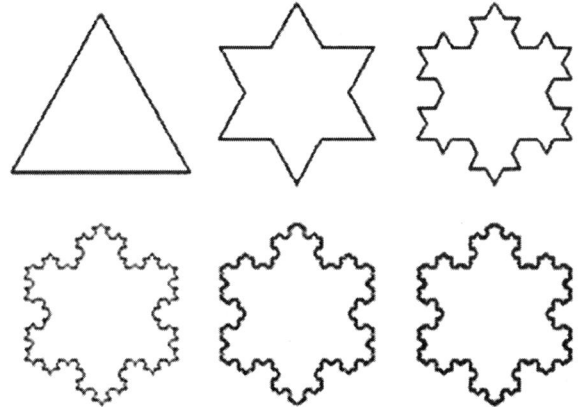

■ 정삼각형에서 시작해 각 변을 삼등분하여 가운데 선분을 밑변으로 갖는 정삼각형을 덧붙여 가는 방법으로 코흐의 눈송이 곡선을 얻을 수 있다.

아니라는 결론*에 이르면서 수학자들은 그 매력에 빠져들기 시작했다. 이 도형은 일부분만 있어도 그를 확대하면 전체 모양을 알 수 있다는 특징이 있다. 부분이 전체의 완전한 설계도를 가지고 있는 이러한 도형을 수학자들을 프랙털이라고 부른다.

인간 몸 안의 60조 개의 세포도 정확히 같은 한 인간의 전체 설계도 DNA를 가지고 있으면서도 신체의 한 부분 이를테면 간, 폐, 심장 등에 맞는 역할을 각각 충실히 하고 있다. 이런 인체의 프랙털 기하적 특징 때문에 인간 피부나 귓불 등에서 떼어낸 세포 하나만 가지고도 유전자가 같은 복제 인간을 만들어 낼 수 있는 것이다. 현재 인간의 DNA 분석 기술로도 침 속의 작은 세포 하나를 이용해 현재 그 사람의 키, 몸무게, 눈과 머

---

* 실제로 코흐 눈송이의 둘레는 1.26차원(보통의 다각형 둘레는 모양이 아무리 복잡해도 항상 1차원이다)으로 계산되며 이 도형의 넓이는 본래의 정삼각형의 1.6배이다.

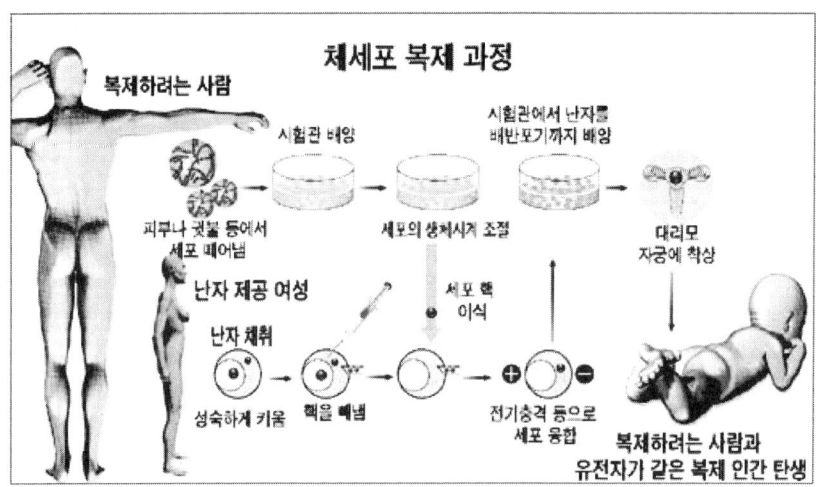

■ 인체는 프랙털 기하의 특성을 갖는다. 이 특징 때문에 인간 피부나 귓불 등에서 떼어낸 세포 하나만 가지고도 유전자가 같은 복제 인간을 만들어 낼 수 있다.

리 색깔 등을 정확하게 알아낼 수 있을 뿐만 아니라 미래의 모습까지도 예측할 수 있다. 이쯤 되면 인체 DNA에 대한 연구는 공간을 넘어 시간까지 확대된 것으로 4차원 프랙털 기하의 수준에 속한다고 할 수 있을 것이다. 특히 이런 기술은 범죄 수사에 많이 활용되어 범인의 체세포 하나만으로도 그의 몽타주를 그려내는 단계까지 이르렀다.

옥스퍼드 대학교

영국을 대표하는 옥스퍼드와 케임브리지 대학교는 중세시대 풍의 멋진 건물과 세계 최고 명문 대학이라는 공통점이 있지만, 상대적으로 우세를 드러내는 학문분야는 상당히 대조적이다. 옥스퍼드가 인문학, 법학, 사회학 등에 강세를 보이는 반면, 케임브리지는 자연과학에서 두각을 나타낸

■중세풍 건물의 옥스퍼드 대학교(왼쪽)와 중심가 하이스트리트(오른쪽)

다. 200년 동안 13명의 수상(20세기 9명)을 배출한 옥스퍼드 대학 졸업생으로는 존 로크, 아담 스미스, 마거릿 대처, 토니 블레어 등이 있다. 단일 대학으로서 65명이라는 세계 최다 노벨상 수상자를 배출한 케임브리지 대학 졸업생으로는 아이작 뉴턴, 찰스 다윈, 버트란트 러셀 등이 있다. 두 대학의 조정 경기를 직접 보기 위하여 매년 10만 명이 넘는 인파가 템스강으로 몰려드는 것만으로도 영국인의 사랑을 심작할 만하다.

옥스퍼드의 중심 하이스트리트에는 수업을 마치고 집으로 돌아가는 학생들과 자전거 행렬이 길게 줄을 이었다. 11세기에 지은 세인트마틴 교회에서 유일하게 남아 있는 카팩스 타워는 이곳 사람들에게는 만남의 장소로, 여행객들에게는 출발점으로 이용되는 옥스퍼드의 랜드마크다. 이 타워의 정면에는 시계가 하나 있는데 그 아랫부분의 두 인형들이 15분마다 벨을 울리면 중세시대로 들어와 있다는 환상에 빠져들게 되는 곳이다. 크라이스트처치 칼리지의 대학 식당이 영화 해리포터의 배경이 된 곳이며, 이 대학 수학 교수 루이스 캐럴이 앨리스를 집필한 곳이라는 부연 설명이 필요할까. 마법과 신비가 벽을 뚫고 언제라도 뛰어나와도 전혀 이상할 것 같지 않은 곳이다. 학교 구내 서점의 삐그덕거리는 나무 계단을 오르면서 전통과 역사의 나라, 그 나라의 자존심의 한가운데 들어와 있음을 실감한다. 한가로이 길을 걷다가 이제는 은퇴한 노교수 도킨스를 카팩스 타워 인근에서 우연히 마주쳐 인사를 나눌 수 있을지도 모른다. 모든 꿈이 현실이 되는 곳. 옥스퍼드에 서 있다.

빅뱅과 블랙홀은 무한집합
-시간의 역사

시간의 역사

스티븐 호킹(Stephen Hawking, 1942-2018)의 저서 《시간의 역사》는 베스트셀러이긴 하지만, 이 책의 내용 중 소립자 운동이나 블랙홀 증발 등은 아주 낯선 이야기로 일반 독자들이 쉽게 읽어갈 수 있는 책은 아니다.* 대중이 그토록 폭발적 관심을 보인 이유는 현재까지 연구된 모든 과학적 증명을 배경으로 우주의 과거와 미래, 시작과 끝에 대한 일반인의 지적 갈증을 해소시켜주는 매력이 있기 때문이라고 추측해 본다.

우주란 어떻게 생겨났으며 어떤 형태로 변화하고 있는가?

---

* 실제로 이 책의 감명적 문장 인용지수를 조사한 결과를 보면 6.6%로 나타난다. 끝까지 다 읽은 책은 이 지수가 50% 정도 되므로 이 책은 독자의 대략 13% 정도 완독했다는 의미로 해석할 수 있다.

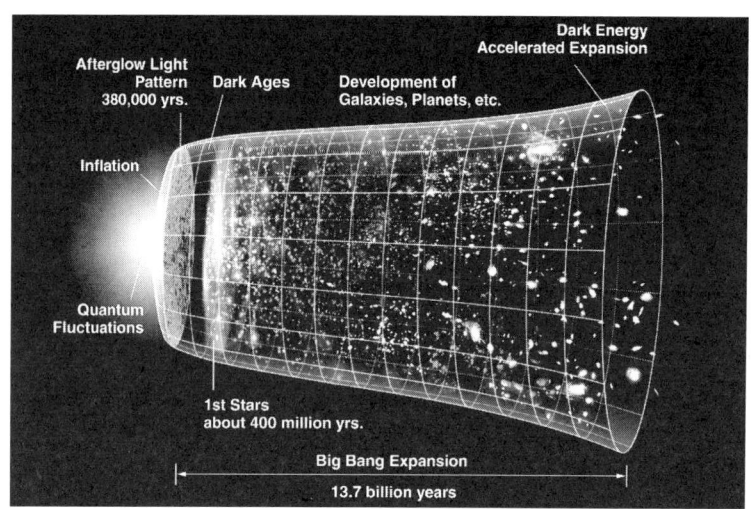

■우주의 역사를 시간에 따라 표현한 상상도. 우주는 팽창 중임을 암시하고 있다.

오랫동안 많은 철학과 과학의 주제가 되었던 이 물음에 도킨스처럼 그도 과감하게 자신의 답을 내놓는다. 우주의 시작은 지금으로부터 137억 년 전 아주 특별한 점의 대폭발에서 비롯된 것이라는 주장이다. 시작을 안다면 끝도 알 수 있지 않겠는가?

1927년, 벨기에 천문학자이자 가톨릭 신부인 르메트르(Georges Lemaitre, 1894-1966)는 아인슈타인의 일반상대성원리를 공부하면서 우주가 팽창한다는 사실을 알게 되었다. 한발 더 나아가, 그는 현재의 우주가 팽창하고 있다면 과거의 우주는 현재 우주보다 작았을 것이고 따라서 아주 먼 과거로 거슬러 올라가면 우주가 아주 작아져서 하나의 원자만큼 작았던 시기가 있었을 것이라고 생각했다. 닭이 달걀에서 나오듯이 하느님이 원자로부터 이 우주를 창조했다는 이 주장은 가톨릭 교리와도 일치되는 부분이 있었다. 실제로 우주가 팽창한다는 그의 주장을 눈으로 관찰하는 데는 몇 년이 걸리지 않았다. 미국 천문학자 허블(Edwin Hubble, 1889-1953)은 망원경으로 우주를 관찰하면서, 멀리 떨어진 은하들이 빠른 속도로 멀어지고 있다는 사실을 발견했다. 더욱 놀라운 것은 은하의 적색편이의 크기가 우리와의 거리에 정비례한다는 사실로, 풍선에 몇 개의 점을 찍어놓고 계속 바람을 불어넣는 것으로 비유하면, 우주라는 풍선이 팽창하면서 점 사이의 거리는 점차 늘어난다는 것을 확인해 주었다.

그동안 시작도 끝도 없이 영원할 것으로 여겨지던 우주는 이제 창조 시점이 있는 우주로 바뀌게 되었다. 과학자들은 우주의 팽창 속도를 거꾸로 계산해서 우주는 지금으로부터 약 137억 년 전에 탄생되었다고 결론지었다. 이것이 빅뱅(big bang)이론이다. 일반적으로 우주에 대한 과학적 설명에 보수적인 로마 교황청조차 나서서 성경의 천지 창조 과정과 일치한다며 빅뱅이론을 환영*한다는 발표를 했을 정도로 많은 사람의 지지를 얻고 있다.

케임브리지에서 호킹의 흔적을 찾다

호킹은 1942년 1월 영국 옥스퍼드에서 태어났다. 물리학을 전공하며 옥스퍼드 대학교 보트클럽의 멤버로 활동하는 등 신체적으로도 매우 건강한 대학 생활을 마친 호킹은 대학원은 케임브리지로 진학하기로 했다. 이 무

---

* 로마 교황청은 최근 공식적으로 갈릴레오 종교 재판에 대해 잘못을 인정한 후, '인간의 진화와 빅뱅이론이 성경과 배치되지 않는다'라고 발표함으로써 로마가톨릭은 더 이상 과학과의 불화를 택하지 않았으나, 아직 개신교는 이 부분을 명확하게 하지 않음으로써 과학과 종교의 갈등을 해결하지 못하고 있다.

렵 갑작스럽게 닥친 시련이 루게릭병이다. 근육이 점점 마비되면서 책 한 장도 넘기기 힘들고 한 줄의 공식도 종이에 쓸 수 없는 상태가 되었지만, 밝혀지지 않았던 블랙홀의 특징들에 대한 연구로 1966년 3월 박사학위를 받았다. 1973년에는

'블랙홀은 검은 것이 아니라 빠른 속도의 입자를 방출하며 뜨거운 물체처럼 빛을 발한다.'

는 학설을 내놓아, 강한 중력을 지닌 블랙홀은 주위의 모든 물체를 삼켜버린다는 종래의 학설을 뒤집음으로써 단숨에 세계적 물리학자가 되었다. 1975년 교수가 되어 케임브리지로 돌아온 호킹은 병의 치료 때문에 한때 경제적 곤란을 겪기도 했지만 때마침 그의 저서 《시간의 역사》가 마법같이 성공을 거둬 이 문제를 해결할 수 있게 되었다. 이후로 기관지 절개

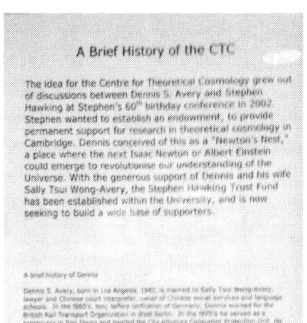 

■케임브리지 대학교는 수학과 이론물리학이 결합되어있는 대표적인 경우이다. 이 학교 교수 연구실에는 아인슈타인(상대성이론)과 뉴턴(양자역학)을 결합해 새로운 우주관을 만들 인물이 필요하며 이를 CTC와 호킹이 후원한다는 안내문이 적혀있다(왼쪽). 수학과 건물 로비에 있는 호킹의 메일함(오른쪽)

■케임브리지 대학교 수학과 건물 벽면에는 스티븐 호킹의 사진이 걸려 있다.

수술을 받아 폐에 꽂은 파이프로 호흡을 하고, 눈썹의 움직임이나 뺨의 움직임을 감지해 글자를 입력할 수 있게 해준 고성능 음성합성기로 대화를 하며 연구를 계속했다.

케임브리지에서 호킹의 흔적을 찾는 일은 어렵지 않았다. 수학과 건물 로비에 있는 교수들 메일 박스에서 그의 이름을 발견할 수도 있고 건물 벽면에서는 그의 대형 사진도 볼 수 있다. 각 건물의 출입구와 계단 곁에는 장애인을 위한 통로가 별도로 마련되어 있었는데 이 모든 것이 호킹의 출입을 돕기 위해 특별히 디자인된 것이었다.

무심코 걷다 한 교수 연구실 앞에서 붙어있는 게시물에서도 호킹의 흔적을 찾아낼 수 있었다. 아인슈타인(상대성이론)과 뉴턴(양자역학)을 결합해 새로운 우주관을 만들 인물이 필요하며 이를 CTC(이론 우주 센터)와 스티븐 호킹이 후원한다는 안내문이 적혀있었다. 호킹의 이름만으로도 무게감을 충분히 느낄 수 있는 연구 주제다.

빅뱅의 증거

하지만 수학적 계산결과를 믿게 해줄 과학적 증거가 필요했다. 빅뱅이 일어나려면 엄청난 열(전자기파)이 생겼을 것이고, 그러한 열은 137억 년이 지난 지금까지도 완전히 사라지지 않았을 것이다. 또한 빅뱅은 우주를 사방으로 팽창시켰기 때문에 이런 열은 우주의 사방에 골고루 퍼져 있을 것이라고 예측됐다. 영국 천문학자 호일(Fred Hoyle)은 1940년대 한 라디오 방송에서 이렇게 말했다.

> "우주가 뜨거운 빅뱅에서 시작되었다면 그 흔적이 남아 있을 겁니다. 나에게 이 빅뱅의 화석을 보여 주시오."

배경복사*라 불리는 이 전자기파는 1965년 우연히 발견되었다. 당시 미국 벨 연구소(Bell Lab.) 연구원으로 근무하던 펜지어스(Arno Penzias)와 윌슨(Robert Wilson)은 통신 위성에서 보내오는 신호를 받는 수신기에서 아주 작은 잡음이 나는 것을 발견했다. 수신기의 새 똥까지도 청소했음에도 잡음이 사라지지 않자, 이 잡음이 외계에서 오는 신호라 생각하고 그 정체가 무엇인지 의문을 가졌다. 마침 근처 프린스턴 대학에서 우주 복사에 대해 연구하고 있다는 이야기를 듣고 그들은 대학에 전화를 걸었다. 배경복사를 찾기 위해 온갖 장비를 갖추어 놓고 실험을 막 시작하려던 대학 연구팀은 이 전화를 받고는 몇 가지 질문을 한 후 허탈해졌다. 자신들이 찾으려했던

---

* 복사(輻射 radiation)는 에너지를 파동이나 입자의 형태로 방출하는 것을 뜻하는 것으로 예를 들어 열복사는 대류나 전도가 불가능한 상황에서 지구가 태양으로부터 열을 얻는 유일한 방법이다.

배경복사를 벨 연구소에서 먼저 발견한 것이다. 펜지어스와 윌슨은 이 공로로 이후 노벨상의 영예를 누리게 된다.

2009년 유럽우주국과 NASA의 협력으로 우주로 발사된 플랑크 망원경으로 배경복사를 정밀 관찰한 결과, 우주의 나이는 지금까지 알려진 것보다 약 8천만 년 더 많은 138억 년으로 추정되었다. 보통의 광학 망원경으로 관찰하면 빈 어둠뿐인 우주를 이 전파 망원경을 통해 관찰하면 별이나 은하 등과는 관련이 없는 배경 복사가 우주 모든 방향으로부터 균일하게 뿜어져 나오는 것을 확인할 수 있다. 빅뱅 우주론의 중요한 증거로, 우주 초기의 뜨거운 고밀도 상태에서 뿜어져 나온 빛이 오늘날에 관측되는 것이다.

빅뱅 이후의 우주의 역사는 시간에 따른 우주 구성 물질의 변화로 그 스토리를 구성해 볼 수 있다. 지구 구성 물질 중 최대 원소가 철이라는

■2013년 플랑크 위성이 관측한 우주 배경 복사. 색깔은 온도차를 나타내는 것으로 빅뱅 당시 우주로부터 온 복사가 전파 형태로 남아있는 것이다. 우주가 과거에 뜨거웠고, 매우 균일한 상태였다는 것을 직접적으로 보여주는 증거로서 빅뱅 우주론이 정설로 자리 잡는 데 가장 결정적인 역할을 했다.

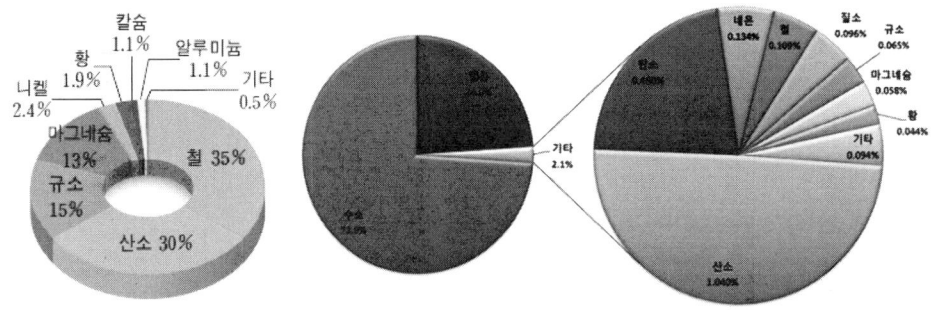

■ 지구(왼쪽)와 은하계(오른쪽) 전체의 구성 원소 비율

점에 특히 과학자들은 주목했다. 지구가 자기장을 띠고 있는 이유에서 추측할 수 있는 것처럼 철은 지구나 운석의 핵심 구성 원소이지만, 우주 전체 원소를 조사하면 수소와 헬륨이 대부분이고 철은 찾아보기 어려울 정도의 미량원소이다. 초기 우주의 수소 별들이 모든 연료를 소진하고 남긴 무거운 별들의 찌꺼기가 지구라는 추측이 가능해진다. 우주 에너지의 근원이 되는 핵반응 과정을 통해 수소나 우라늄은 다른 물질로 변환이 된다. 우라늄과 같이 무거운 원자는 핵분열을 통해 가벼운 원자로, 수소 같이 가벼운 원자는 핵융합을 통해 무거운 원자로 변환된다. 핵반응이 지속적으로 일어나면 모든 원소들은 이 두 반응의 중간쯤에 있는 안정된 원소 철로 변환되어 가는 것이다. 두 핵반응의 종착역이 철이 되는 셈이다. 이를 바탕으로 우주의 시계를 거꾸로 돌려 가면 과거에 무슨 일이 생겼는지를 알 수 있게 된다.

무한집합과 블랙홀

아인슈타인의 상대성이론은 시간과 공간에 대한 관념을 혁명적으로 바꾸어 놓았다. 시간과 공간은 서로 독립적이지 않으며, 시간과 공간이 결합되어 시공이라 부르는 하나의 대상을 형성한다. 상대성이론에 따르면 그 무엇도 빛보다 빠른 속도로 달릴 수 없기 때문에, 빛이 빠져나올 수 없는 별이 존재한다면 그 어떠한 것도 이 별을 탈출할 수 없게 된다. 시공간을 무한히 휘게 만들 정도의 질량을 가져 주변의 우주를 빨아들이는 힘을 가진 것이 블랙홀이다. 이런 주장에 이의를 제기한 사람이 호킹이다.

호킹은 블랙홀이 양자 요동(quantum fluctuation)으로 인해 무언가를 내놓는다는 이론을 1970년대 완성했다. 이 이론에 따르면, 아무것도 없는 진공에서 난데없이 입자와 반입자로 이루어진 가상 입자 한 쌍이 나타날 수 있으며, 대부분의 상황에서 이들 입자 쌍은 관측하기 힘들 정도로 매우 빠르게 생겼다가 소멸한다. 과학자들은 실제로 이 양자 요동의 존재를 실험적으로 확인했다. 이 양자 요동이 블랙홀의 사건 지평선 근처에서 일어난다면, 블랙홀의 강한 흡인력 때문에 두 입자 중 하나는 지평선을 가로질러 떨어지는 반면, 다른 하나는 밖으로 탈출하는 일이 발생할 수도 있다. 탈출한 입자는 블랙홀에서 에너지를 가지고 나간 것으로, 이 과정이 반복적으로 일어나면 외부의 관측자는 블랙홀에서 나오는 빛의 연속적인 흐름, 곧 빛의 방출을 보게 된다. 이런 현상을 '블랙홀 증발'이라 부르며 호킹은 이때 빠져나오는 빛 때문에 블랙홀이 실제로는 완전히 검지 않다는 말로 이 상황을 표현했다. 또한 블랙홀에서는 질량과 전하, 각운동량 외에는 아무 정보도 얻을 수 없다는 의미에서 블랙홀에는 세 가닥의 털 외에는 아무것도 없다는 '무모정리'도 주장했다.

블랙홀은 수학적으로는 빅뱅과 유사한 우주 공간 상의 특이점이라 볼 수 있다. 블랙홀의 연구에서 우주의 기원에 대한 새로운 단서를 찾을지도 모른다는 추측이 가능하다. 특이점이 우주 전체의 기하학적 구조를 결정하기 때문에 특이점 연구는 수학적으로 매우 중요하다. 다시 말하면 우리 우주가 지금과 같은 구조를 갖는 이유는 블랙홀 때문일지도 모른다. 물리적으로 빅뱅과 블랙홀이 아주 많이 닮아있으니 이쯤해서 수학적 상상력을 발휘해 본다고 탓할 사람은 없을 것 같다. 블랙홀이 새로운 빅뱅의 시작점이 된다는 가정을 바탕으로 추론을 전개시켜 나가면 블랙홀 안에는 사건의 경계선을 넘어 흡수된 새로운 우주 세계가 존재하고, 이 우주 세계에도 블랙홀은 역시 존재할 것이다. 이 과정을 반복한다면 블랙홀은 새로운 우주의 시작점인 빅뱅이 되는 것이며 우주는 한 개만 존재하는 것이 아니라 첫 번째 우주 안에 두 번째 새로운 우주, 두 번째 우주 안에 또 세 번째 새로운 우주처럼 끝없이 계속될 것이다.

무한집합에서 자연수의 개수를 나타내는 '셀 수 있는 집합'과 실수의 개수를 나타내는 '셀 수 없는 집합' 사이에 다른 무한집합이 없다는 것이 연속체 가설이다. 수학자 칸토어는 자연수와 실수의 관계와 같은 방법으로 무한집합을 끝없이 만들어 나가면 첫 번째 무한보다 큰 두 번째 무한, 두 번째 무한보다 큰 세 번째 무한 등을 끝없이 만들 수 있다고 생각했다. 심지어 그는 수학자들이 '무한의 사다리'라고 부르는 이 과정, 무한의 끝을 다룰 수 있는 사람은 없다고 생각하고 신의 존재를 주장했다.

칸토어의 무한의 사다리처럼 블랙홀의 우주 안에 새로운 블랙홀의 우주가 존재하는 관계가 무한히 반복되는 우주를 상상한다면 빅뱅 이전의 우주의 모습을 걱정할 이유도 우주 밖에 무엇이 존재하는지 걱정할 필요도 없게 된다. 우주는 유일한 존재가 아니며 무한한 반복 과정의 한 부분일 뿐이다. 더구나 우주 팽창 이유도 블랙홀에서 끊임없이 외부 세계를 흡입하는 것 하나만으로도 설명하기에 충분하기 때문에 지금처럼 이해할 수 없는 암흑물질을 도입하지 않아도 된다. 실제로 옥스퍼드 대학의 펜로즈(Roger Penrose)와 호킹은 이와 유사한 방법을 이용하여 특이점(블랙홀)으로 빅뱅이론을 설명했던 적이 있다. 특이점인 블랙홀에 물질이 빨려 들어가면서 한 점에 모인다면, 반대로 특이점에서 물질이 생겨나면서 팽창하는 것이 바로 빅뱅이라는 것이다. 단지 이들의 주장에는 수학의 무한의 사다리가 블랙홀 안에 존재할 수 있다는 주장이 없을 뿐이다. 이쯤에서 아인슈타인의 말을 떠올려 본다.

■ 칸토어의 무한의 사다리처럼 블랙홀의 우주 안에 새로운 블랙홀의 우주가 존재하는 관계가 무한히 반복되는 우주를 상상한다면 빅뱅 이전의 우주의 모습을 걱정할 이유도 우주 밖에 무엇이 존재하는지 걱정할 필요도 없게 된다.

"나는 기하학의 이러한 해석이 대단히 중요하다고 생각한다. 만일 내가 그 기하학을 몰랐다면 나는 결코 상대성이론을 만들어 낼 수 없었을 것이다."

후일 어느 과학자는 다음처럼 말할지도 모른다.

"나는 무한집합의 이러한 해석이 대단히 중요하다고 생각한다. 만일 내가 무한의 사다리를 몰랐다면 나는 결코 우주의 시작과 끝을 이해할 수 없었을 것이다."

수학적 상상력을 하나 더 더해 보자. 시간에 방향이 있을까? 수학적으로는 시간에 방향이 있을 수는 없다. 그러나 우리는 늙은 사람이 젊어질 수 없는 것처럼 경험적으로는 방향이 있다고 믿고 있다. 호킹은 생애 마지막 즈음에 시간 여행에 관해 언급하면서 미래로의 여행은 가능할 것 같으나 과거로의 여행은 불가능해 보인다고 말한 적이 있다. 과거 시간 여행이 불가능한 이유로 그는 머더 패러독스를 언급했다. 과거로 돌아가 자신의 어머니를 살해한다면 자신이 존재하는 것이 불가능하므로 살해도 불가능하기 때문이다.

이런 경험적 불가능성을 무시하고 순수 수학적 관점에서 생각하면, 우주가 팽창을 멈추고 수축을 시작하는 순간부터 시간은 거꾸로 흐르게 될 것으로 예측가능하다. 이것은 엔트로피*가 낮은 방향으로 물리 반응이 진행된다는 설명이 되므로 현재 물리학으로는 답할 수 없는 문제이다. 이런

---

* 엔트로피가 증가한다는 것은 무질서도가 높아진다는 의미를 갖고 있다. 이를테면 태양은 스스로 붕괴하면서 쓸모없는 존재, 즉 엔트로피가 높아지는 존재로 변하며 이 과정에서 다량의 에너지가 방출되고 식물들은 그 에너지를 받아 생명을 이어간다. 우주는 엔트로피가 증가하는 방향으로 변한다는 것이 열역학 제2법칙이다.

모순에 빠지지 않기 위해 일부 과학자들은 자신들도 아직 정체를 알지 못하는 암흑에너지와 암흑물질이라는 개념을 생각해 내고, 이들의 영향으로 우주는 영원히 팽창을 지속할 것이라고 주장한다. 무한의 사다리처럼 구성된 우주나 블랙홀의 다른 성질들이 엔트로피 문제를 자연스럽게 해결할 수 있을 날이 올지도 모른다.

피시 앤 칩스(Fish and Chips)

영국을 대표하는 음식을 검색하면 대부분 '피시 앤 칩스'를 제일 먼저 추천해준다. 이어서 '잉글리시 블랙퍼스트', '잉글리시 블랙퍼스트 티'가 뒤를 잇는다. 이들을 한꺼번에 맛보면서 이전 에든버러 여행에서 경험한 영국 펍(pup) 문화도 다시 한번 더 경험해 보고 싶었다.

런던 페딩턴 역에 인접한 이 B&B는 아래층은 펍으로 사용하고 2층부터는 숙소로 이용하고 있으면서 아침식사로 '잉글리시 블랙퍼스트'와 '잉글리시 블랙퍼스트 티'를 선택할 수 있게 해주었다. 머무르는 3일 내내 매일 아침 똑같은 메뉴를 주문하면서도 행복할 정도로 식사는 훌륭했고 차는 향기로웠다. 이 기분을 이어가기 위해 마지막 날 저녁은 맥주 한 잔과 안주로 '피시 앤 칩스'를 주문했다. 무슨 물고기를 튀겨낸 것인지 알 순 없지만 엄청난 크기에 감명 받은 나는 이제 그 음식 맛에 감탄할 준비가 충분히 되어 있었다. 그런데 아무런 맛을 느낄 수 없었다. 맥주 탓인가. 다시 한입을 오물거렸다. 사람들이 추천하는 대표 음식이니 무언가 특별한 맛이 있어야 했다. 아무리 맛을 느끼려 노력해도 그저 싱거운 무를 튀겨낸 듯, 바삭한 느낌 외에는 아무런 자극이 입안에서 느껴지지 않았다. 아무리

■하이드 파크에는 자유 발언대로 유명한 스피커스 코너(왼쪽)와 어린이들 물놀이 장소가 된 다이애나 추모 분수(오른쪽)도 있다.

먹어도 줄지 않는 피시와 칩을 남긴 채 펍을 나섰다. 다음날 다른 음식점에서 다시 한번 도전한 후에야 이 음식은 내 취향은 아니라는 결론에 도달했다. 그래도 영국의 B&B와 펍은 언제나 다시 찾고 싶은 곳이다.

시차가 적응되지 않아 아침 일찍 일어나게 되니 숙소에서 무료하게 시간을 보내는 것보다는 아침 산책이라도 나가보는 것이 좋을 것 같았다. 숙소에서 10분만 걸으면 하이드 파크와 켄싱턴 가든이 있었다. 위도가 높아 밤이 짧은 영국 여름이라 해도 오전 4시는 사람들이 산책하기는 이른 시간이었는지, 공원을 가로지르는 도로 위를 달리는 자동차 외에 사람들은 보이지 않았다. 이런 조용한 시간에 하이드 파크를 걷는 것도 멋진 경험이겠다고 생각하고 있을 즈음에 자전거를 탄 두 젊은 사내가 큰소리로 노래를 부르며 나타났다. 집시나 히피쯤 될까? 호수를 가로지르는 다리 위에 자전거를 세워놓고 그들은 팬티만 남겨놓은 채 옷을 훨훨 벗기 시작했다.

■새벽녘 하이드 파크에서 만난 두 사내가 물에 뛰어드는 모습

한 단계 더 목청 높여 노래를 부르며 한 명이 10m 정도 높이의 다리 위에서 호수로 뛰어내리자 나머지 한 명도 호탕하게 웃으며 뒤를 따랐다. 자살인가? 다리 위로 발걸음을 서둘렀다. 호수 수영을 즐기면서 그들은 놀란 눈빛으로 새벽 추위에 떨고 있는 나를 바라보았다.

"많이 추울텐데.... 새벽마다 매일 이렇게 나와서 수영을 하나요?"
"아니요. 오늘 처음입니다. 하하하"

순간 그 젊음의 호기가 부러워 내 맘도 뜨거워졌다.
이쯤이면 됐다. 이번 여행도 즐거웠다.